JN436789

철도교량공학

정경희 저

RAILWAY BRIDGE ENGINEERING

東明社

머 리 말

교량공학은 토목구조물 중에서 대표적일 구조물이라고 할 수 있다. 교량의 계획, 설계, 시공, 유지관리를 다루는 교량공학은 토목분야 및 인접학문에서 취급하고 있는 하천 및 수문 도시계획 및 환경문제 뿐 만 아니라 지역사회에 미치는 영향까지 검토하여야 한다.

설계를 위해서는 토목구조공학의 종합적인 학문으로서 매우 광범위하고 컴퓨터의 출현과 더불어 눈부시게 발전하고 있다. 구조해석 시 컴퓨터의 응용은 교량공학에 대한 기초개념을 충분히 이해 못하면 구조해석 시 적용치 못한다.

교량은 장대교량에서부터 소규묘지간을 가진 교량까지 시설물의 기능에 따라 다양하게 건설되고 있다. 장경간교량을 건설하여 해협과 협곡을 횡단하게 되고 이에 따라 구조해석 및 시공기술이 비약적으로 발전하고 있다. 또한 자연과의 조화를 이루어 미적 아름다움까지 겸비하는 교량구조물이 등장하고 있다.

60년대 이후 한국은 고속도로의 건설과 더불어 도로교의 건설이 비약적으로 발전하여 왔다. KTX의 개통과 더불어 철도교통에 대한 관심이 높아지고 이에 따라 철도교량에 대한 설계이론이 필요하게 되였다. 도로교하중에 비하여 철도교 하중은 작용 시는 항상 설계하중이 작용한다. 재료도 강도가 높은 강재을 주로 사용하고 있다.

따라서 이 책은 필자가 지난 34년간 철도대학에서 강의하며 준비하였던 자료로 2004년에 개정된 철도설계기준(철도교편)을 적용하여 철도교량공학 교제로서 또한 철도교량공학에 관심 있는 토목기술자의 참고도서로서 편집되었다.

저자의 다년간 걸친 강의를 토대로 내용을 알기 쉽게 엮으려고 노력하였으나 워낙 잔학비재하여 미숙한 점이 많아 두려움이 앞선다. 이 점을 넓은 아량으로 이해하여 주고 독자여러분들의 오류를 지적해준다면 수정·보안할 것이다.

끝으로 이 책의 출판을 받아들인 동명사 김급태 상무님과 출판을 위해 성의를 다해준 동명사 여러분들의 노고에 감사드립니다.

2011년 4월

저자 정 경 희

차 례

제 1 장 총론

Contents

제 2 장 하중과 처짐

제 3 장 강재의 성질과 허용응력

제 4 장 부재의 연결

제 5 장 I-Beam교와 플레이트 거더교

제 6 장 용접플레이트 거더교

제 7 장 합성거더교

제 8 장 트러스 교

Contents

Chapter 1 총론

1.1 개요

교령이란 도로, 철도, 수로 등이 하천, 계곡, 해협 등 자연의 장애가 있는 두 지점을 건너가기 위하여 가설된 구조물이다.

교량 위의 노면은 차량이 안전하게 지나갈 수 있도록 적당한 공간을 두어야 하는데 이것을 건축한계라 하고 이 건축한계는 철도교설계기준, 도로교 설계기준의 규정에 따라야 한다.

또한 다리 밑이 도로, 철도, 하천이나 해협일 경우 이곳을 지나는 차량과 선박에 대해서 또는 홍수나 만조시의 고수위도 통행할 수 있는 적당한 형 하 공간을 두어야 한다.

도로교에서는 노면의 배수를 위하여 종·횡단구배를 두는데 종단구배는 양측 교대의 높이가 같으면 중앙에 정점을 갖은 포물선으로 하고 횡단구배에서 보도는 차도 측으로 기우는 1%의 직선구배, 차도는 중앙을 정점으로 하여 보도 측으로 기우는 1.5~2.0%의 포물선구배로 한다.

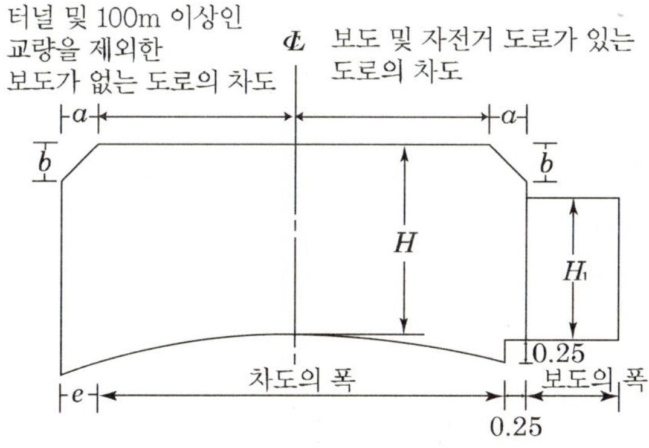

그림 1-1 도로의 시설한계

그림 1-1에서 H(통과높이)는 4.5m이나 부득이한 경우에는 4.2m, a 및 e는 차도에 접속하는 길 어깨의 폭, 다만 a가 1m을 초과하는 경우에는 1m로 한다. b는 H에서 4.0m을 뺀 값으로 한다. H_1은보도 또는 자전거도의 높이로 2.5m로 한다.

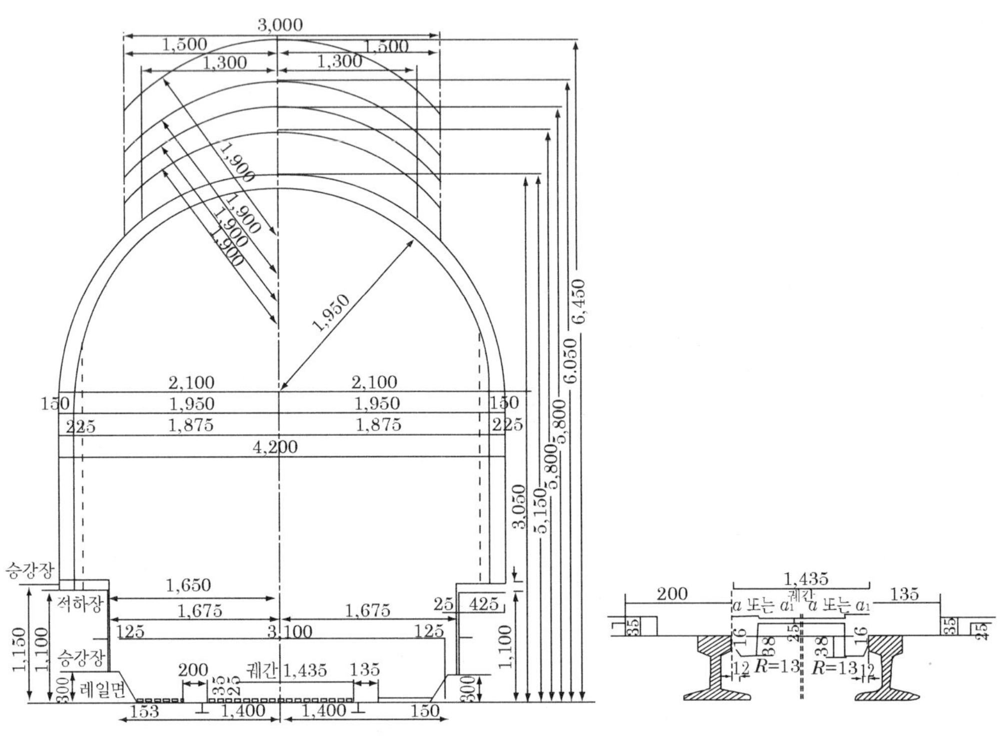

그림 1-2 철도의 건축한계

여기서, a_1 또는 a_2 …… 플랜지웨어, s …… 슬랙

① 일반의 경우 $a=75+s$

② 가드레일이 있는 쪽 … $a=40+s$

가드레일이 없는 쪽 … $a=75+s$

③ 텅레일의 경우 … $a=70+s$

④ 크로싱부의 경우

a_1 … 크로싱 가드레일이 있는 쪽

a_2 … 크로싱 휨레일이 있는 쪽

a_1+a_2 … 90+28로서 $a_1=40+s$

한편, 다리 및 공간(clearance)은 다리 밑의 교차조건에 필요한 공간 및 유지관리에 필요한 공간을 관련시설 및 설계기준에 따라 합리적으로 정해야 하는 데 고속도로 건설공사 설계기준 및 하천 시설기준 등에 의하면 교차조건이 도로인 경우에는 4.5m 이상, 동계 적설에 의한 한계높이의 감소나 포장 덧씌우기 등이 예상되는 경우에는 4.7m 이상으로하고, 하천인 경우에는 계획홍수량에 따라 다음 값을 표준으로 하고 있다.

표 1-1 하천에서의 다리 밑 공간(교각의 받침장치 하단에서 홍수면 까지)

계획홍수량(m^3/sec)	다리 밑 공간(m)
200이하	0.6 이상
200~500	0.8~1.0
500~2,000	1.0~1.2
2,000~5,000	1.2~1.5
5,000~10,000	1.5~2.0
10,000 이상	2.0 이상

(하천설계기준 2002년)

그러나 배가 다니는 하천에서는 보통 3~4.5m 외양 기선이 다니는 대하천 또는 해협에서는 30~60m로 한다.

1.2 교량의 구성

교량은 상부구조와 하부구조로 나누어지는데 통과하중을 지지하는 바닥과 바닥들 및 주형 등을 상부구조(super structure)라 하고, 상부구조를 지지하는 교대 및 교각을 하부구조(sub structure)라 하며 주형의 교좌간 거리를 지간(span)이라고 한다.

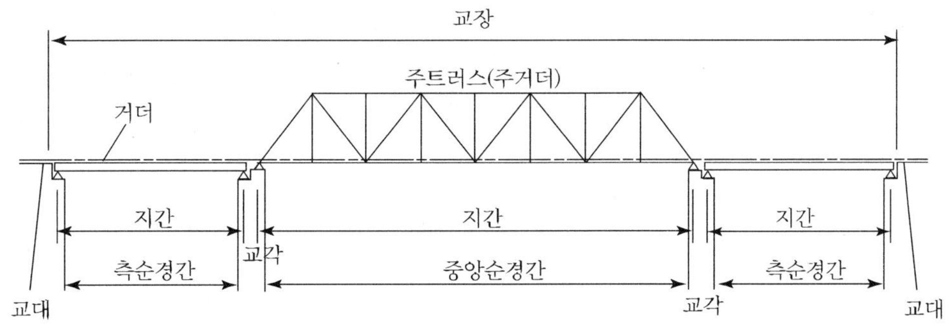

그림 1-3 교량의 구조

1. 상부구조

상부구조는 구조상으로 교량의 주체가 되는 형(Girder), 트러스, 아취, 라멘 등으로 나눌 수 있고 상부구조는 바닥판, 바닥틀, 브레이싱 등으로 구성되며 받침(교좌)도 포함된다.

(1) 바닥판과 바닥틀

바닥판은 교통하중을 직접 지지하는 부분이고 바닥 틀은 바닥판을 지지하며 바닥판에 작용하는 하중을 거더 또는 트러스에 전달하는 역할을 한다. 바닥 틀은 일반적으로 가로보(cross beam)와 세로보(stringer)로 구성되며, 거더 또는 트러스에 직각으로 지지되는 횡방향 보가 가로보이고, 가로보사이에 연결되어 있는 종방향 보가 세로보(종형)이다.

(2) 주거 더와 트러스

거더 교에서는 2개 또는 그 이상의 거더가 사용되고 트러스교에서는 양쪽의 트러스가 상부구조의 주체가 된다. 바닥판에 작용하는 하중은 바닥 틀을 통하여 거더 또는 트러스에 전달된다.

(3) 브레이싱

수평, 수직 브레이싱은 주형 또는 트러스를 서로 연결하여 교량구조를 격자구조의 기능을 갖도록 하며, 주로 수평하중에 저항하는 구조이다.

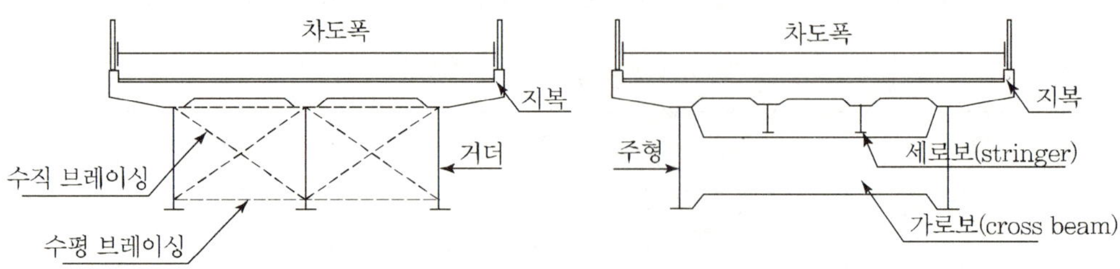

그림 1-4 바닥과 바닥 틀

2. 하부구조

하부구조는 교대 교각의 총칭으로 지상에 있는 부분을 구체, 지중에 묻혀있는 부분을 기초(Foundation)라고 한다. 기초는 상부구조 못지않게 중요한 부분으로 눈에 직접 보이지 않으며, 지반의 성질, 암반의 깊이에 따라 말뚝기초, 우물통 기초, 직접기초 등이 있다.

하부구조는 주로 콘크리트 및 철근콘크리트로 만들며 때에 따라서는 콘크리트와 강재의 복합구조 형식을 사용하기도 한다.

1.3 교량의 분류

교량은 여러 가지 관점에서 다음과 같이 분류된다.

1. 용도에 의한 분류

(1) 철도교(railway bridge) : 철도선로를 통과시키는 교량

(2) 도로교(road bridge) : 도로를 통과시키는 교량

(3) 수로교(aqueduct) : 수로, 수력발전 또는 관개용수를 통과시키는 교량

(4) 과선교(跨線橋, over bridge) : 철도선로 위로 가설하는 교량(주로 도로교)

(5) 가도교(架道橋, over bridge) : 도로 위에 가설되는 교량

(6) 육교(viaduct) : 저지, 계곡 등에서 물이 없는 곳에 가설하는 교량을 말하며, 철도 또는 도로를 횡단해서 가설된 보도용 교량도 육교라 한다.

(7) 군용교 : 군사용으로 쓰이는 교량으로 가반(可搬) 조립식 형식이 많다.

2. 교면의 위치에 의한 분류

(1) 상로교 : 노면이 교량의 거더나 트러스 위쪽에 있는 교량

(2) 중로교 : 노면이 거더 높이의 중간 부근에 있는 교량

(3) 하로교 : 노면이 거더의 아래쪽에 있는 교량

(4) 2층교 : 노면이 2단으로 되어 있는 교량

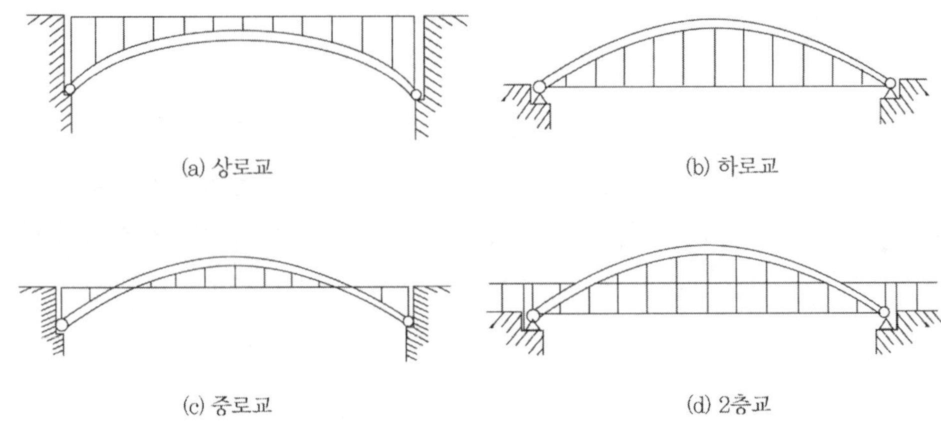

그림 1-5 교면의 위치에 의한 교량

3. 교량의 평면형식에 의한 분류

(1) 직교(Right bridge) : 하천 등 장애물에 직각으로 가설한 것. 교량의 대부분은 직교이다.

(2) 사교(Skew bridge) : 장애물의 방향과 교량의 방향이 어떤 사각을 이루는 교량

(3) 곡선교(Curved bridge) : 교축선이 곡선을 이룬 것

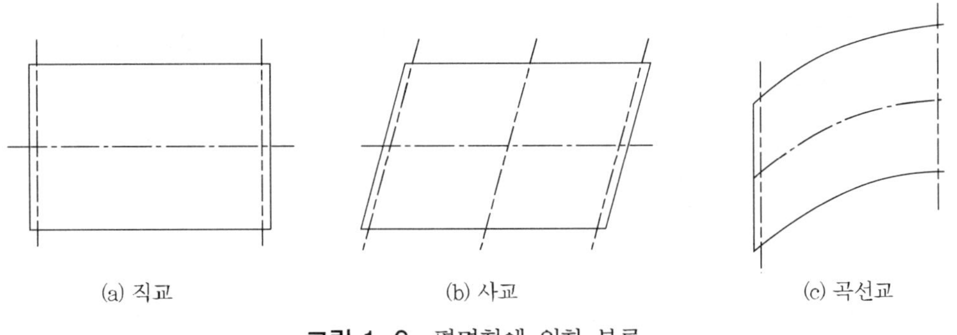

그림 1-6 평면형에 의한 분류

4. 교량의 움직임에 의한 분류

선박의 항행을 위하여 주거더를 개폐하는 교량을 가동교(movable bridge)라고 한다. 가동교에는 다음과 같은 종류가 있다.

(3) 선개교(旋開橋, Swing bridge) : 주거더가 수직축 둘레를 수평으로 회전하는 교량

(4) 전개교(轉開橋, Horizontal rolling bridge) : 받침부에 롤러를 만들어 주거더를 세로방향으로 이동하는 교량

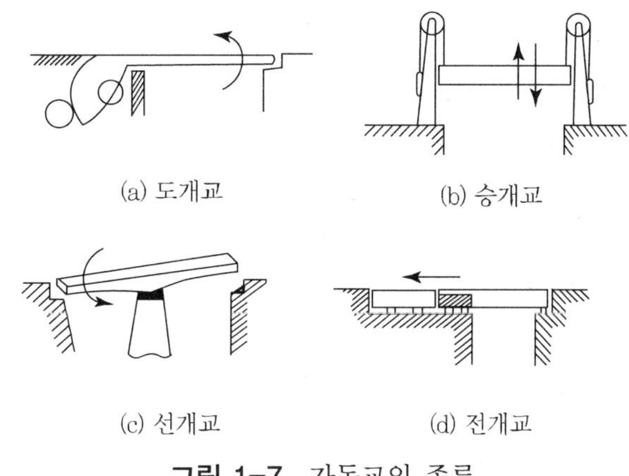

그림 1-7 가동교의 종류

5. 재료에 의한 분류

(1) 목교

옛날에는 목재를 손쉽게 구할 수 있어 목교를 많이 만들었으나, 지금은 산간지방에서도 보기 드물다. 내하력과 내구연한이 적고 또한 불에 약하기 때문에 차츰 소멸되고 있는 실정이다.

(2) 석교

단 지간에는 거더교, 장지간에서는 아취교로 많이 만들었다. 내구연한도 길기 때문에 옛날에는 많이 만들었으나 철근콘크리트가 나눔으로서 지금은 거의 쓰이지 않고 있다.

(3) 강교

현재 장대교량에서 제일 많이 쓰이며 교량에 사용되는 강재는 보통 탄소강 중의 구조용 압연강재이다.

(4) 철근콘크리트교

교량용 재료로서는 철근콘크리트교가 비교적 오래되지는 않았으나 여러 가지 형식의 교량을 만들 수 있고, 내구력도 풍부하며 유지비도 적게 들어 많이 채용되고 있다.

(5) 프리스트레스트 콘크리트 교

철근콘크리트와 비슷하나 강도가 큰 콘크리트를 사용하고, 고장력의 PS(pre- stress) 강재에 큰 프리스트레스력를 준 거더를 교량에 사용하는 것으로 현재 우리나라에서 고속도로와 고가도로에서 많이 볼 수 있다.

(6) 경금속교(고력 알루미늄합금을 주재료로 한 교량)

고장력 알루미늄합금을 주원료로 한 교량으로 주로 보도교로 가설되고 있다.

6. 구조형식에 의한 분류

(1) 거더교

거더(Girder)를 주체로한 교량을 말하며 주거더에 I형강, H형강을 쓴 교량을 I형거더교, H형거더교라 하며 강판을 조합하여 주거더로 한 것을 플레이트 거더교(Plate girder bridge), 주거더를 상자 형으로 한 것을 박스 거더교(Box girder bridge)라고 한다. 병렬 주거더와 가로보가 격자로 구성된 구조를 격자형교라 한다. 또 철근콘크리트 슬래브와 이를 지지하는 플레이트 거더를 주벨(duvel)등으로, 일체화시킨 것을 합성 거더교라고 한다.

(2) 개르버교(Gerber girder bridge)

그림 1-8과 같이 연속교에 힌지(Hinge)를 넣어 부정정구조물을 정정으로 만든 교량이다. 연속교와 마찬가지로 지간을 크게 할 수 있어서 강교나 철근콘크리트로서 매우 좋은 형식이다. 연속교와는 달리 기초지반이 견고하지 못한 곳에서도 이 형식을 사용할 수 있으며, 지점이 부등침하해도 거더에는 별다른 지장을 주지 않는다.

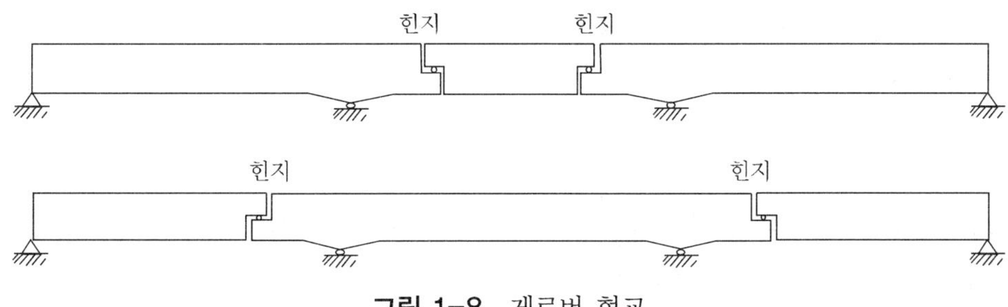

그림 1-8 게르버 형교

(3) 트러스교(Truss bridge)

트러스를 주거더로 한 교량으로서 거더로 긴 지간을 얻을 수 없을 때 사용되는 유리한 교량형식이다.

① 단순트러스교

받침구조가 단순 지지된 곳을 말하며, 지간은 보통 50m~100m까지 가설된다. 물론 100m이상에서도 쓸 수 있다.

② 연속트러스교

받침구조는 연속 거더교와 같고 단순트러스교와 지간이 동일한 경우에는 부재응력도 적게 발생하여 단면을 감소시킬 수 있으며 재료를 절약할 수 있으나 부정정 구조물이기 때문에 응력계산이 약간 복잡하고 지반이 나쁜 곳에서는 쓸 수 없다.

③ 게르버 트러스교

연속트러스교는 부정정구조이기 때문에 n 경간 연속트러스에서는 (n-1)개의 힌지(hinge)를 넣어서 정정구조로 한 것이다.

연속트러스교의 장점을 살리고 단점을 보충한 것으로 장경간으로 할 수 있고 가초지반이 좋지 못한 곳에서도 가설할 수 있는 특징이 있다.

(4) 아치교(Arch bridge)

아치교는 역사적으로 가장 오래된 교량형식으로 아치리브가 압축력, 전단력 및 휨모멘트를 동시에 받고 있으므로 동일한 지간의 거더교 보다 휨모멘트가 적어 장대지간 교량으로 건설이 가능하다. 아취 교는 구조적으로 이상적일 뿐만 아니라 독특한 곡선의 아름다움

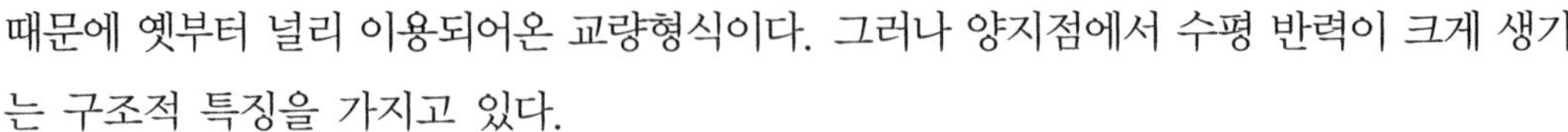

때문에 옛부터 널리 이용되어온 교량형식이다. 그러나 양지점에서 수평 반력이 크게 생기는 구조적 특징을 가지고 있다.

① 힌지별, 형식별 아치교

힌지 수에 의하여 **그림 1-9**에서 (a) 고정아취(Hingeless arch), (b) 1힌지 아취(1 Hinged arch) (c) 2힌지아취 (d) 3힌지 아취로 구분된다. 1힌지 아취를 교량에 사용된 예는 드물고, 2힌지 아취는 1차부정정으로 주로 강교에 사용된다. 3힌지 아취는 정정구조로 강교 및 철근콘크리트 교에 사용되며, 고정아취는 지점에서 수평반력 외에 고정모멘트가 작용한다. 주로 철근콘크리트 교에 사용된다.

아취교의 형식에는 여러 가지가 있다. **그림 1-9**에서 형식별 아치교 (a)와 같이 리브(Rib)가 통체 단면으로 된 것을 솔리드 리브아취(Solid rib arch)라고 하고, (b)와 같이 리브가 트러스 형식으로 된 것을 브레이스 리브아취(Braced rib arch)라고하고 (c)와 같이 아취와 바닥판 사이(이 부분을Spandrels 이라고 한다)를 뼈대(Frame)로 한 것을 스팬드럴 브레이스 아취(Spandrel braced arch)라고 한다.

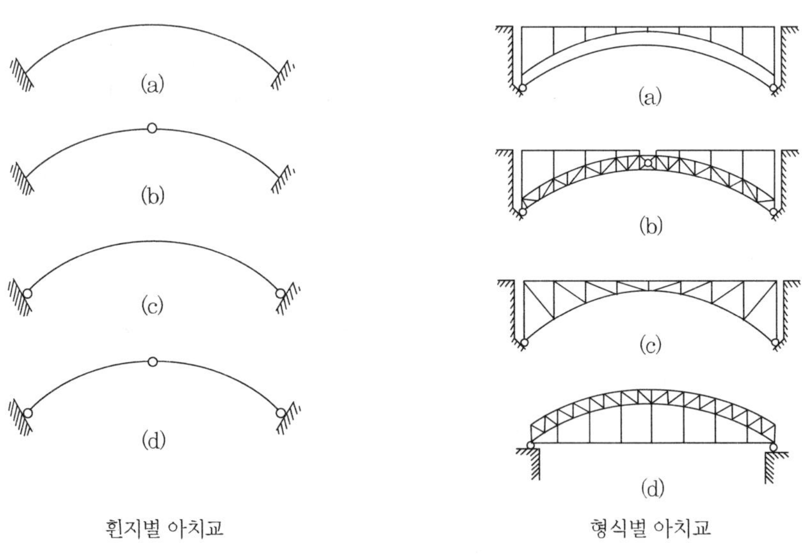

그림 1-9 아치교

② 타이트 아치교

형식별 아치교 (d)와 같이 양단을 타이(Tie)로 연결하면 지점에서 일어나는 수평 반력을 타이가 받게 되어 받침에는 수평 반력이 일어나지 않게 된다. 이 구조는 외적으로 정정이므로 반력은 반순 보에서의 계산방법을 그대로 사용할 수 있다. 이러한 아취를 타이드 아취라 한다. 타이드 아취는 아취의 정의에서 벗어나지만 응력해석이 2힌지 아취와 거의 같으므로 아취류에 예속시킬 수 있다.

③ 랭거교 및 로오제교

보통의 아취에서는 축방향 압축력 외에 휨모멘트, 전단력이 작용하는데, 랭거교(Langer bridge)에서는 아취 그 자체는 비교적 가는 부재를 사용함으로써 아취부재는 압축력만을 받고 휨모멘트와 전단력은 따로 설치한 거더(Girder) 또는 트러스가 받는다고 가정하는 것이다. 이때의 거더 또는 트러스를 보강형 또는 보강트러스라고 한다. 또 타이트 아취의 타이 단면을 크게 하여 수평 반력에 상당하는 인장력 외에 휨모멘트와 전단력도 분담하도록 한 것을 로오제교(Lohse bridge)라고 하며, 타이트 아취와 랭거교를 함께 결합한 형식이다.

그림 1-10의 (a)는 랭거교이고 (b)는 로오제교(Lohse bridge)이다. 로오제교 또는 랭거교에서 행거(hanger)를 경사지게 배치한 것을 니일센교(Nielssen bridge)라고 한다.(그림 (c)).

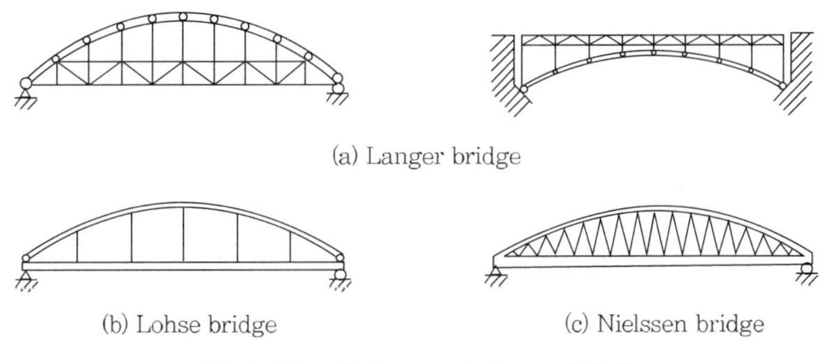

(a) Langer bridge

(b) Lohse bridge

(c) Nielssen bridge

그림 1-10 랭거교, 로오제교, 니일센교

④ 발란스드 아취교(Balanced arch bridge)

측경간이 긴 경우 중앙경간의 아취를 측경간으로 캔틸레버 식으로 연장시키고 여기에 거더나 트러스로 지지하게 하면 중앙경간의 아취의 응력이 감소되어 유리하다.

이런 형식을 발란스드 아취라하며 아래 **그림 1-11**(a)은 스팬드럴 브레이스드 발란스드 아취(spandrel braced balanced arch)이고 그림 (b)은 중앙경간이 타이드아치인 발란스드 리브 타이드아치(Balanced rib tied arch)이다.

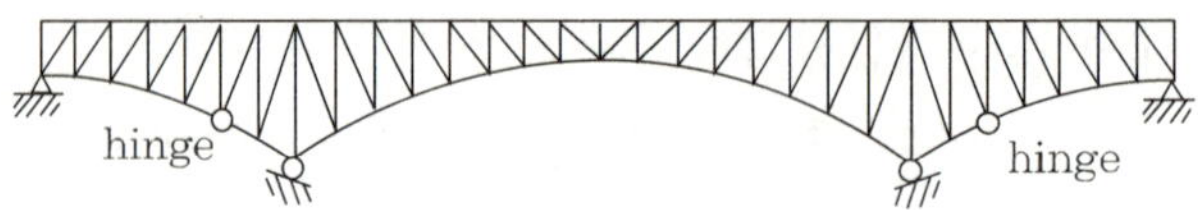

(a) Spendrel braced balanced arch

(b) Balanced rin tied arch

그림 1-11 발란스드 아치교

(5) 라멘교(Rahmen bridge)

교량의 상부구조와 하부구조를 강결시켜 교량 전체의 강성을 높임과 동시에 지간내의 휨모멘트를 교대 및 교각이 일부 부담케하는 교량형식이다.

그림 1-12에서 (a)와 (b)는 RC 또는 PC 구조로 하며, (b)는 고가도로에서 사용된다. (c)와 (d)는 주로 강교에 쓰는 형식이다.

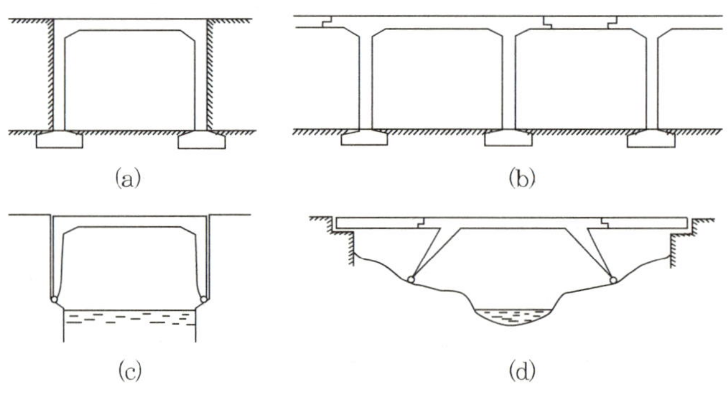

그림 1-12 라멘교

또 트러스에서 사재를 없애고 현재와 수직 재를 강결시킨 비렌딜교(Vierendeel bridge)는 상하현재 및 수직재가 Side Sway을 받는 고차 부정정 구조이다.

그림 1-13 비렌딜교

(6) 현수교(Suspension bridge)

현수교는 스팬이 장대한 교량에 가장 적합한 교량구조물로서 인장력에 강한 케이블을 주요 구성요소로 사용하고, 이 케이블의 양측 끝단을 견고한 앵커리지로 고정시키고 도중에 적절한 새그를 잡기 위해 주탑을 설치한다. 주 케이블로부터 행거를 설치하고 행거 하단에 보강 형을 연결하여 차량하중을 지지하는 교량구조이다. 이때 케이블을 양단의 자중에 정착시키는 블록정착식 현수교(Block anchored suspension bridge)와 케이블을 보강형의 양단에 결합시키는 자정식 현수교(Self anchored suspension bridge)가 있다.

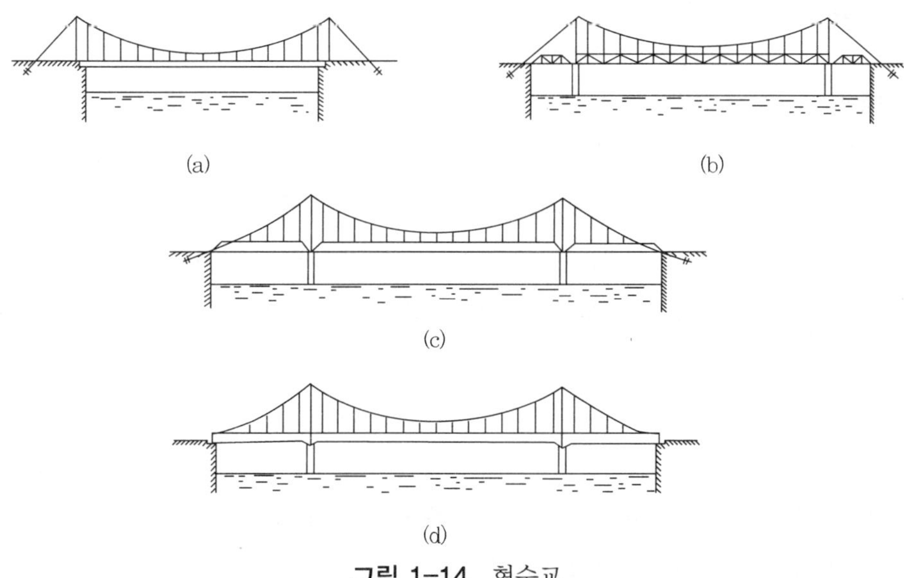

그림 1-14 현수교

(7) 사장교

2경간 또는 3경간의 연속거더교의 중간교각에 **그림 1-15**와 같이 주탑(pylon)에서 경사진 인장재로 주형을 지지하게 하는 구조의 교량을 사장교라 한다.

배치형태는 **그림 1-15**와 같이 방사형(radiating type), 하프형(harp type), 부채형(fan type), 스타형(star type)으로 크게 분류할 수 있다.

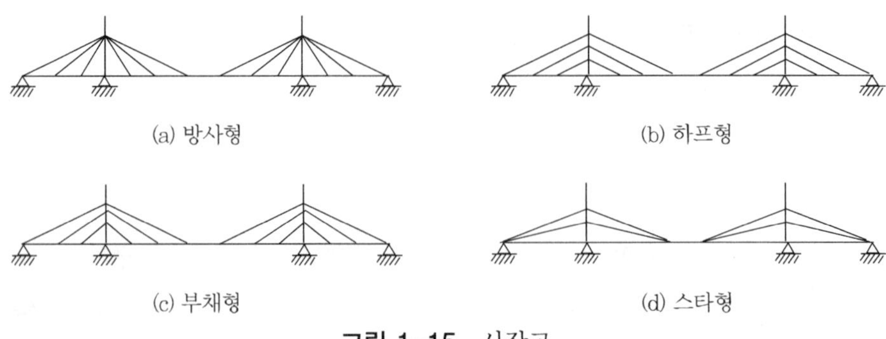

그림 1-15 사장교

1.4 교량계획

교량계획은 가교 예정지점의 여러 가지 입지조건, 즉 하천이나 운하 상에 가설하느냐 또는 도로나 철도 상에 가설하느냐에 따라 차이는 있으나 일반적으로 기본조사와 실측도를 작성하여 가설 위치를 선정하고 교량의 종류와 형식 및 경간을 결정한 후에 비로소 설계에 착수하게 된다. 또 교량을 설계 시공함에 있어서는 교량의 안전성 사용목적의 적합성, 시공 및 유지관리의 난 이성, 경제성, 환경과의 조화를 고려해야 한다.

1. 기본조사

(1) 교량이 가설될 부근의 평면도, 종단 도를 1/100~1/300 정도로 실측·작성한다.
(2) 고수위, 저수위를 조사·기입하고
(3) 접속도로, 철도선로와의 관계
(4) 강우량, 지세를 조사하고
(5) 장년간(長年間)에 생겼던 하상변화를 조사하며
(6) 지질조사를 통하여 기초지반을 조사한다.

2. 교량위치의 선정

대부분의 경우는 노선계획에 의하여 결정되지만 다음 사항에 유의해야 한다.
(1) 하천에 대하여 될 수 있는 한 설계, 시공, 경제성이 유리한 직교가 되도록 한다.

(2) 유심이나 하상이 변동하는 곳을 피하고 세굴작용이 심한 하천 굴곡 점은 피한다.

(3) 하폭이 좁은 곳은 교량공사비가 저렴하지만 하적(河積)을 감소시킴으로써 발생하는 치수상의 영향 유무를 조사한다.

3. 경간나누기

경간 나누기는 공사비에 중대한 영향을 줄 뿐 아니라 치수, 선박, 미관 등 많은 문제와 관계가 있으므로 이론적으로 결정하기가 곤란하다.

공비의 관점에서 보면 일반적으로 상부구조의 비용이 적어지도록 설계할 때는 하부구조의 비용이 증가하며, 이와 반대로 하부구조의 비용을 감소시킬 때는 상부구조의 비용이 증가한다. 따라서 이 사이에 경제적인 경간 비율이 있어야 할 것이나 실제는 여러 가지 조건, 특히 지반의 양부에 의하여 달라지므로 원칙적인 방법을 찾기는 곤란하다. 대체적으로 상부구조와 하부구조의 공비가 같도록 경간 길이를 정하는 것이 좋을 것이다.

치수(治水)상으로 보아 그다지 크지 않은 하천에서 저수인 때, 유로가 일정치 않을 때는 동일경간으로 하나, 개수 하천에서 저 수부(低水敷)로 되어 있을 때는, 저 수부는 되도록 대경 간으로 하여 장애물을 감소시키는 것이 좋고, 고수 부는 소경 간으로 해도 무방하다.

또 교량이 수로 이외 철도 또는 도로 등을 횡단할 때는 교각은 철도 및 도로의 교통에 지장이 없는 장소에 세워야 함은 물론이다. 가령, 도로상에는 보차도의 경계점에 가까운 보도 상에 설치하고, 역구내의 철도 상에 가설할 때는 신호등의 시야에 지장을 주지 않은 장소를 선정한다.

4. 교량등급의 산정

교량은 접속도로와 교통량에 따라서 각 등급으로 나누어서 설계한다. 즉 도로교에서는 DB-24로 설계하는 교량을 1등교, DB-18로 설계하는 교량을 2등교, DB-13.5로 설계하는 교량을 3등교로 한다.

① 고속국도 및 자동차 전용도로상의 교량은 1등교로 한다. 다만 교통량이 많고 중차량의 통과가 불가피한 도로, 국방상 중요한 도로상에 가설하는 교량, 장대교량은 1등교로 할 수 있다.

② 일반국도, 특별시도와 지방도상의 교통량이 적은 교량은 2등교로 한다. 또한, 시도 및 군도 중에서 중요한 도로상에 가설하는 교량은 원칙적으로 2등교로 한다.

③ 산간벽지에 있는 지방도와 시도 및 군도 중에서 교통량이 적은 곳에서 가설하는 교량은 3등교로 한다.

선로 구조물은 해당노선의 기능 및 설계속도 별로 표준 활하중에 대하여 열차의 주행안전성을 확보하여야 한다. 즉 일반철도의 표준 활하중은 L-22 하중, 전동차 전용선은 EL-하중, 고속철도의 표준열차하중은 HL-25 표준 활하중을 따라야 한다.

5. 교량형식의 선정

지금까지 논한 여러 가지 조사를 토대로 해서 경제성에 주안을 두고 주위환경과의 조화를 고려한 교량형식으로 선정해야 한다는 것도 잊어서는 안 된다. 경우에 따라서는 경제성보다도 주위의 풍치나 미관을 위주로 해서 교량이 건설될 때도 있다. 그러나 너무 미관에만 치우칠 때는 비용이 많이 들고 비경제적이 되므로 지나치게 미관을 고려한 선정은 가급적 피하는 것이 좋고, 어디까지나 교량으로서의 안전성·경제성 등이 우선 고려되어야 한다. 미관에 그다지 구애받지 않은 곳에서는 경제성을 위주로 하여 강성이 크고 내구성이 풍부하며 또한 유지비가 너무 들지 않은 형식으로 선정해야 한다. 가령 단순트러스교는 랭거교, 타이트 아치교, 로제교보다 미관으로는 떨어지지만 지간 70~80m 정도까지는 경제적이고, 강성도 뛰어나다.

일반적으로 사용빈도가 많은 교량형식과 경제적인 지간길이와의 비교는 **표 1-2**와 같다.

표 1-2 교량형식 및 표준적용 지간길이

교량형식			적용지간: 10	50	100	150	200	250	500	1,000
콘크리트교	슬래브	RC								
		PSC								
	거더	RCT형 거더								
		PSC I형거더								
	상자형 거더 (PSC)	FSM								
		FCM								
		ILM								
		MSS								
		SEG								
강교	플레이트 거더	I형교								
		상자형교								
		강상판교								
		*2주 I형교								
		*개단면상자형교								
		*파형강판web교								
	라멘교									
	트러스트교									
	아치교	랭거교								
		로제교								
		닐센교								
		아치교								
	사장교									
	현수교									

* 가장 최근의 강교형식

표 1-3 20세기말의 세계 장대교 10위권

순위	교명	국명	준공년	경간(m)	보강법	탑	케이블	행어
1	아키시(明石)해협대교	일본	1998	1990	T	S	PS	V
2	Greate Velt East 교	덴마크	1998	1624	B	C	AS	V
3	Humber 교	영국	1981	1410	B	C	AS	D
4	江陰長江 대교(Jiangyin changjian)	중국	1999	1385	B	C	AS	V
5	青馬(Tsing Ma)*1	중국(홍콩)	1997	1377	(T)	C	AS	V
6	Verrazano Narrows 교*2	미국	1964	1298	T	S	AS	V
7	Golden Gate 교	미국	1937	1280	T	S	AS	V
8	Höga Kusten 교	스웨덴	1997	1210	B	C	AS	V
9	Mackinac	미국	1952	1158	T	S	AS	V
10	미나미비산세토(南備讃瀬戸)대교*1	일본	1988	1100	T	S	PS	V

(주) *1 : double deck 철도 병용, *2 : double deck
·보강법의 T : truss, B : box ·cable의 AS : air spinning, PS : prefabricated parallel wire strand ·hanger의 V : 연직, D : 사선

1.5 설계방법 및 안전율

강교와 강재교각은 종래와 같이 허용응력설계법에 따른다. 그러나 콘크리트 교와 콘크리트 교대, 교각 등은 원칙적으로 강도설계법을 따르되 허용응력설계법도 사용할 수 있다.

1. 허용응력설계법

구조물의 설계에 있어서 허용응력설계법은 재료가 선형탄성거동에 의한 이상적인 훅크(hook)의 법칙을 따르는 구조물내의 응력이 허용응력을 넘을 수 없다는 가정에 기초를 두는 설계법이다. 따라서 이러한 설계법을 일명 탄성설계법(elastic design method)이라고 한다. 허용응력은 재료와 단면성질, 사용하중, 2차응력, 잔류응력 등에 대해 충분한 여유를 두고 과거의 경험으로부터 결정된다. 대부분의 규준이나 시방서는 항복점응력을 적당한 안전율로 나누어줌으로써 최대허용응력을 결정하고 있다. 일반적으로 사용하중하에서 구조물이 거의 탄성적으로 거동하는 이상적인 탄성재료인 강재로 된 강구조물의 설계에서는 아직까지 탄성이론에 의한 허용응력설계법이 많이 이용되고 있다.

주하중 및 주하 중에 해당하는 특수하중에 대한 허용응력 규정(도설 3.3.2(강재), 3.3.3(콘크리트) 철설 3.2.3(강재), 3.2.4 (콘크리트))한 값으로 하고 부하중 및 부하 중에 해당하는 특수하중을 고려하는 경우의 허용응력은 규정한 허용응력에 **표 1-4** (강교인 경우) **표 1-5**(콘크리트교인 경우)에와 같이 증가계수를 곱한 값으로 한다.

(1) 하중조합 및 증가계수

1) 강교에서의 하중조합 및 증가계수는 **표 1-4**와 같다.

가설시 하중의 경우, 특히 가설기간이 길거나 신공법으로 가설되는 교량에 대해서는 허용응력을 증가시키지 않는다.

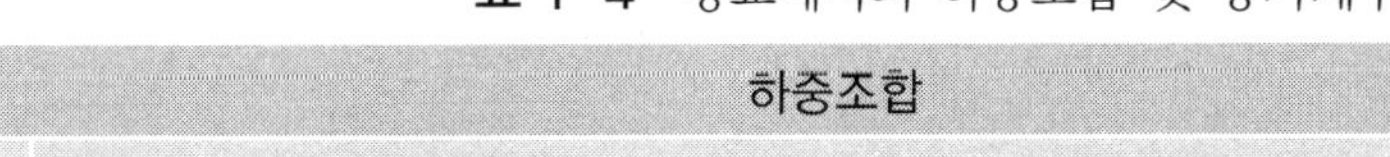

표 1-4 강교에서의 하중조합 및 증가계수

	하중조합	증가계수
1	주하중 + 주하중에 해당하는 특수하중 + 온도변화의 영향	1.15
2	주하중 + 주하중에 해당하는 특수하중 + 풍하중	1.25
3	주하중 + 주하중에 해당하는 특수하중 + 온도변화의 영향 + 풍하중	1.35
4	주하중 + 주하중에 해당하는 특수하중 + 풍하중 + 제동하중	1.25
5	주하중 + 주하중에 해당하는 특수하중 + 충돌하중	1.70
6	풍하중만 고려할 때	1.20
7	제동하중만 고려할 때	1.20
8	활하중 및 충격 이외의 주하중 + 지진의 영향	1.50
9	가설시 하중	1.25

2) 콘크리트 교에서의 하중조합 및 증가계수는 **표 1-5**와 같다.

표 1-5 콘크리트 교에서의 하중조합 및 증가계수

	하중조합	증가계수
1	주하중 + 주하중에 해당하는 특수하중 + 온도변화의 영향	1.15
2	주하중 + 주하중에 해당하는 특수하중 + 풍하중	1.25
3	주하중 + 주하중에 해당하는 특수하중 + 온도변화의 영향 + 풍하중	1.35
4	주하중 + 주하중에 해당하는 특수하중 + 풍하중 + 제동하중	1.25
5	주하중 + 주하중에 해당하는 특수하중 + 충돌하중	1.50
6	풍하중만 고려할 때	1.20
7	활하중 및 충격 이외의 주하중 + 지진의 영향	1.33
8	가설시 하중	1.25

(2) 강교에서의 허용응력

강교에서 사용되는 강재의 허용응력은 도설 3.3의 해당 규정을 따른다.

(3) 콘크리트 교에서의 허용응력

철근콘크리트와 프리스트레스트 콘크리트 부재 설계시 사용하는 콘크리트 및 강재의 허용응력은 다음과 같으며 철설8.2에 따른다.

1) 철근콘크리트 부재에서 콘크리트의 허용응력

① 허용휨응력

(ㄱ) 허용휨압축응력 $f_{ca} = 0.4 f_{ck}$

(ㄴ) 허용휨인장응력(무근 확대기초와 벽체에서) $f_{ta} = 0.42\sqrt{f_{ck}}$

(ㄷ) 휨강도(파괴계수)

- 보통콘크리트 $f_{ru} = 2.0\sqrt{f_{ck}}$
- 부분 경량콘크리트 $f_{ru} = 1.7\sqrt{f_{ck}}$
- 전경량콘크리트 $f_{ru} = 1.5\sqrt{f_{ck}}$

② 허용압축응력(무근 확대기초 및 벽체에서) $f_{ca} = 0.25 f_{ck}$

③ 허용전단응력

(ㄱ) 보 및 1방향 전단(1방향 슬래브 및 확대기초)

- 콘크리트의 허용전단응력 $v_{ca} = 0.25\sqrt{f_{ck}}$
- 전단보강이 있는 부재의 최대 허용전단응력 $v_{ca} = 1.15\sqrt{f_{ck}}$

(ㄴ) 2방향 전단(2방향 슬래브 및 확대기초)

- 콘크리트의 허용전단응력 $v_{ca} = 0.25\left(1 + \dfrac{2}{\beta_c}\right)\sqrt{f_{ck}} \le 0.5\sqrt{f_{ck}}$
- 전단보강이 있는 부재의 최대 허용전단응력(도설, 제4장 4.5.5 참조)

(ㄷ) 경량골재콘크리트의 허용전단응력

(ㄱ)항, (ㄴ)항에 규정된 값의 70%를 취한다.

④ 허용지압응력

(ㄱ) 허용지압응력은 다음의 값으로 한다.

$$f_{ba} = 0.25\sqrt{\frac{A_c}{A_b}}\, f_{ck} \le 0.5 f_{ck}$$

여기서

A_c : 지지하는 콘크리트의 전면적

A_b : 지압을 받는 재하면적

(ㄴ) 지지하는 콘크리트가 경사진 면이거나 계단식일 경우에는 지압면의 각 변으로부터 1:2(수직1, 수평2)의 기울기로 경사면을 부재 단부까지 그려 지압면의 도심과 일치하는 가장 큰 닮은꼴을 그렸을 때의 피라미드형 각추대나 원추대의 면적을 전면적(A_c)으로 취한다.

(ㄷ) 처짐이나 편심하중으로 인하여 지압면 단부에 큰 응력을 받은 경우에는 재하단면의 허용지압응력은 (ㄱ)항의 값에 0.75를 곱한 값을 취한다.

2) 철근의 허용응력

철근의 허용응력은 지름 D32 이하의 철근에 대하여 **표 1-6**의 값으로 한다.

표 1-6 철근의 허용응력(Mpa =N/mm^2)

응력, 부재의 종류 \ 철근의 종류			SD 300	SD 350	SD 400
인장응력	하중의 조합에 충돌하중 혹은 지진의 영향을 포함하지 않을 경우	일반적인 부재	150	175	180
		바닥판, 지간 10m 이하의 슬래브교	150	160	160
		수중 혹은 지하수위 이하에 설치하는 부재	150	160	160
	하중의 조합에 충돌하중 혹은 지진의 영향을 포함하는 경우의 허용응력의 기본값		150	175	180
압축응력			150	175	180

2. 강도설계법

강도설계법은 부재의 파괴상태 또는 파괴에 가까운 상태에 기초한다. 즉, 파괴에 가까운 상태에 있는 부재의 강도를 극한강도(ultimate strength)라고 한다.

구조부재의 가장 중요한 성질은 그 부재의 실제의 강도, 즉 참된 강도이다. 실제의 강도는 구조물의 수명동안 작용할 예측 가능한 모든 하중에 대하여 파괴나 다른 결함을 유발함이 없이 어느 정도의 여유를 가지고 견딜 수 있는 충분한 크기의 것이어야 한다. 그러나 설계시 사용하는 공칭강도는 이러한 실제의 구조부재의 참된 강도와 다를 수밖에 없다. 그것은 실제 시공된 구조물과 실제 강도와의 불가피한 변동성과 기타의 여러 가지 이유 때문이다. 작용하는 하중 역시 어떤 범위의 오차를 가지고 어느 정도 예측할 수 있을 뿐이지 작용하중의 참된 크기는 알지 못한다.

그러므로 구조부재가 안전하기 위해서는 그 공칭강도 S_n은 예상되는 강도의 결함을 고려하여 강도감소계수 ϕ에 의하여 감소시켜야 하고, 시방서에 규정된 설계하중 L은 있을 수 있는 초과하중을 고려하여 하중계수 γ에 의하여 증가시켜야 한다. 그리고 전자의 값이 후자의 값보다 작아서는 안 된다. 즉 다음과 같은 관계가 만족되어야 한다.

$$\phi S_n \geq \sum \gamma_i L_i \tag{1.1}$$

여기서,

ϕ : 강도감소계수(strength reduction factor)

S_n : 공칭강도

이러한 이론에 근거를 둔 설계 법을 강도설계법(strength design method)이라고 한다.

사용하중(service load)이란 하중계수를 곱하기 전의 하중으로서 공용하중 또는 실 하중이라고도 하여 허용응력설계법에서의 설계하중과 같은 크기의 하중이다. 지금 사용고정하중(service dead load)에 의한 단면력를 D, 사용 활하중(service live load)에 의한 단면력을 L 이라 하고, 또 이들 하중에 대한 하중계수를 각각 γ_d, γ_l 이라고 하면 다음과 같이 할 수 있다.

$$\sum \gamma_i L_i = \gamma_d D + \gamma_l L = U \tag{1.2}$$

식 (1.1) 과 식 (1.2)에서 식 (1.3)은 다음과 같이 쓸 수 있다.

$$\phi S_n \geq U \tag{1.3}$$

식 (1.3)에서

ϕS_n : 설계 강도(design strength),

U : 소요강도(required strength) 또는 계수 화된(factored) 설계외력이라고 한다.

즉 설계 강도가 계수 화된 작용외력(극한외력)보다 크게 되도록 설계하는 것이 강도설계법이다. 소요강도는 사용하중에 하중계수를 곱해서 구하기 때문에 이 설계 법을 하중계수 설계법(load factor design method)이라고도 한다.

이상에서 알 수 있는 바와 같이 강도감소계수 ϕ 및 하중계수 γ는 안전을 위한 계수이다. ϕ는 응력의 종류, 부재의 중요도, 시공 등에 따라 변화하는 1보다 작은 값으로서 부재의 공칭강도에 곱해주는 안전계수이고, γ는 하중의 종류와 조합에 따라 변화하는 1보다 큰 값으로서 사용하중에 곱해주는 계수이다.

(1) 설계하중조합

1) 설계단면력

① 부재나 단면의 소요강도는 다음 2)항에서 규정한 하중계수를 사용한 하중조합에 따라 계산된 휨, 축방향력, 전단 및 비틀림 등으로 나타낸 극한외력에 대한 설계 단면력 U에 기초를 두어야 한다.

② 다음 2)항에 규정된 하중조합 중에 가장 불리한외력을 일으키는 조합을 사용하여 설계단면력을 계산해야 하며, 이 때 구조물의 특성, 재하환경으로 인하여 강설, 강우 또는 특수 상재하중 등이 재하되는 경우에는 이와 같은 특수하중의 재하효과도 하중조합에 포함시켜야 한다.

③ 장대교량의 설계에 있어서 작용하중, 사용조건, 구조재료 등이 본 설계기준의 조항과 다른 경우에는 이들을 합리적으로 고려하여 설계해야 하며, 따라서 설계자의 경험과 판단에 따라 다음 2)항에 규정된 하중계수를 증감시켜서 설계할 수 있다.

2) 주요 하중조합의 하중계수

$$U = 1.3D + 2.15(L+I) + 1.3CF + 1.7H + 1.3Q \quad (1.4.1)$$

$$U = 1.3D + 1.7H + 1.3Q + 1.3W \quad (1.4.2)$$

$$U = 1.3D + 1.3(L+I) + 1.3CF + 1.7H + 1.3Q + 1.3(0.5W + WL + BK) \quad (1.4.3)$$

$$U = 1.3D + 1.3(L+I) + 1.3CF + 1.7H + 1.3Q + 1.3G \quad (1.4.4)$$

$$U = 1.25D + 1.65H + 1.25Q + 1.25W + 1.25G \quad (1.4.5)$$

$$U = 1.25D + 1.25(L+I) + 1.25CF + 1.65H + 1.25Q \\ 1.25(0.5W + WL + BK) + 1.25G \quad (1.4.6)$$

$$U = 1.0(D + H + Q + E) \quad (1.4.7)$$

$$U = 1.3D + 1.3(L+I) + 1.3CF + 1.7H + 1.3Q + 1.3CO \quad (1.4.8)$$

$$U = 1.2D + 1.55H + 1.2Q + 1.2W + 1.2CO \quad (1.4.9)$$

여기서

D = 고정하중 또는 이에 따른 단면력

L = 활하중 또는 이에 따른 단면력

I = 충격 또는 이에 따른 단면력

H = 토압 또는 이에 따른 단면력

W = 풍하중 또는 이에 따른 단면력

WL = 차량 활하중에 작용하는 풍하중 또는 이에 따른 단면력

BK = 제동하중 또는 이에 따른 단면력

E = 지진의 영향 또는 이에 따른 단면력

CF = 원심하중 또는 이에 따른 단면력

CO = 충돌하중 또는 이에 따른 단면력

G = 부등침하, 크리프, 건조수축, 제작 또는 시공시 치수의 착오, 습도변화 또는 온도변화 등으로 인한 팽창 또는 수축변형으로 유발된 변형력 또는 이에 따른 단면력

Q = 부력 또는 양압력, 수압, 파압 등의 하중 또는 이에 따른 단면력

(2) 설계강도

1) 공칭 및 설계강도

콘크리트 구조물에 대한 강도설계법에서는 단면의 공칭강도에다 2)항에서 규정한 강도감소계수를 곱하면 단면의 설계강도가 되고, 강구조물에 대한 하중계수설계법에서는 계산된 최대 공칭강도를 그대로 설계 강도로 한다.

2) 강도감소계수(ϕ)

① 휨 부재, 휨과 축방향 인장을 겸하여 받은 부재

(ㄱ) 보통 철근콘크리트 부재 : $\phi_f = 0.85$

(ㄴ) 프리스트레스트 콘크리트 부재

- 공장에서 생산된 프리캐스트 프리스트레스트 콘크리트 부재 : $\phi_f = 0.90$
- 현장치기된 포스트텐션 콘크리트 부재 : $\phi_f = 0.85$

(ㄷ) 적절한 품질관리로 공장생산된 프리캐스트 부재 : $\phi_f = 0.90$

② 축방향 인장부재 : $\phi_t = 0.85$

③ 축방향 압축부재, 휨과 축방향 압축을 겸하여 받은 부재

(ㄱ) 나선철근으로 보강된 철근콘크리트 부재 : $\phi_c =$ 0.75

(ㄴ) 그 이외의 철근콘크리트 부재 : $\phi_c =$ 0.70

(ㄷ) 압축부재의 축방향강도 $\phi_c P_n$이 $0.10 f_{ck} A_g$와 $\phi_c P_n$ 중작은 값보다 작은 경우, ϕ_c 값은 ③항의 ϕ_c값과 ①항의 $P_n = 0$에 대한 ϕ_c값, 즉 ϕ_f의 값 사이에 직선보간법을 적용하여 구한다.

④ 전단과 비틀림 : $\phi_v = 0.80$

⑤ 콘크리트의 지압 : $\phi_b = 0.70$

Chapter 2

하중과 처짐

2.1 서론

구조물에 작용하여 응력을 일으키는 원인이 되는 것을 하중이라 한다. 하중은 여러 가지 견지에서, 즉 작용빈도, 작용방법, 구조물에 주는 영향 등에 따라 분류되는데 교량의 주요부분 설계시 항상 작용하고 있다고 보지 않으면 안 될 하중을 주하중이라 하고 항상 작용한다고 볼 수 없으나 때때로 작용한다고 볼 수 있으며, 하중 조합 시에 반드시 고려해야 하는 하중을 부하중이라 한다. 또 교량 주요부분을 설계할 때 교량의 종류, 구조형식, 가설지점의 상황 등의 조건에 따라 특히 고려해야 할 하중을 특수하중이라 한다.

이들 하중의 종류를 도로교와 철도교별로 나누어 열거하면 다음과 같다.

1 도로교의 하중

① 주하중 : 고정하중, 활하중, 충격, 프리스트레스, 콘크리트의 크리프와 건조수축, 토압, 수압, 부력 또는 양압력

② 부하중 : 풍하중, 온도변화의 영향, 지진의 영향

③ 주하 중에 상당하는 특수하중 : 설 하중, 지반변동의 영향, 지점이동의 영향, 파압, 원심하중

④ 부하 중에 상당하는 특수하중 : 제동하중, 가설시 하중, 충돌하중, 기타

2 철도교의 하중

① **주하중** : 고정하중, 활하중, 충격, 원심하중, 장대레일 종하중, 프리스트레스, 콘크리트의 크리프와 건조수축, 토압, 수압, 부력 또는 양압력

② **부하중** : 차량 횡하중, 시동하중 또는 제동하중, 풍하중

③ **주하 중에 상당하는 특수하중** : 설 하중, 지반변동의 영향, 파압

④ **부하 중에 상당하는 특수하중** : 온도변화의 영향, 지진하중, 가설하중, 충돌하중, 탈선하중, 기타

이 밖에 난간이나 연석에 작용하는 수평추력, 기타의 상황에 따라서 필요한 하중을 고려해야 한다.

또한, 교량 설계 시에는 주하중과 부하중 등 여러 가지 하중을 조합해서 생각해야 하는데 이런 경우에는 허용응력을 증가시켜 검토해야 한다.

2.2 하중의 종류

1 고정하중(Dead Load)

고정하중이란 구조물 자체의 중량, 즉 자중과 구조물에 영구적으로 고정되는 물체의 중량으로 교량의 경우 자중과 가스관·수도관 등의 첨가물의 중량이 고정하중이며 세분하여 열거하면 다음과 같다.

① 교상의 제시설(난간·조명 등)및 첨가물의 중량

② 바닥틀(Floor system)의 중량

③ 바닥판(slab 및 pavement)의 중량

④ 주형 또는 주트러스(수직브레이싱·수평브레이싱 포함)의 중량

이중 ①과 ②는 처음부터 거의 정확하게 선정될 수 있으나 ③과 ④는 설계 완료 후가 아니면 정확한 수치를 알 수 없다. 따라서 설계 시는 처음에 이들의 하중을 적당한 방법으로 추정하여 고정하중을 정하여야 한다.

일반적으로 고정하중의 크기는 구조물의 재료 및 크기가 결정되면 비교적 정확하게 구

할 수 있는데 각 재료에 대한 단위중량을 이용하여 이들의 중량을 결정할 수 있다.

철도교의 경우 1궤도의 중량은 실 하중을 고려하여 정하되, 최소중량은 유도상인 경우 도상자갈을 포함하지 않고 3,000N/m, 무도상인 경우 7,000N/m로 한다. 한편 보선작업을 고려하여 도상의 중량은 30% 할증된 값을 사용하며 곡선부에서는 캔트부설에 따른 증가량을 추가하여 사용한다.

보통의 거더교나 트러스교의 중량에 대하여서는 데이터북(data book)이나 설계자료 등의 실험공식 및 도표 등을 이용하여 개략치를 추정할 수 있으나 특별한 형태나 구조의 교량에서는 유사한 실례 등을 참고로 하여 추정한다. 이렇게 추정한 고정하중에 의거하여 설계가 완료되면 재계산하여 가정치 와 비교하며 큰 차이가 있으면 재설계하여야 한다.

표 2-1 재료의 단위중량(kgf/m^3)

재료	단위중량	재료	단위중량
강재, 주강, 단강	7,850	모래, 자갈, 쇄석, 흙	1,600~2,000
주철	7,250	인공경량골재 콘크리트	1,500~1,700
알미늄	2,800	석재	2,600
PS 콘크리트	2,500	도상	1,900
철근 콘크리트	2,500	목재	800
무근 콘크리트	2,350	역청재(방수용)	1,100
시멘트 모르타르	2,150	아스팔트 포장	2,300

2. 활하중(Live Load)

도로교에서는 자동차나 각종 차량 및 인마(人馬)를, 철도교에서는 열차 등을 활하중이라고 한다. 자동차뿐만 아니라 기관차나 객화차에도 여러 종류가 있으며, 그 각각에 대하여 모두 계산한다는 것은 거의 불가능할 뿐만 아니라 장래에 있어서도 설계 당시와는 다른 차량이 통과할 것도 고려해야 한다.

그래서 교량의 설계에서는 실제의 차량대신에 장래의 통과차량도 고려하여 적당한 활하중을 설정하여 이것에 의해 설계한다.

(1) 도로교의 활하중

도로교를 설계할 때 쓰이는 활하중은 표준트럭하중(DB-하중) 또는 차로하중(DL-하중) 보도 등의 등분포하중, 궤도의 차량하중 등이다.

① 바닥판 및 바닥 틀을 설계할 경우의 활하중

차도부에는 DB-하중(**그림 2-1**, **표 2-2**)을 재하 한다. DB-하중은 한 교량에 중방향으로 차로당 한 대를 원칙으로 하고, 횡방 향에는 재하 가능한 대수를 재하 시켜 설계부재에 최대 응력이 생기도록 재하 한다.

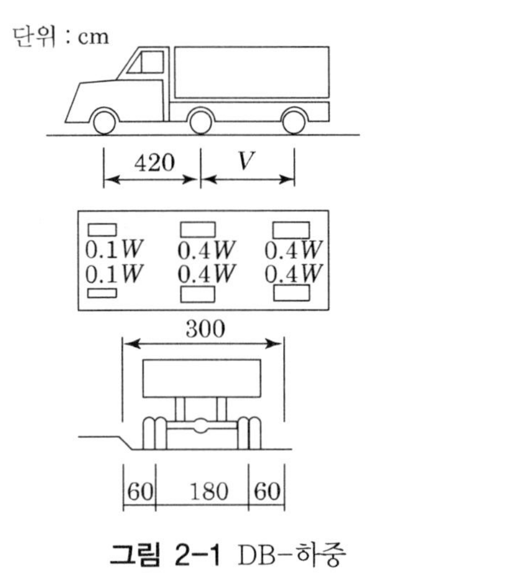

그림 2-1 DB-하중

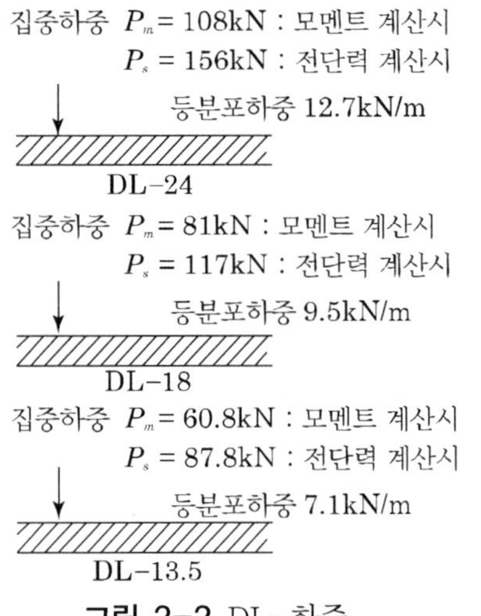

그림 2-2 DL-하중

표 2-2 DB-하중의 제원

교량등급	하중등급	중량 W(kN)	총하중 1.8 W(kN)	전륜하중 0.1 W(kN)	후륜하중 0.4 W(kN)
1등교	DB-24	240	432	24	96
2등교	DB-18	180	324	18	75
3등교	DB-13.5	135	243	13.5	54

DB-하중의 최외측 차륜중심 재하 위치는 교축 직각방향으로 볼 때 차도 단부로부터 30cm까지로 하며, 지간이 특히 긴 세로보 및 슬래브 교는 DL-하중(**그림 2-3**)으로 검토하여 응력이 큰 쪽을 택하여 설계한다.

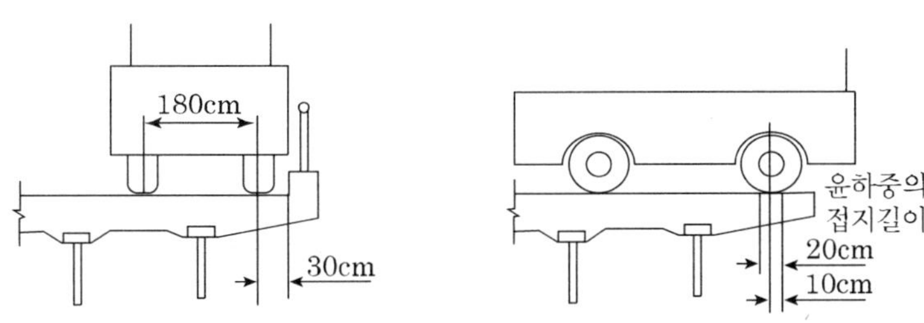

그림 2-3 바닥판 설계를 위한 활하중 재하방법

보도에는 5×10^{-3}Mpa의 등분포하중을 재하하고, 또 궤도에는 궤도의 차량하중과 DB-하중 중 부재에 큰 응력이 생기는 하중을 채용한다.

차륜의 접지 면은 DB-하중의 각 차륜에 대해 면적이 $\frac{12,500}{9}P(mm^2)$인 하나의 직사각형으로 간주하며, 이 직사각형의 폭과 길이의 비는 2.5 : 1로 한다. 여기서 P 는 차륜의 중량(kN)이며, 접지 압은 접지 면에 균일하게 분포하는 것으로 가정한다.

② 주거더를 설계 할 경우의 활하중

차도부분에는 교축방향으로 차로당 1대의 DB-하중 또는 1차로분의 DL-하중 가운데 설계부재에 불리한 응력을 주는 것을 재하 한다.

DB-하중이나 DL-하중은 기본 점유 폭은 3m 이나, 교량 폭이 넓어 여러 차로에 재하될 경우에는 다음 식에서 산출되는 차로폭 안에 두어야 한다. 이 때 한 교량의 단일차로 내에서는 DB-하중 한 대 또는 DL-하중 한차로만 재하 한다.

$$W = \frac{W_c}{N} \leqq 3.6m \qquad (2.1)$$

여기서 W_c : 연석간의 교폭 W : 설계차선폭

N : 표 2-3에 표시된 차로수

표 2-3 교폭에 따른 차로수

W_c의 범위(m)	N	W_c의 범위(m)	N
$6.0 \leq W_c \leq 9.1$	2	$23.8 \leq W_c \leq 27.4$	7
$9.1 \leq W_c \leq 12.8$	3	$27.4 \leq W_c \leq 31.1$	8
$12.8 \leq W_c \leq 16.4$	4	$31.1 \leq W_c \leq 34.7$	9
$16.4 \leq W_c \leq 20.1$	5	$34.7 \leq W_c \leq 38.4$	10
$20.1 \leq W_c \leq 23.8$	6		

또 어느 부재의 최대 응력이 3차로 이상의 활하중의 동시 재하로 일어나는 경우에는 그 활하중응력을 다음 백분율로 감소시킨다.

즉 3차로에서는 90%, 4차로 이상에서는 75%로 한다.

연속보의 경우 DL-하중으로 내측지점 C 에서의 최대 휨모멘트를 구하려 할 때는 **그림 2-4**와 같이 재하 한다.

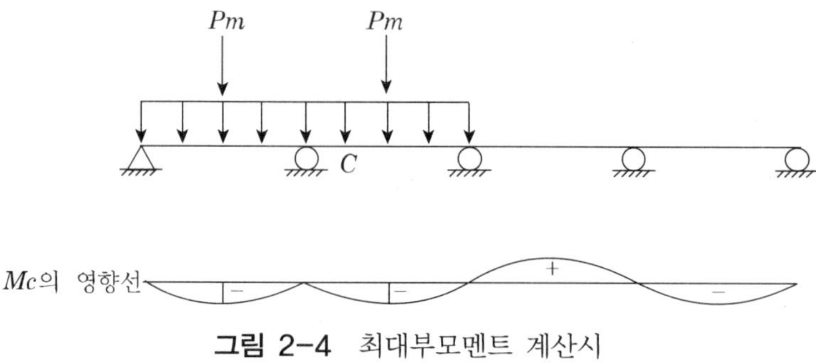

그림 2-4 최대부모멘트 계산시

외측지간 중앙 d점의 최대휨모멘트를 구하려 할 때는 **그림 2-5**와 같이 재하 한다.

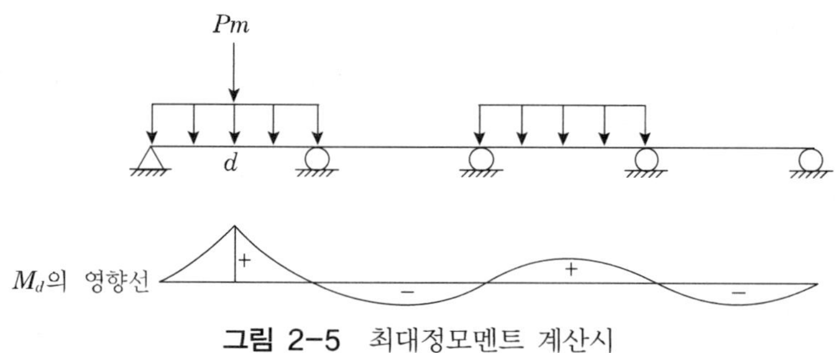

그림 2-5 최대정모멘트 계산시

(2) 철도교의 활하중

철도교의 활하중은 각국마다 약간 다르지만 한국 철도에서는 미국 주요철도에서 사용하고 있는 코퍼(Cooper)가 1894년에 제안한 E-하중을 kN 과 meter로 환산하여 LS-하중 (**그림 2-6**) 이라하고 표준하중으로 사용하고 있다.

이중 L-하중은 기관차(탄수차를 포함) 두 대를 연결한 후에 객화차에 상당하는 등분포하중을 연행한 것이며, S-하중은 2축이 특별히 큰 대형의 중차량을 상정한 것이다. 따라서 L-하중과 S-하중에서 영향이 큰 쪽을 사용한다. 일반적으로 바닥 틀이나 소지간의 주거더에서는 대부분 S-하중이 큰 응력을 주며, 지간이 3.7m 이상 되는 주거 더나 주트러스에는 L-하중의 영향이 크다.

L-하중의 재하에서 기관차 하중은 단기(單機) 또는 중연에 의한 것으로 하고, 등분포하중의 길이에는 제한이 없고 부재의 응력이 최대가 되도록 재하 한다.

축하중	2.4	1.5	1.5	1.5	2.7	1.5	1.8	1.5	2.4	2.4	1.5	1.5	1.5	2.7	1.5	1.8	1.5	1.5	
	1	2	3	4	5	6	7	8	9	10	11	12	13	14	15	16	17	18	등분포하중
L-18	90	180	180	180	180	120	120	120	120	90	180	180	180	180	120	120	120	120	60kN/m
L-22	110	220	220	220	220	$\frac{440}{3}$	$\frac{440}{3}$	$\frac{440}{3}$	$\frac{440}{3}$	110	220	220	220	220	$\frac{440}{3}$	$\frac{440}{3}$	$\frac{440}{3}$	$\frac{440}{3}$	$\frac{220}{3}$kN/m

축하중	1	2 (2.0)
번호	1	2
S-18	220	220
S-22	2420/9	2420/9

그림 2-6 LS-하중

전동차 전용선은 EL-하중 고속철도의 표준열차하중은 HL-25 표준 활하중 또는 HL-25 여객전용 표준 활하중을 따라야 한다.

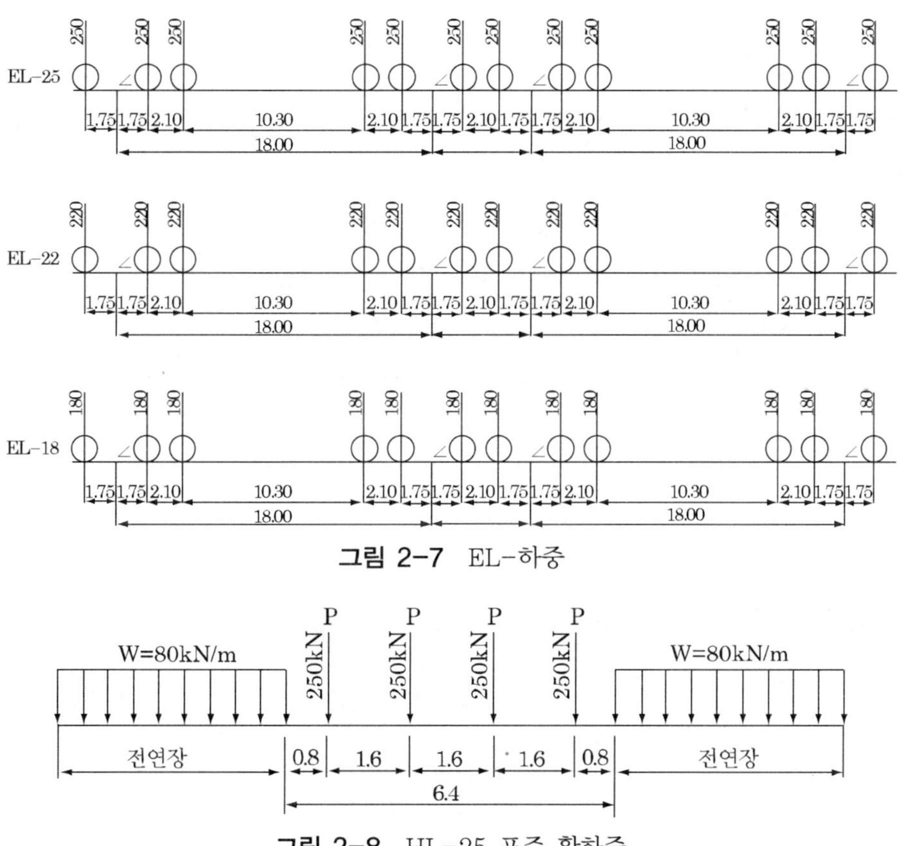

그림 2-7 EL-하중

그림 2-8 HL-25 표준 활하중

3. 충격하중(Impact Load)

활하중은 일반적으로 진동이나 충격 등의 동역학적 영향을 수반하는 동하중이다. 그러나 이 동역학적 영향은 열차, 자동차 등의 종류 그 주행속도, 노면의 상태, 활하중과 고정하중의 비 등에 따라 다를 뿐만 아니라 교량 자체의 형식 등에 따라서도 변화하므로 이것을 처음부터 정확하게 고려하여 활하중을 규정한다는 것은 지극히 곤란하므로 교량의 설계에는 먼저 활하중을 진동이나 충격이 없는 정역학적 하중, 즉 정하중으로 가정하고 응력을 산출한 후에 다시 여러 가지 동역학적 영향을 고려한 소위 충격을 산출하여 가산한다.

충력의 크기는 활하중에 대한 비율, 즉 충격계수로서 표시한다. 지금 활하중을 정하중이라 하고 산출한 응력을 활하중응력(Live Load Stress or L.L.S), 충격계수를 i, 충격에 의한 응력을 충격응력(impact stress , Imp.S)이라 하면

$$Imp.S = i \times L.L.S \tag{2.2}$$

충격에 대해서는 여러 가지 이론적 연구나 실측의 결과를 다음과 같이 생각할 수도 있다.

즉 충격의 영향은

① 활하중 응력이 같아도 하중이 넓게 분포하여 작용하는 경우는 집중하여 작용하는 경우보다 작다.

② 하중이 동일해도 고정하중이 클수록 또 지간이 클수록 충격의 영향은 작아진다.

따라서 하중의 재하길이가 짧을수록, 또 지간이 길수록 i 가 적어지도록 정한다.

도설, 제2장 2.1.4에서 충격계수는 다음 식으로 산출하며 0.3을 초과할 수 없다. 또한 철설, 제1편 2.4에는 강교 및 강합성교에서는 다음 **표 2-4**과 같이 규정하고 있다.

$$i = \frac{15}{40+L} \leq 0.3 \tag{2.3}$$

표 2-4 철도교의 충격계수

기관차 종류	부재 및 교량형식	충격계수 i(%)
증기기관차	플레이트거더, 상로트러스의 중간지주, 하로트러스의 현수재	$l \leq 30\text{m}: 70 - \frac{l^2}{45}$ $l > 30\text{m}: \frac{540}{l-12} + 20$
	트러스	$\frac{1,200}{l+75} + 25$

표 2-4 철도교의 충격계수(계속)

기관차 종류	부재 및 교량형식	충격계수 i(%)
디젤 및 전기기관차	–	$l \leqq 24\text{m}: 50-\frac{l^2}{48}$ $l > 24\text{m}: \frac{180}{l-9}+26$

여기서 L 은 원칙적으로 활하중이 등분포하중인 경우에 설계부재에 최대 응력이 일어나도록 활하중이 재하된 지간(m)이나 좀 더 구체적인 것은 도로교 설계기준을 참고한다.

4. 풍하중(Wind Load)

교량 자체 및 교상의 활하중에 작용하는 풍압을 풍하중이라고 한다.

풍압은 일반적으로 구조물의 측면에 수직으로 자용하는 경우가 가장 위험하므로 교축에 직각으로 작용하는 수평하중으로 간주한다.

풍속과 풍압과의 관계는 일반적으로(도로교 설계기준, 제2장 2.1.11 참조) 식2.4) 으로 나타낼 수 있다.

$$p = 5 \times 10^{-7} \rho v^2 C_d G \tag{2.4}$$

여기서

p : 풍압($Mpa = N/mm^2$) C_d : 항력계수 v :풍속(m/sec)

G : 거스트 응답계수 ρ : 공기의 밀도(1보통 1.225 kg/m^3)

거스트 응답계수 G는 순간 풍속 변동의 영향을 보정하기 위한 계수이고, 항력계수 C_d는 기존의 문헌, 실험, 해석 등의 합리적인 방법으로 산정한다.

(1) 도로교의 풍하중

일반적인 중소지간 교량의 상부구조에 작용하는 풍하중은 교축에 직각으로 작용하는 수평하중으로 하고, 고려하고 있는 부재에 가장 불리한 응력을 발생시키도록 재하 한다. 이 때 (식 2-4)에 기초한 표준적인 풍하중의 크기는 다음 ①~③ 항과 같다. 차음 벽이 설치되어 있는 경우에는 바람의 특성 및 차음 벽의 구조에 따라 풍하중을 저감시킬 수 있다.

① 플레이트 거더교

플레이트 거더교에 작용하는 풍하중은 교량 하나의 교축방향 길이 1m당 표 2-5 에 나타난 값으로 한다.

표 2-5 플레이트 거더교의 풍하중

단면형상	풍하중
$1 \leq B/D < 8$	$(4.0-0.2B/D)D \geq 6$
$8 \leq B/D$	$2.4D \geq 6$

여기서,

B : 교량 총폭(m)(**그림 2-5** 참조)

D : 교량 총높이(m)(**표 2-5** 참조)

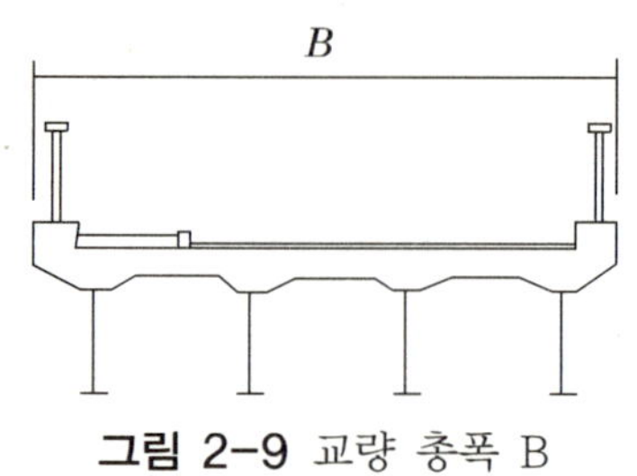

그림 2-9 교량 총폭 B

표 2-6 플레이트 거더교의 총 높이

교량용 방호울타리	벽형 강성 방호울타리	벽형 강성 방호울타리 이외
총높이 D	D	0.4m, D

② 2주구 트러스

2주구 트러스에 작용하는 풍하중은 풍상 측의 유효면적 투영면적 $1m^2$당 **표 2-7** 에 나타낸 값으로 한다. 다만 표준적인 2주구 트러스에 대해서는 풍상측 현재의 교축방향의 길이 1m당 **표 2-8**에 나타낸 풍하중을 사용해도 좋다.

표 2-7 플레이트 거더의 총높이 D

교량용 방호울타리	벽형 강성 방호울타리	벽형 강성 방호울타리 이외
총높이 D	D	0.4m D

다만, $0.1 \leq \phi \leq 0.6$

여기서, ϕ : 트러스의 충실률(트러스 외곽 면적에 대한 트러스 투사면적의 비)

표 2-8 표준적인 2주구 트러스의 풍하중(kN/m)

현재		풍하중
재하현	활하중 재하시	$1.5+1.5D+1.25\sqrt{\lambda h} \geq 6.0$
	활하중 비재하시	$3.0D+2.5\sqrt{\lambda h} \geq 6.0$
비재하현	활하중 재하시	$1.25\sqrt{\lambda h} \geq 3.0$
	활하중 비재하시	$2.5\sqrt{\lambda h} \geq 3.0$

다만, $7 \leq \lambda / h \leq 40$

여기서,

D : 교량 바닥판의 총높이(m)

다만, 교축직각 수평방향에서 보아 현재와 중복되는 부분의 높이는 포함하지 않는다(**그림 2-10** 참조).

h : 현재의 높이(m)

λ : 하현재 중심에서 상현재 중심까지의 주구 높이(m)

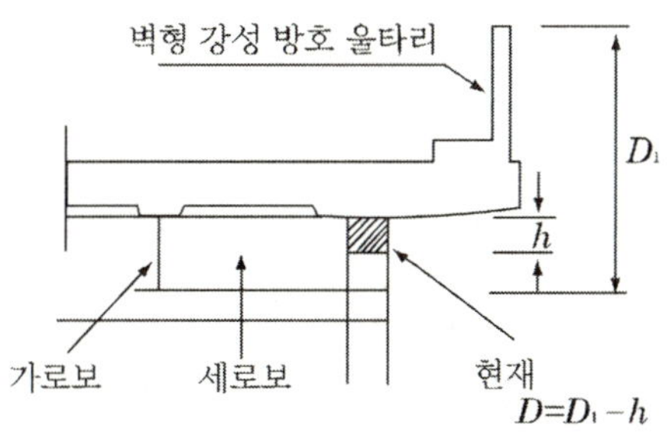

(a) 상로 트러스의 경우

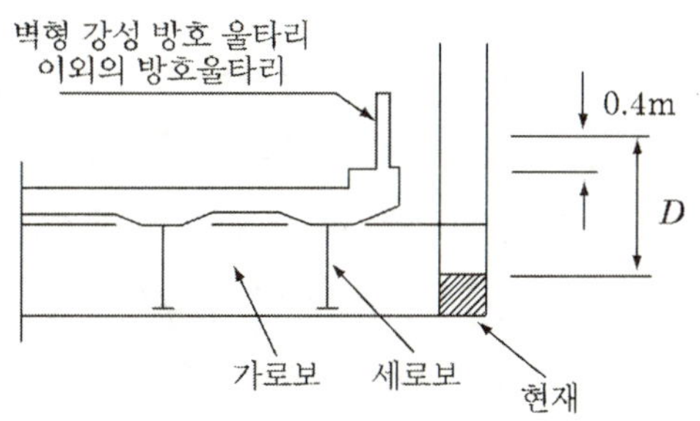

(b) 하로 트러스의 경우

그림 2-10 2주구 트러스의 바닥판 총높이

표 2-9 플레이트거더교 또는 2주구트러스 이외의 교량부재에 작용하는 풍하중(Mpa)

부재의 단면형상		풍하중	
		풍상측 부재	풍하측 부재
원형	활하중 재하시 활하중 비재하시	0.75×10^{-3} 1.5×10^{-3}	0.75×10^{-3} 1.5×10^{-3}
각형	활하중 재하시 활하중 비재하시	1.5×10^{-3} 3.0×10^{-3}	0.75×10^{-3} 1.5×10^{-3}

③ 기타 형식의 교량

기타 형식의 교량의 주거더 부분에 작용하는 풍하중은 주거더의 형상에 따라 ①항 또는 ②항을 적용한다. ①항 또는 ②항에 규정되지 않은 부재에 작용하는 풍하중은 단면형상에 따라 **표 2-8**에 나타낸 값을 사용한다. 또한 활하중이 재하될 때에는 교면상 1.5m의 위치에서 1,500N/m의 풍하중이 활하중에 대하여 작용하는 것으로 본다.

(2) 철도교의 풍하중

① 풍하중은 교량에 대하여 1방향으로 수평 및 직각으로 작용하는 것을 원칙으로 하고 그 크기는 다음 각항에 의한다.

(a) 교량 상에 열차가 없을 때

교량의 연직투사면 : $3.0kN/m^2$

트러스의 바닥 틀과 겹쳐지지 않는 바람맞이 반대편 주구의 연직투사면 : $2.0kN/m^2$

(b) 교량 상에 열차가 있을 때

교량의 연직투사면 : $1.5kN/m^2$

트러스의 바닥 틀과 겹쳐지지 않는 바람맞이 반대편 주구의 연직투사면 : $1.0\ kN/m^2$

통과 열차에 대하여 연직투사면 : $1.5\ kN/m^2$

다만 열차의 연직투사면은 레일면상 4.0m의 폭으로 하고, 열차와 겹쳐지는 보의 바람맞이쪽과 바람맞이 반대쪽의 부재에 대하여는 풍하중을 고려하지 않는다.

② 지간이 80m 까지의 하로 트러스에 대하여는 전항의 규정에 관계없이 바람맞이 쪽과 바람맞이 반대쪽을 합계하여 **표 2-10**의 값을 표준으로 한다.

표 2-10 지간 80m까지의 하로 트러스의 풍하중 크기(단위 ; kN/m)

구 분	상 현 재	하 현 재
교량 상에 열차가 없는 경우	5.0	6.0
교량 상에 열차가 있는 경우	3.0	8.0*

주) *열차에 대한 풍하중을 포함한 값이다.

5. 온도의 변화의 영향

아취나 라멘과 같이 양단의 상대변위가 구속된 구조물에서는 온도변화에 따른 신축이 자유롭지 못하기 때문에 구조물을 구성하는 부재에 응력이 생기는데 이것을 온도응력이라고 한다, 철도설계기준(2장 2.18)에서 설계시의 온도변화는 가설시의 온도변화를 기준으로 하며, −20℃~+50℃까지를 표준으로 하되, 추운지방에서는 −30℃~+50℃까지로 하고 있다. 그리고 타이드아치, 보강거더가 있는 아취, 라멘, 강바닥판 등에서 태양의 직사부분과 그늘부분과의 온도차는 15℃로 한다. 또 가설시의 온도변화는 −20℃~+50℃까지로 하되, 특히 추운지방에서는 −30℃~+50℃ 까지를 표준으로 하고 있고, 강재의 선팽창계수는 1℃에 대하여 0.000012 이다

6. 종하중·횡하중

(1) 종하중(longitudinal load)

차량(기관차나 자동차)이 교량 상에서 갑자기 정거할 때에 작용하는 하중이 제동하중(braking load)이고, 교량 상에서 정지하고 있는 차량이 갑자기 움직일 때에 작용하는 하중이 시동하중(tractive load)이며 이들을 합쳐서 종하중이라 한다. 그러나 도로교에서는 이 양자를 구별하지 않고 단지 제동하중이라 하는데, 차량의 제동하중은 극단적으로 가벼운 교량 및 궤도가 있는 교량 등 특별한 경우에 고려하며, 이때의 제동하중은 자동차(DB−하중)하중 또는 궤도하중 총중량의 10%가 교면 또는 레일면상 1.8m 위치에서 차량의 진행방향으로 작용하는 것으로 한다(도설, 제2장 2.1.17).

철도교에서 제동하중은 LS−하중의 15%, 시동하중은 동륜하중의 25%가 각각 레일면상 2.0m 높이에서 교축방향으로 작용하는 것으로 한다(철설, 제1편 2.13).

(2) 횡하중

풍하중이나 원심하중도 교축에 직각으로 작용하는 횡하중이나 철도교에서 횡하중이란 차량, 특히 기관차의 사행 또는 횡 진동에 의한 횡력을 말한다.

(철설 제1편 2.12) 에서는 **그림 2-11**과 같이 연행집중하중으로 하고 원칙으로 레일면상에서 교축에 직각이고 수평으로 작용하는 것으로 한다. 그 크기 Q는 L-하중 1동륜축 중의 15%로 본다. 도로교에서 자동차의 횡력은 극히 적으므로 고려하지 않는다.

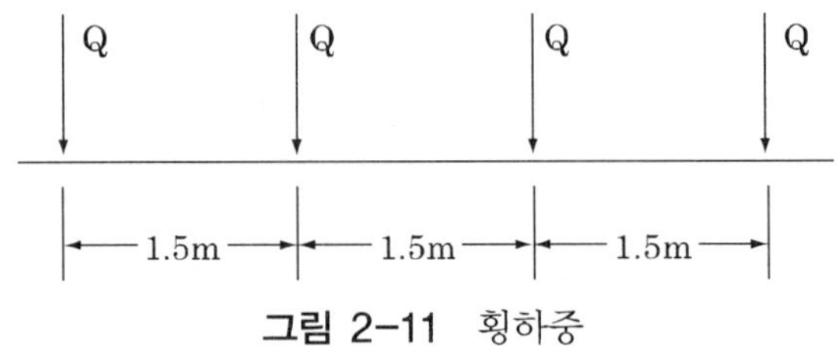

그림 2-11 횡하중

7. 원심하중

차량이 곡선 상을 주행할 때의 원심력에 의한 횡하중이다. 원심하중은 교축에 직각이고 수평방향으로 작용하는 이동하중이라고 본다.

(1) 도로교

도로교에서 원심하중은 곡선궤도가 있는 경우에 한하여 궤도 차량하중의 8%가 레일면상 1.8m 위치에서 횡방 향으로 작용하는 것으로 본다(도설, 제2장 2.1.17).

곡선을 지나가는 차량의 원심력은 일반적으로 다음 식으로 표시한다.

$$CF = \frac{W.V^2}{127R} \qquad (2.5).$$

여기서

CF : 원심력(kN)　W: 차량의 무게(kN)

V : 속도(km/h)　R : 곡선 반지름(m)

(2) 철도교

철도교에서는 레일면상 2.0m의 높이에서 수평으로 작용한다. 그 크기는 식 (2.5)에 속도와 지간에 관련된 감소계수, 즉 식(2.6)의 f를 곱하여 구한다.

$$f = 1 - \left(\frac{V-120}{1,000}\right) \times \left(\frac{814}{V} + 1.75\right) \times \left(1 - \sqrt{\frac{2.88}{L}}\right) \qquad (2.6)$$

이 식에서 지간 $L \leq 2.88m$ 이거나, 속도 $V \leq 120km/h$ 일 때 f 는 1.0 이다.

8. 지진하중(Seismic Load)

한국도 근래 가벼운 지진이 있었고, 아울러 장래 예상할 수 있는 큰 지진에 대하여 최소화 할 수 있도록 하기 위하여 도로교에 대한 내진설계는 1992년 도로교표준시방서부터 포함되었다. 그 후 개정이 진행되었고 2004년 철도설계기준에는 제5편 내진설계에서 정하는 바에 따르고 있다.

각국의 조사에 의하면 대지진에 의한 피해상황은 대부분 교대 혹은 교각 등 하부구조의 파손에 기인하고, 상부구조의 파손이 직접 원인이 된 것 은 혹은 상부구조의 치명적인 손상을 받은 예는 극히 드물다. 따라서 지진에 대한 교량의 안전성을 생각할 경우에는 상부구조보다는 하부구조의 내진성에 대하여 특별히 충분한 주의를 해야 한다.

교량에 대한 지진의 영향은 교량의 형식·구조, 기초지반의 성질뿐만 아니라 지진 자체의 동역학적 특성 등을 고려하여 정확히 산정하여야 한다. 일반적으로 토목구조물에 사용되고 있는 내진계산 및 해석방법으로는 다음의 네 가지가 있다.

(1) 진도법(震度法)

지진동의 영향을 정적인 힘으로 치환하여 이를 구조물에 작용시켜 해석하는 방법이며, 이 방법으로 하면 지진 시 구조물의 안정이나, 부재의 응력계산을 평상시의 해석과 같게 간단하게 할 수 있다.

(2) 수정진도법

장대교량과 같이 처지기 쉬운 구조물은 지진의 움직임과 다르게 움직이므로 진도법(震

度法)을 적용하기에는 무리가 있다. 따라서 구조물의 진동특성을 가미시킨 진도, 즉 수정진도를 고려해서 계산해야 하는데 이를 수정진도법 이라한다.

(3) 응답변위법(應答變位法)

지중 구조물과 같이 지반의 움직임이 구조물의 움직임을 좌우할 때는 지진시의 관성력(慣性力)에 따르기 보다는 지반 각부의 상대변위에 따라 구조물에 응력이 발생한다. 이 경우 변형을 구조물에 정적으로 작용시켜 구조물의 응력을 구하는 방법이 응답변위법(應答變位法)인 것이다.

(4) 동적해석법

현수교와 같은 대규모의 구조물에서는 지진동의 탁월주기(卓越周期)보다 긴 고유주기의 진동모드가 다수 존재하기 때문에 이런 경우에는 동역학적인 해석방법이 필요하다.

9. 기타하중

(1) 가설하중(erection load)

교량 가설 시에는 가설단계별 가설방법과 가설중의 구조를 고려하여 자중, 가설장비, 바람, 지진의 영향 등이 작용하는데, 이들 힘은 일시적으로 작용하는 것으로 이들을 가설하중이라 총칭하며, 필요한 경우에는 이에 대한 각부의 안전도를 조사할 필요가 있다.

(2) 난간에 작용하는 수평하중

군중이 교상에 밀집하여 그 추력에 의하여 난간이 파괴되어 사상자를 낸 사례가 있으므로 난간을 튼튼하게 만들어야 한다.

도설, 제2장 2.4.3.3에는 난간은 보도의 노면으로부터 110cm 이상의 높이로 하고 그 측면에 직각으로 도심도로상에는 3.75kN/m, 일반 도로상에는 2.5kN/m의 수평력이 상단부에 작용하는 것으로 하고, 난간 정상부 윗면에는 수직력 1.0kN/m 가 작용하는 것으로 설계한다. 또 철도설계기준(제1편 2.23)에서 난간에 작용하는 힘은 교량의 길이 1m 당 일반적으로 0.7 kN, 특별한 경우에는 2.5kN으로 하고, 보도면 에서는 1.5m의 높이에 또 난간의 상단에 직각과 수평으로 작용한다.

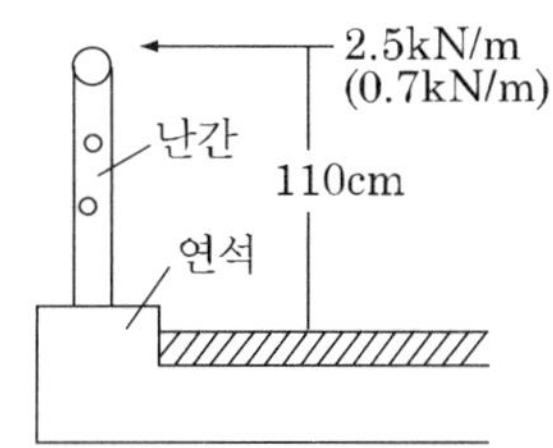

그림 2-12 난간의 수평추력

(3) 충돌하중

도로의 입체교차 부분에 있는 교량의 각기둥 등을 설계하는 경우는 자동차의 충돌에 의한 하중을 생각해야 한다.

이때의 하중은 노면상 1.8m 높이에서 수평으로 작용하며, 그 크기는 차도방향에 대하여1,000kN, 차도의 직각방향에 대하여는 500kN으로 한다(도성, 제2장 2.1.19, 철설, 제1편 2.21).

(4) 장대레일 종하중

철도교량상에 장대레일이 있을 때는 교량과 장대레일의 온도변화에 의한 신축 량이 다르기 때문에 레일과 레일 체결장치 사이에 마찰력이 생겨서 이 반력이 교량거더 및 고정받침부에 장대레일 종하중으로 작용한다.

이 하중의 크기는 1레일당 10kN/m이고 궤도 및 교량의 구조형식, 거더길이, 장대레일 신축이음, 지점의 배치 등을 고려하여 1궤도당 2,000kN을 초과하지 못하며 작용위치는 레일면 위에서 교축에 평행으로 작용한다.

2.3 처짐

모든 구조물은 강도상 충분하더라도 강성이 부족하면 충격과 진동의 영향이 커질 뿐 아니라 차량의 운행 상으로도 불안하며, 승차기분, 레일의 응력 등에 영향을 미치게 한다. 교량의 강성에 대한 검사방법의 하나로 교량의 최대 처짐을 산정하여 어느 제한 값 안에 들도록 하는 방법을 취한다. 도로교(도설, 제3장, 3.2.3)에서는 활하중(충격하중은 포함

하지 않음)에 의한 강교의 주거더 및 가로보의 최대처짐량은 **표 2-11** 값 이하이어야 하며, 이 경우 처짐은 부재의 종단면으로 계산한다.

표 2-11 도로교의 허용 처짐

L : 지간길이(m)

교량형식			최대처짐	
	종류	지간	단순지지거더 및 연속거더	게르버거더의 캔틸레버
플레이트거더 형식	철근콘크리트 슬래브가 있는 플레이트거더	$L \leqq 10\text{m}$	$L/2,000$	$L/1,200$
		$10 < L \leqq 40\text{m}$	$\dfrac{L}{20,000/L}$	$\dfrac{L}{12,000/L}$
		$L < 40\text{m}$	$L/500$	$L/300$
	기타의 슬래브가 있는 플레이트거더		$L/500$	$L/300$
현수교 형식			$L/350$	
사장교 형식			$L/400$	
기타 형식			$L/600$	$L/400$

철도교(철설, 제2편 3.3.1)에서 주거더의 처짐은 특별한 경우를 제외하고 되도록 **표 2-12** 값을 초과하지 않도록 하며, 다만 레일 면에 솟음을 붙이는 등 처짐을 상쇄하는 경우에는 이 값을 완화할 수 있다. 또 가로보의 세로보 연속 점에서의 처짐은 단부가로보에서 4mm이하, 중간 가로보에서 5mm 이하로 하는 것을 원칙으로 한다.

표 2-12 철도교의 허용 처짐

지간길이 L(m) / 열차속도 V(km/h)	$0 < L < 50$	$L \geqq 50$
$V \leq 120$	$L/180$	$L/700$
$120 < V \leq 150$	$L/1,100$	$L/900$
$150 < V \leq 200$	$L/1,600$	

처짐을 계산할 때는 거더의 단면변화를 고려하여 정밀계산을 실시하는 것을 원칙으로 하고, 약산 식으로 검토할 경우에는 다음 식을 사용해도 좋다.

$$\delta = \frac{5.5ML}{48EI} \tag{2.7}$$

여기서:

δ : 거더의 중앙부의 처짐

M : 열차하중 재하시 최대 휨모멘트

I : 거더 중앙부의 총단면2차모멘트

Chapter ⋙ 3

강재의 성질과 허용응력

3.1 강재의 특성

철이 교량에 사용된 것은 아주 오래되었으며 처음 철이 사용된 것은 주철의 형태였다. 그러나 주철은 인장강도 및 유연성이 부족하여 사라졌고 그 후 연철이 주철을 대신하여 교량의 구조재료로써 사용되었다. 전로법에 의한 제강기술이 개발되면서 지금의 강교로 변한 것이다. 지금은 철교라 해도 실제는 강교를 말하며 주철이나 연철은 극히 일부분에 사용되고 있는 실정이다. 철은 탄소의 함유량에 따라 그 성질이 크게 변한다. 주철의 탄소 함유량은 1.7~6.67%로 아주 많으며 보통 주철의 탄소량은 2.0~4.5% 정도이다. 이러한 주철은 전성이나 연성이 없으므로 주입(鑄込)을 필요로 하는 부분, 즉 받침이나 난간 등에 주로 사용된다. 이에 반해서 연철은 탄소의 함유량이 극히 적어 순철에 가까우며 유연하고 전연성(展延性)이 풍부하여 가공에 적합하다. 강은 탄소의 함유량이 0.04~1.7% 정도의 것으로 보통 구조물에 사용되는 것은 탄소의 함유량이 0.1~0.25% 정도의 탄소강의 일종이다.

강은 탄소의 함유량이 증가함에 따라 강도가 커지고 아울러 취성도 증가한다. 강은 탄소 외에 인, 유황, 규소, 망간 등을 미소량 함유하고 있으며 이들이 강의 성질에 영향을 주는 사항은 다음과 같다.

• 탄소(C) : 탄소량이 많아지면 인장강도, 항복점, 경도가 증가하나 인성은 반대로 떨어진다.

• 인(P), 황(S) : 취성이 증대하나 충격치를 저하시킨다.

• 규소(Si) : 항복점이 높아진다.

• 망간(Mn) : 담금질이 잘 되고, 강도와 인성(靭性)을 높인다.

한편 교량의 자중을 경감하기 위하여 경금속이 쓰이고 있는데 경금속에는 알루미늄이나 마그네슘 혹은 그들의 각종 합금 등 여러 종류가 있으나 보통 사용되는 것은 알루미늄과 그 합금이다. 알루미늄 합금의 중량은 강 혹은 철의 1/28 이며 이것을 교량에 사용하면 교량의 사하중이 적어지는 것은 자명하다. 교량이 가벼워지면 단순히 응력의 경감, 제작, 운반, 가설의 편의성뿐만 아니라 교대나 교각에 대한 하중도 경감된다. 이 사실은 하부구조의 간이화에 기여하며 내진성도 좋아진다. 그러나 현재로서는 강재보다 고가이고 또 큰 치수의 재료를 생산하기가 곤란하므로 일반적으로 쓰이지 않으나 미국, 영국, 독일, 캐나다 등에서는 알루미늄 합금을 주체로 하는 교량이 가설되어 일부 실용화되고 있다.

오늘날에는 교량구조물의 재료로서 다양한 종류의 강을 사용하는 것이 가능하므로 교량 기술자는 적절한 선택을 할 수 있도록 강의 종류 및 제반 물리적 특성 등에 관한 전문지식을 지녀야 한다.

3.2 강의 분류

강은 그 제조법·화학적 성분·용도 등에 따라 다음과 같이 분류된다.

1. 제조법에 의한 분류

평로강(平爐鋼: siemens steel), 전로강(轉爐鋼: bessemer steel), 전기로강(electric steel) 및 도가니강(crucible steel) 등으로 분류된다.

2. 화학적 성분에 의한 분류

탄소강과 합금강으로 분류된다.

(1) 탄소강

탄소강이란 그 특성이 주로 이것이 함유하고 있는 탄소량에 지배되는 강을 말하는 데 보통 탄소강이 함유한 탄소량은 0.04~1.70% 정도로서 함유 정도에 따라 저탄소강(C〈0.2), 중탄소강(0.2〈C〈0.5), 고탄소강(C〉0.5)으로 분류한다.

탄소 이외에도 Mn, Si, P, S, Cu를 함유하고 이것이 탄소강의 성질에 영향을 끼친다.

용융 상태의 탄소는 전부가 강 속에 용해하고 있으나 이것이 서서히 냉각할 때의 조직성분은 온도 및 탄소의 농도에 의해 변화된다. 탄소강의 성질은 탄소량에 따라 변화하는데 탄소량이 증가하면 비중, 선팽창계수는 감소하고 비열 전기저항성 등은 증대한다. 또 인장강도, 항복점 및 경도는 탄소량과 함께 증가하고 신장 및 충격치는 감소한다.

탄소량 0.5% 이하에서는 열처리가 기계적 성질에 미치는 영향이 적으나 탄소량 0.5% 이상의 고탄소강에서는 열처리의 영향이 뚜렷하며, 그 용도로부터 공구강이라고도 한다.

일반적으로 불림(normalizing)한 것은 풀림(annealing)한 것보다 인장강도와 항복점이 크고 신장은 작다. 즉 풀림에 의하여 연한 상태를 얻을 수 있고, 불림으로 강도가 큰 것을 얻을 수 있다. 탄소강을 탄소함유량 및 용도에 따라 분류하면 **표 3-1**과 같다.

표 3-1 탄소강의 분류

강종 No.	강이름	탄소함유량 (%)	인장강도 (N/mm^2)	늘음률(%)	담금질	용도
No.1	극연강	<0.12	<380	25~20	부	레벳, 강선
No.2	연강	0.13~0.20	380~440	22~18	부	교량, 선박, 보일러, 건축재
No.3	반연강	0.21~0.35	440~500	20~16	부	조선, 레일, 보일러
No.4	반경강	0.36~0.50	500~600	15~12	약간부	구조용 샤프트
No.5	경강	0.51~0.80	600~700	12~9	양	샤프트류, 공구, 건축재
No.6	최경강	0.81~1.70	>700	8~6	양	공구, 스프링, 샤프트

(2) 합금강

합금강은 탄소강에 수종의 금속원소를 가하여 배합한 고급 강이다. 그 성질은 강도를 높이는 것과 녹을 방지하는 것의 두 가지가 있다. 주요한 합금강에는 크롬강, 니켈크롬강, 니켈크롬 몰리브덴강, 크롬몰리브덴강 등이 있다. 또 특수용 합금강으로서 스테인리스 스텐이 있는 데 이것은 크롬만 함유시킨 것과 크롬과 니켈을 함유시킨 것의 2종류가 있으며 공기 중 및 수중에서 녹이 슬지 않는 강의 방청재로서 사용된다.

최근 구조용, 특히 교량용에 고장력강이 쓰이고 있는 데 여기에는 니켈강, 규소강, 망간강 등이 있다. 니켈강은 Ni 의 함유량을 2~3% 로 하여 항장성(抗張性)을 준 것이고, 규소강은 Si 은 0.2~1.2% 함유시킨 것이다. 망간강은 규소강을 개량하여 Mn 량을 1.6% 정도 함유시킨 것이다.

특수강인 고장력강은 교량용 구조강재로서 중요한 재료인데 고장력강에 요구되는 특징을 들면 다음과 같다.

① 인장강도, 항복점이 높을 것.
② 용접성이 우수할 것.
③ 내식성이 양호할 것.
④ 압연한 대로 사용할 수 있고 열처리가 불필요한 것.
⑤ 가공성이 좋을 것.
⑥ 값이 쌀 것.

3. 용도에 의한 분류

구조용 강과 공구강으로 분류되며, KS에서는 일반구조용 압연강재(KS D 3503, **표 3-2**), 철근콘크리트용 봉강(KS D 3504, **표 3-3**), 용접구조용 압연강재(KS D 3515, **표 3-4**), 용접구조용 내후성 열간압연강재(KS D 3529, **표 3-5**), 보일러용 압연강재(KS D 3560), 리벳용원형강(KS D 3557, **표 3-6**), 탄소강주강품(KS D 4101, **표 3-7**) 및 회주철품(KS D 4301, **표 3-8**) 등에 대하여 규정하고 있다.

표 3-2 일반구조용 압연강재(KS D 3503)

종류의 기호		인장강도 (N/mm^2)	적요
SI단위	종래단위		
SS 330	SS 34	330~430	강판, 평강, 봉강 및 강대
SS 400	SS 41	440~510	강판, 평강, 봉강 및 형강
SS 490	SS 50	490~610	강판, 평강, 봉강 및 형강
SS 540	SS 55	540 이상	두께, 지름, 변 또는 대변거리가 40mm 이하의 강판, 평강, 형강, 보강 및 강대

표 3-3 철근콘크리트용 봉강(KS D 3504)

종류	기호	종류	기호	인장강도(N/mm^2)
원형봉강	SR 240	이형봉강	-	240 이상
	SR 300		-	300 이상
			SD 300	300 이상
			SD 350	350 이상
			SD 400	400 이상
			SD 500	500 이상

표 3-4 용접구조용 압연강재(KS D 3515)

종류의 기호	종래기호	인장강도(N/mm^2)	적요
SM 400A	SWS 400A	400~510	강판, 대강, 형강 및 평강의 두께 200m 이하
SM 400B	SWS 400B		
SM 400C	SWS 400C		강판 대강 및 형강의 두께 100mm 이하
SM 490A	SWS 490A	490~610	강판, 대강, 형강 및 평강의 두께 200m 이하
SM 490B	SWS 490B		
SM 490C	SWS 490C		강판 대강 및 형강의 두께 100mm 이하
SM 490YA	SWS 490YA	490~610	강판, 대강, 형강 및 평강의 두께 100mm 이하
SM 490YB	SWS 490YB		
SM 520B	SWS 520B	520~640	강판, 대강, 형강 및 평강의 두께 100mm 이하
SM 520C	SWS 520C		강판, 대강 및 형강의 두께 100mm 이하
SM 570	SWS 570	570~720	강판, 대강 및 형강의 두께 100mm 이하

표 3-5 용접구조용 내후성 열간압연강재(KS D 3529)

종류			기호	인장강도(N/mm^2)	적요
1종	A	W	SMA 41 AW	400~540	내후성을 갖는 두께 6mm 이상, 50mm 이하의 강판 및 형강
		P	SMA 41 AP		
	B	W	SMA 41 BW	400~540	
		P	SMA 41 BP		
	C	W	SMA 41 CW	400~540	내후성을 갖는 두께 6mm 이상, 50mm 이하의 강판
		P	SMA 41 CP		
2종	A	W	SMA 50 AW	490~610	내후성이 우수한 두께 6mm 이상, 50mm 이하의 강판 및 형강
		P	SMA 50 AP		
	B	W	SMA 50 BW	490~610	
		P	SMA 50 BP		
	C	W	SMA 50 CW	490~610	내후성이 우수한 두께 6mm 이상, 50mm 이하의 강판
		P	SMA 50 CP		
3종		W	SMA 50 W	570~720	내후성이 우수한 두께 6mm 이상, 50mm 이하의 강판
		P	SMA 58 P		

표 3-6 리벳용 원형강(KS D 3557)

종류의 기호(SI 단위)	종래기호	인장강도(N/mm^2) (kgf/mm^2)	연신율(%)	
SV 330	SV 34	330~400 (34~41)	2호 시험편	27 이상
			3호 시험편	34 이상
SV 400	SV 41	400~490 (41~50)	2호 시험편	25 이상
			3호 시험편	30 이상

표 3-7 탄소강 주강품(KS D 4101)

종류의 기호	종래기호	인장강도(N/mm^2)	적요
SC 360	SC 37	360 이상	일반구조용, 전등기 부품용
SC 410	SC 42	410 이상	일반구조용
SC 450	SC 46	450 이상	일반구조용
SC 480	SC 49	480 이상	일반구조용

표 3-8 회주철품(KS D 4301)

종류	기호	종래기호	공시체의 주조된 상태의 지름(mm)	인장강도(N/mm^2)	브리넬경도 (HB)
1종	GC 100	GC 10	30	100 이상	201 이하
2종	GC 150	GC 15	30	150 이상	212 이하
3종	GC 200	GC 20	30	200 이상	223 이하
4종	GC 250	GC 25	30	250 이상	241 이하
5종	GC 300	GC 30	30	300 이상	262 이하
6종	GC 350	GC 35	30	350 이상	277 이하

4. 강재의 선정

강교에서의 강판의 선정기준은 KS D 3503(일반구조용 압연강재), KS D 3515(용접구조용 압연강재) 및 KS D 3529(용접구조용 내후성 열간 압연강재)의 규격에 적합한 것을 표준으로 한다. 강종은 판의 두께에 따라 **표 3-9**를 기준으로 하여 선정한다. 특히 기온이 현저하게 저하되는 지방에서는 강종의 선정에 특별한 배려를 기울여야 한다.

강종에 대한 특징을 보면 SS강재는 SM재에 비하여 S와 P의 제한 값이 높고, 또한 C, Si, Mn 등의 규정 값이 없고 휨시험을 하는데 휨반지름도 크게 규정되어 있다. 일반적으로 판 두께가 두꺼워짐에 따라 용접부분의 취성화 경향이 현저하다. 이런 점을 고려하여 판 두께의 증가에 따라 인성이 좋고 균질인 것을 사용하여 안전도가 저하되지 않도록 각 강종의 판 두께에 한계를 지은 것이다.

표 3-9 판 두께에 따른 강재종류 선정기준

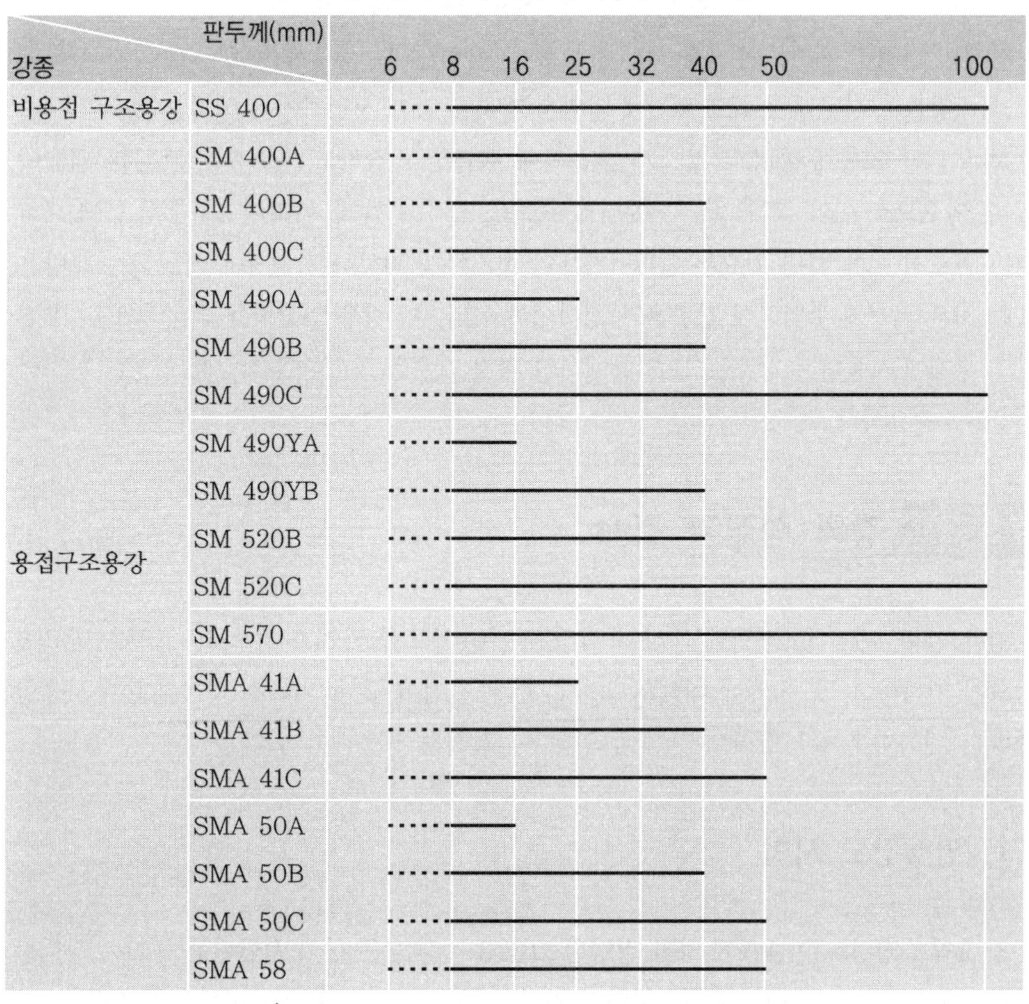

비용접 구조용 강인 SS 400은 용접구조에 사용해도 좋으나 판 두께가 두꺼워짐에 따라 강철의 조직이 거칠어지므로 취성이 증가하고 또한 수축응력에 따라 다축응력 상태를 발생할 염려가 있기 때문에 22mm 이하일 때만 용접에 사용하는 것으로 하고 이것을 넘은

판 두께에 대하여는 SM 400을 사용해야 한다. SM 490Y와 SM 520은 최후강도에서만 차이가 있고 항복점, 신장률, 기타 역학적 성질은 같다. SM 490Y는 킬드강(killed steel)과 세미킬드강(semi killed steel)이 있다 세미킬드강으로 제조된 SM 490Y가 별 문제없이 사용될 수 있는 범위는 판 두께 25mm 정도이다. 두꺼운 판일수록 압연비가 작아지므로 세미킬드강에서는 품질의 변화가 커지게 되는 경향이 있다. 따라서 25mm를 넘는 두꺼운 판에 있어서 SM 490Y라 할지라도 킬드강으로 제조되어야 하며, 더구나 32mm를 넘는 두꺼운 판재는 반드시 SM 520을 사용하여야 한다.

강재의 선정은 구조물의 사용조건(기상조건, 응력상태), 중요도(주요부재, 2차부재)에 따라 적절한 인성이 확보되고 용접에 알맞은 강종을 각각 선정하여야 하지만 너무 자세히 규정하면 한 교량에 수종의 강재가 혼용되어 취급상 번잡하고 착오를 일으키는 원인이 될 수 있으므로 이와 같이 강판 두께별로 표준을 정하고 있다. 따라서 2차부재 등에 대하여는 반드시 이에 따를 필요는 없다. 기온이 현저하게 저하하는 지방에 가설하는 교량은 특히 저온 취성에 주의하여 강종을 선정하여야 한다. 이 경우 인장력을 받은 중요한 용접 구조 부재에 사용하는 강재는 그 지방에서의 최저 기온을 고려하여 적당한 인성을 확보하는 것이 중요하다.

3.3 강의 성질과 검사

강은 압축, 인장 및 전단에 대하여 각각 뛰어난 강도를 가지고 있으나, 고열을 받으면 강도가 저하하고, 또 습기에 대해서 녹슬기 쉬운 결점이 있다. 따라서 구조재로서 사용할 경우는 내화피복이나 방식도장 등에 의해 이 결점을 보충해야 한다.

1. 인장강도 시험

강재의 인장강도는 재형에 따라 결정된 **그림 3-1**과 같은 형의 시험편을 물리는 장치로 양단을 물려서 시험한다. 하중을 서서히 가하여 항복점 하중 및 파괴하중을 측정하고, 항복점 및 인장강도를 다음 식에 의해서 산정한다.

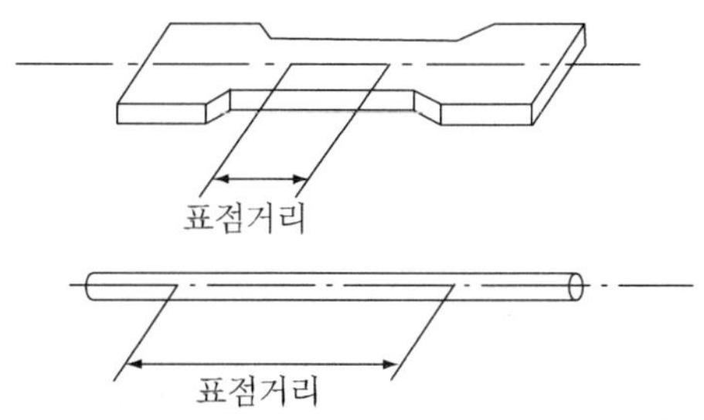

그림 3-1 강재의 인장 시험편

$$f_s = \frac{P_s}{A} \tag{3.1}$$

여기서

f_s : 항복점 강도(Mpa 도는 N/mm^2)

P_s : 항복점 최대하중(N)

A : 단면적(mm^2)

$$f_b = \frac{P_{\max}}{A} \tag{3.2}$$

여기서

f_b : 인장강도(Mpa)

$P_{\max}$: 인장파괴하중(N)

강재의 응력-변형률 관계를 보면 **그림 3-2**와 같이 응력이 탄성한도를 지나면 영구 변형이 생기므로 강의 구조는 가능하면 응력이 탄성한도 이내에 있도록 설계해야 한다. 따라서 항복점을 아는 것은 배우 중요하다.

강재의 인장강도 및 항복점은 탄소함유량의 증가와 함께 증대하지만 0.85% 부근이 최고이고 그 이상이 되면 오히려 저하한다.

응력과 변형의 관계를 조사할 경우 강재의 늘음률과 탄성계수는 시험편에 표적한 표점거리를 측정하여 다음 식으로 계산한다.

$$\epsilon = \frac{l - l_o}{l} \times 100 \tag{3.3}$$

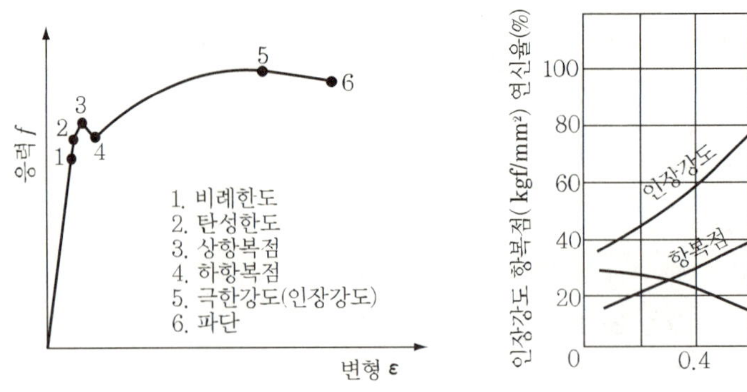

그림 3-2 인장강도의 항복점

여기서

ϵ : 늘 음률

l : 파단시의 표점길이(mm)

l_o : 표점거리(mm)

$$E = \frac{f_E}{\epsilon_E} \tag{3.4}$$

여기서

E : 탄성계수

f_E ϵ_E : 탄성한도에서의 응력과 늘 음률

강재의 굽힘 시험은 휨강도를 조사하기 위한 것이 아니고, 가공성을 알기 위한 것이다. 시험편은 재료의 종류에 따라 결정된 치수의 형 또는 봉상을 **그림 3-3**과 같이 압력을 가하여 구부리고, 만곡부 외부의 파열 여부를 관찰한다.

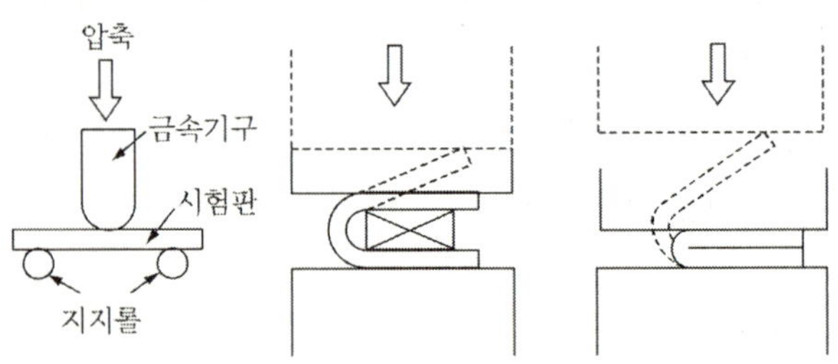

그림 3-3 강재의 굽힘 시험

2. 내화성

탄소강의 강도는 200~300℃에서 상온의 강도보다는 약간 증대하지만, 500℃에서는 연화하여 상온의 약 50%의 강도가 되고, 600℃에서는 약 30%, 1,000℃에서는 강도를 모두 잃으며, 1,400~1,500℃에서는 완전히 용해한다. 이와 같이 탄소강은 고온에서는 강도가 현저히 저하되므로 구조재료서는 절대 내화피복이 필요하다.

또 탄소강의 열팽창계수는 약 $(1.0 \sim 1.2) \times 10^{-5}$인데, 콘크리트의 그 계수와 거의 같다.

3. 내구성

강은 습한 상태 또는 수중에 있으면, 물의 분해에 의해서 전해작용을 일으켜 표면에 빨간 녹이 발생한다. 습기 및 수중에 탄산가스가 존재하면, 이 부식작용은 더욱 촉진된다. 그 외에 석탄, 코크스의 연소에 의한 유황의 산화물이나 공기 중의 먼지, 매연, 해변지대의 염분 등에 의해서도 부식된다. 따라서 강재가 부식하지 않게 하려면 도료 및 기타 재료로 표면에 피막을 만들든가 또는 모르타르, 콘크리트의 피복은 유효하며, 철근콘크리트 구조는 이러한 의미에서 이상적이다. 콘크리트는 오랜 기간이 지나면 표면에서 중성화되므로 콘크리트로 피복할 경우 충분한 두께로 해야 한다.

4. 열처리

열처리는 강을 가열 냉각하여 내부조직을 변화시켜 성질을 개선·향상시키는 것이다.

그 방법에는 불림(normalizing), 풀림(annearling), 담금질(quenching or hardening) 및 뜨임(tempering) 등이 있다.

풀림 또는 불림은 둘 다 강재열처리의 하나로서 풀림은 철 또는 강의 잔류응력을 제거하고 조직을 정정할 목적으로 적당한 온도로 가열한 후 서서히 냉각시키는 조작을 말하고, 불림은 주강이나 단련된 강 등의 가열 또는 주조로 인한 거친 조직을 미세하게 하여 재질을 개선하기 위해 850~950℃로 균일한 조직이 될 때까지 가열하여 그 온도를 몇 십분 동안 유지한 다음 꺼내어 대기 속에서 방냉(放冷)하는 것으로서 강의 성질은 열간

압연 또는 단조하여 그대로 서서히 냉각한 강의 성질과 비슷하다.

담금질은 가열한 후 냉수·온수·기름 등에 넣어 급속히 냉각시키는 것으로 늘음 율은 감소하나 강도·경도·내마모성이 증가한다.

뜨임이란 담금질한 강은 일반적으로 너무 무디고 야물며 내부에 변형이 일어나므로 이를 조정하고 적당한 강인성을 주기 위하여 다시 가열하여 공기 중에서 천천히 냉각시키는 것이다.

5. 설계계산에 쓰이는 물리상수

설계계산에 사용되는 강재의 물리상수는 **표 3-10**과 같다.

표 3-10 강재의 물리상수

종류	물리계수
강재 및 주강의 탄성계수	210,000 MPa
철근의 탄성계수	200,000 MPa
PS강재의 탄성계수	200,000 MPa
주철의 탄성계수	100,000 MPa
강재의 전단탄성계수	81,000 MPa
강재 및 주강의 포아송비	0.30
주철의 포아송비	0.25

6. 재료검사

강재는 대부분 규격품을 사용하나 규격품 이라 하더라도 경우에 따라서는 강도가 부족하거나 두께가 얇은 경우도 있고 또 규격 외의 것을 사용하는 경우도 있으므로 필요에 따라서 재료검사를 해야 한다.

재료검사는 판의 두께나 형상이 소정의 것인가 혹은 다소 차이가 있다 하더라도 허용되는 공차의 범위 내에 있는가를 검사한다.

재질의 시험으로서는 우리가 보통 실시하는 기계적 성질에 대한 시험을 의미하며, 대부분은 인장시험을 통하여 인장강도, 항복점 및 연성을 시험한다.

연성은 강재의 가공성의 양부에 중대한 관계가 있으므로 이를 측정하는데 는 인장시켜

끊어질 때까지의 늘어나는 양으로 측정하며, 시험편에 따라 정해진 표점 간의 늘어난 분량을 백분율로서 나타낸다. 강재뿐만 아니라 모든 재료는 그 파괴강도(강재의 경우 항복점) 이하의 응력이라 하더라도 그것을 반복해서 가하면 파괴된다. 이 현상을 재료의 피로(fatigue)라 한다. 무한 횟수로 반복해도 파괴를 일으키지 않은 응력의 한도를 피로한도(疲勞限度: fatigue limit)라고 한다.

사실상 무한횟수의 실험은 불가능하며, 목적에 따라 적당한 횟수(교량에서는 100만 회 정도)를 정하여 시험한다. 용접이음 등에 대해서는 이 피로시험이 특히 중요하다.

7. 강재의 특성

(1) 강재의 피로

① 피로(fatige)

강구조부재에 외력이 반복 작용하면 부재의 구조적인 응력집중부 또는 용접이음형상이나 용접결함 등의 응력집중부에서 균열이 발생하고 이 균열이 성장하여 최종적으로 부재가 파탄에 도달하는 경우가 있다. 즉 손상(damage)이 축척되어 균열이 발생·진전하는 현상을 피로라고 하며, 이것에 의해 구조물이 받은 손상을 피로손상이라고 한다.

강교량에서는 이 외력에 해당하는 것으로 통행차량 하중이나 바람에 의한 진동을 생각할 수 있다. 또 대규모 지진 시에는 부재에 소성변형을 발생시킬 수 있는 큰 외력이 반복 작용하게 되는데 이것도 일종의 피로라고 생각할 수 있다.

도로교의 주구조 설계에 사용되는 활하중은 발생확률이 상당히 낮은 큰 레벨의 하중을 사용하므로 피로손상이 발생될 만한 것은 없는 것으로 생각되었으며, 또 실제로 주구조부재의 설계에서 고려한 응력이 원인이 되어 손상이 발생한 사례는 극히 적다. 그러나 철도교에서는 교통량 증가는 물론 이음형식도 무거운 리벳구조에서 가벼운 용접구조로 변화하였으며 사용강재도 고강도 화되어 활하중의 영향을 받기 쉽게 되어 피로발생 요인이 증가하고 있다.

② 피로손상의 원인

피로는 응력의 반복 작용에 의해 발생하며 또 응력범위가 어떤 레벨보다 작으면 피로손상이 발생하지 않은 피로한계가 존재한다.

일반적으로 피로손상은 부재간 이음부의 용접이음 또는 노치부 등의 응력집중부에서 발생하며, 피로손상에 의해 균열이 발생·성장·확대된다. 그러나 피로만으로는 중대한 사고가 거의 일어나지 않는다. 즉 강교 량에서의 피로균열의 발생 및 성장은 자주 발견되나, 일반구조용강의 경우 성장 초기의 균열에 의해서 부재가 급작스럽게 파단 되지는 않으므로 구조물 유지관리에서 검사시점에서의 손상, 특히 피로균열의 징후나 피로균열을 발견하고, 이를 조치하는 것이 중요하다.

피로파괴 이외에 용접부에 잔존하는 결함에서 직접 발생되는 균열에 의해 파괴되는 취성파괴도 있을 수 있으나, 대부분의 경우는 초기결함에서 우선적으로 피로균열이 발생하고, 이것이 성장되어 어느 정도의 크기까지 확대된 후에 취성파괴가 발생한다. 즉 교량구조물의 붕괴가 취성파괴로 인해 발생된 경우라도 피로가 원인이 되는 경우가 많다.

또 구조물의 구조나 응력상태 또는 응력집중의 원인에 따라서는 부재가 파단될 때까지 균열이 계속적으로 성장하여 취성적 파괴를 발생시키는 경우와 균열이 발생하는 것에 의해 구속이 개방되고 자연적으로 균열이 정지하는 경우도 있다.

인장응력의 반복영역에 피로균열 선단이 있는 경우에는 성장된 균열길이와 외부하중으로 인한 인장응력의 크기가 일정조건에 도달되면 일순간에 취성적인 파과가 발생한다. 이 파괴는 통상 정적하중에 의한 연성적 파괴에 비해 급격하게 발생하므로 강교 량의 경우 돌발적으로 낙교를 발생시킬 가능성이 있다. 그러나 지금까지 강교 량에서 보고된 손상사례 대부분이 2차부재와 거더 또는 주구 연결부에 발생한 것이므로 실제로 낙교의 가능성이 있는 것이 희박하다. 경우에 따라서는 균열이 성장하여 용접구조물의 주부재로 피로균열이 성장하는 경우도 있다. 한편 피로손상에 대한 원인 및 대처방안 등은 일반적인 정적 내하력에 대한 상식이 통용되지 않은 경우가 많으므로 피로손상 문제는 더욱 복잡하게 된다.

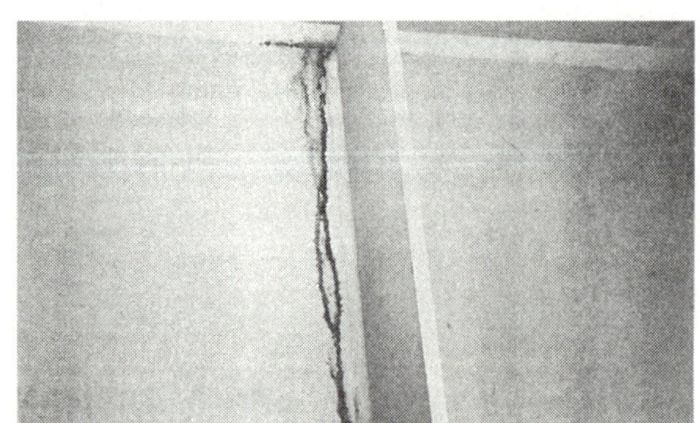

그림 3-4 복부판-플랜지 용접단부에 연한 피로균열

③ 피로강도와 정적강도와의 차이

정적 내하력에서는 강재의 연성적 성질로 인하여 평균응력(또는 공칭응력)에 의한 내하력 평가가 가능하나, 피로에서는 국부적인 응력반복이 지배적이며, 균열발생을 동반하므로 부재 단면적에 기초한 강도평가는 의미를 갖지 못하는 경우가 있다. 또 피로에서는 허용하중이하 작용응력의 최대치는 중요한 문제가 되지 않으며, 구조물에 반복 작용하는 응력이 진폭이 지배적이 되므로 구조물의 수명은 작용응력의 반복수에 영향을 받는다. 그러므로 사하중에 의한 응력의 크기는 그다지 문제가 되지 않는다. 또 재료강도의 영향에 대해서는 일반적으로 재료강도가 높으면 부재 강도도 높게 되는 것으로 생각하는 것이 일반적이나 용접부재와 같이 피할 수 없는 응력집중부나 결합을 갖은 부재의 피로강도는 재료의 정적강도에는 거의 관계없이 일정하다. 따라서 고강도강재를 사용한 교량은 사하중 경감 분만큼 활하중응력이 차지하는 비율이 증가하기 때문에 오히려 피로의 영향을 받기 쉽다.

(2) 피로손상의 원인

피로손상의 원인은 직접적으로는 응력집중과 그 반복이 문제가 되는데 손상을 발생시키는 요인을 각 단계별로 분류하면 다음과 같다.

① 설계제작상의 요인

기존 손상사례의 대부분은 교량의 2차적인 부재나 구조 상세에 발생하고 있다. 이것은 부재에 발생하는 응력을 증폭시키는 다음과 같은 요인에 의해 발생된 것으로 생각된다.

(가) 설계상의 요인

• 구조적인 응력집중을 유발시키는 부적절한 구조상세의 채용

• 설계상에서 선택한 구조해석 모델과 실제 구조물 거동과의 차이에 기인하는 2차응력의 발생

• 극단적인 경량화에 따른 강성부족(활하중 처짐이 크게 되므로 2차응력이 발생하기 쉽다.)

(나) 제작상의 요인

용접결함은 피로강도를 저하시키는 최대원인이 된다. 제작시의 제작오차나 용접품질의 불량(균열 등의 결합, 형상불량, 목두께 부족 등)에 따른 응력집중으로 인하여 피로균열이

발생한다. 그 밖에도 부적절한 강재, 용접재료의 사용 및 시공방법은 용접결합 등의 결합과 같은 피로손상을 발생시킬 수 있으므로 유의 하여야 한다.

(다) 작용외력에 따른 요인

ⓐ 활하중의 영향

최근에 이르러 피로손상이 증가하는 원인에는 비약적으로 증가한 도로교통에 의한 손상축척을 생각할 수 있다. 즉 트럭의 대형화, 특히 과적재 차량의 존재가 피로수명에 미치는 영향이 크며, 또 산업화에 따른 물동량 증가에 의한 대형차 교통량 증가의 영향을 고려하면 부재의 손상증가가 예상되는 것을 쉽게 파악할 수 있을 것이다.

ⓑ 활하중 이외의 영향

도로교에서 활하중 이외의 외력이 피로의 직접적인 요인이 되는 경우로서는 바람에 의한 부재진동현상에 의해 설계시 고려하지 못한 외력이 작용하는 경우를 지적할 수 있다. 바람에 의해 야기된 진동은 단기간에 많은 횟수의 응력반복을 발생시키기 때문에 피로손상도 공용 후 비교적 빠른 시기에 발생하는 경우가 있다.

ⓒ 유지관리에 따른 요인

불충분한 유지관리에 의한 부식(단면감소에 의한 응력증가 및 응력집중의 발생), 받침부의 부식이나 마모에 의한 기능저하(반복 구속응력의 발생)등을 생각할 수 있다.

(2) 취성파괴

강재로 제작된 일부교량들은 취성파괴로 인하여 파괴가 일어나는데, 취성파괴의 가능성을 높이는 몇 가지 요인을 살펴보면 다음과 같다.

- 고강도 강재의 사용
- 강재두께의 증가
- 사용온도의 저하
- 안전계수의 감소
- 응력집중의 가능성을 증가시키는 부재들의 복잡한 배열
- 용접사용의 증가

강재두께의 증가에 의한 취성파괴는 볼트 또는 리벳으로 연결된 구조물에서도 일어날 수 있지만 미숙한 용접으로 인한 초기의 홈이 취성파괴의 주원인이다.

취성파괴는 구조용 강재에 일반적으로 존재하는 취성거동 조건하에서 강재부재가 파괴

되는 것으로 정의할 수 있다. 강재는 사용조건하에서 취성파괴가 일어나지 않도록 충분한 인성을 지녀야 한다. 재료의 인성은 노취가 있는 상태에서 소성 적으로 변형할 수 있는 능력으로 정의 할 수 있으며, 노취 인성은 사용온도·하중속도·강재의 두께 및 성분·열처리 여부와 관련이 있다.

취성파괴는 여러 종류의 결함으로부터 시작된다. 복잡한 대형구조물에서는 일반적으로 균열이 존재하는데, 제조과정 및 검사를 철저히 함으로서 초기에 결함의 크기를 줄일 수 있으나, 롤링·절단·드릴링 및 용접에 따른 미세한 균열은 어쩔 수 없이 존재한다. 만일 균열의 크기가 시간 및 응력에 따라 커진다면 취성파괴는 균열로부터 시작된다고 간주할 수 있다. 설계자·검사자·제작자 모두는 균열의 크기가 미소하도록 주의를 기울여야 하며 균열의 크기가 증가하는 조건에 대해서도 신경을 써야만 한다. 취성파괴를 방지하기 위해 설계 및 제조과정에 필요한 요소는 다음과 같다.

• 최종적으로 처리된 강재에는 결함이 제한되어야 하므로 세심한 제조과정 및 검사가 필요하다.

• 모든 강재는 인장강도가 충분해야 하며 실 구조물에 사용되기 전에 반드시 시험을 거쳐야 한다.

• 결함부에서 응력증가계수가 클수록 균열의 전파가 빨라지기 때문에 잔류응력과 마찬가지로 응력의 크기는 하중집중으로 인하여 커진다. 고강도 강재로 설계 하면 취성파괴의 가능성은 커지므로 고강도 강재는 반드시 노치강도가 커야 한다.

• 피로응력은 결함의 크기를 증가시킨다. 따라서 하중반복횟수가 높은 경우에 대해서는 낮은 응력에 대해서도 적절한 규정을 두어야 한다.

• 균열강도는 온도가 떨어짐에 따라 저하된다. 따라서 사용온도가 낮은 구조물에 대해서는 더 많은 주위가 필요하다.

• 강재의 두께가 두꺼우면 응력은 3차원으로 생겨 재료의 노치강도는 감소한다, 이러한 사실은 강재의 재료특성이 변하지 않더라도 마찬가지다.

• 강재의 균열강도는 하중속도가 커질수록 감소하므로 충격응력을 받아야만 하는 부재는 취성파괴의 가능성이 더욱 크다.

위에서 세 번째 경우는 파괴역학의 이론을 이용하여 강교에 있어서 취성파괴의 발생을 방지하도록 설계변수를 결정할 수 있다. 앞으로는 취성파괴를 방지할 수 있는 더 좋은 방법들이 개발이 필요하다.

(3) 부식

강재는 산화화합물을 환원·제련하여 제조되기 때문에 자연계 속에서는 불안정한 상태로 존재하므로 산소 및 물과 결합하여 안정한 상태인 발청의 상태로 돌아가려고 자 하는 현상이 있는데 이것을 부식이라고 한다. 따라서 일반적으로 부식은 금속이 처해 있는 환경물질에 의해 화학적 또는 전기화학적으로 침식되는 현상을 말한다.

대기 중의 부식인자로는 습도·온도·강우량·오염물질(해염입자·아황산가스 등)이 있는데 이들의 영향 도에 의해 부식속도가 결정된다. 녹은 물과 산소의 존재에 의해 발생하므로 습도는 부식의 직접적 요인으로 그 영향도가 크다. 또 온도가 높을수록 녹의 진행속도가 빠른 경향이 있는데 이것은 녹의 발생진전원리가 되는 화학반응속도가 온도상승과 함께 빨라지기 때문이다.

부식은 부식 환경에 따라 습식(wet corrosion)과 건식(dry corrosion)으로 대별되며 다시 전면습식(general corrosion)과 국부습식(localized corrosion)으로 분류된다. 전면습식의 부식속도 mm/hr 또는 $g/m^2/hr$ 등으로 표시되며, 내식재료로서 사용 여부의 평가기준으로서 일반적으로 0.1mm/hr 이하의 부식속도를 갖은 재료가 내식재료로서 사용 가능하다.

특히 부식에 의해 금속이 용출하여 제품을 오염시키는 경우 재료선정에 주의해야 한다. 그러나 전면부식은 그 부식속도로부터 수명예측이 가능하고 부식에 관한 지식이 있다면 대책은 비교적 용이하다. 반면 국부부식은 전혀 예측이 불가능하기 때문에 문제로 대두되고 있다.

3.4 교량에 사용되는 압연강재

1. 압연강재 종류

압연강재는 강판, 평강, 봉강 및 형강으로 생산되고 있다.

(1) 강판

강판은 평평하게 압연된 것으로 판의 양단을 전단기로 절단한 판(전단연판)과 양단을 동시에 압연한 판(압연연판 또는 universal mill plate라 함)의 2종류가 있다. 강판에는 얇은 강판, 중간판, 후강판 등이 있으며, 교량에 사용되는 강판의 두께는 8~25mm 정도이다. 강판의 표시는 수량~Pls 폭(mm)×두께(mm)×길이(m)로 표시한다. 또 무늬강판은 한쪽 표면에 무늬모양을 나타냄으로써 활동방지용의 부판(敷鈑), 단판(段鈑)으로 쓰인다.

(2) 평강

평강은 단면이 직사각형의 형상으로 폭 55mm 이하의 양측 면이 압연된 것이다. 교량에 사용되는 평강의 두께는 보통 8~25mm로서 수량~Fs폭(mm)×두께(mm)×길이(m)로 표시한다.

(3) 봉강

봉강은 단면이 원형, 정사각형으로 환강, 각강이라 부른다. 각광은 교량에는 거의 사용되고 있지 않으나, 환강은 슬래브의 철근이나 리벳재로서 많이 사용되고 있다.

환강의 표시는 지름(mm)×길이(m)로 표시한다.

(4) 형강

특수한 단면 형으로 압연된 강재로서 많은 종류가 있다. 보통 교량에 쓰이는 것은 L형강(앵글, 등변, 부등변), ㄷ형강(channel), I형강(I-Beam), T형강(H-beam) 및 레일(rail) 등이다. 기타 Z형, 각주, 원주형 등이 있으나 별로 쓰이지 않는다. **그림 3-5**은 각종 형강을 표시한 것이고, 이들 치수에 대해서는 부록을 참조하기 바란다.

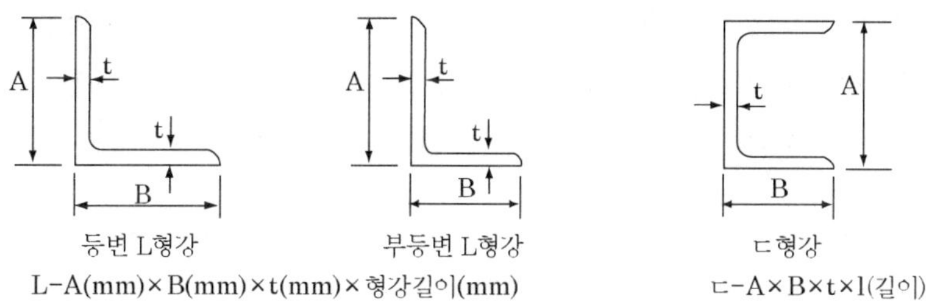

그림 3-5 형강의 종류

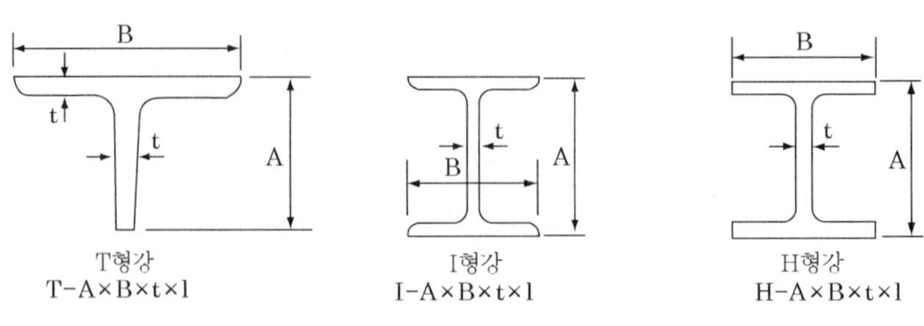

그림 3-5 형강의 종류(계속)

2. 고성능 강재

최근 구조용 강재의 성능 및 품질이 눈부시게 발전하여 종래의 강재에 비하여 다양한 기능 및 성능을 갖은 강재가 계속하여 개발되고 있다. 예를 들면, 강도·인성·내부식성·내피로 특성 등에 관한 제반 기능 등을 재래적인 강재보다 개선시킨 고성능강재가 이에 속한다고 볼 수 있다.

현재의 교량 구조물은 차량주행에 따른 소음·진동 등의 환경적인 문제 등을 고려해야 할 경우 콘크리트 교량으로 주로 채택되고 있으나, 반면에 콘크리트 교량은 가설지역에 따라서는 교량 제작을 위한 작업장 확보의 어려움으로 인한 추가적인 비용증가에 따른 경제적 부담의 증가, 현장타설에 따른 콘크리트의 품질관리의 어려움, 자중이 강교 량에 비하여 상대적으로 무거워 연약지반에서 발생하는 문제점과 콘크리트의 조기 열화현상과 이에 따른 보수 · 보강의 난이점 등의 단점이 있다.

또한 무도장강의 개발과 특수재료의 개발 등으로 유지보수 주기의 연장과 강재의 재활용성에 따른 환경보존의 측면까지도 감안하여 교량초기 가설비용뿐만 아니라 유지보수비용·무도장강재·도장기술 등을 모두 고려한 교량수명간의 실제 공비에 대한 충분한 검토에 기초한 최적 교량선정이 이루어져야 한다. 앞으로는 교량의 상·하부를 포함한 새로운 개념의 강교 량으로 전환이 필요할 것으로 판단되며 이러한 강교 량에서 고성능강재의 역할은 매우 중요하다.

(1) 고성능 강재의 종류

일본 등의 선진외국에서 이미 개발하여 실제 적용하고 있는 고성능강재의 종류별 특성에 대하여 기술하면 다음과 같다.

① 저변형률 강재

저변형률 강재란 용접 시에 발생하는 변형률을 최소화하기 위하여 개발된 강재로서 이 강재를 사용하게 되면 용접부재의 변형률을 최소화하여 응력집중부의 과 변형으로 인한 용접부재의 결함을 최대한 억제할 수 있을 것으로 기대된다.

② 극 저항복점 강재

극 저항복점 강재란 강재의 항복점을 극도로 저하시킴으로서 탄성영역을 최소한으로 축소하여 허용증가에 따른 응력 변형률 관계의 히스테리스 루프(비선형거동의 loading과 unloading 하에서 그리는 응력변형률 곡선)를 크게 하여 에너지의 흡수 능력이 보통 강재보다 매우 양호한 고인성 강재로서 내진성능의 개선이 기대되는 강재이다. 건축구조물에서는 흡진재로서 이용되고 있는데, 교량에서의 적용가능성이 있는 부위로서는 받침 및 교각을 대상으로 하고 있다. 단 극 저항복점 강재를 사용하는 부재는 상시하중에 이해 과대한 응력을 받지 않는 특수구조용 강재를 채용할 필요가 있다.

③ 샌드위치 강판

샌드위치 강판구조는 비교적 경량인 재료를 강성이 비교적 큰 2개의 재료사이에 삽입하여 제작한다. 구조재료의 가격을 최소화할 수 있고 경량화를 도모하는 것이 가능한 구조이기 때문에 과거부터 항공기를 비롯하여 차량·선박·스포츠 용품 등에 이용되어 왔다. 강판 사이에 방음·방진성능이 좋은 큰 수지를 삽입한 제진강판이나 2개의 다른 금속을 접합한 그랜드 재료 또한 샌드위치 구조의 일종이다.

④ 제진후판·제진합금(制振厚板 · 制振合金)

종래의 강구조물의 타격음·진동음 등의 소음에 대해 현재까지는 강재 소재로부터의 개선은 고려하지 않고서 소음대책 소재로서 오직 콘크리트·수지·목재 등이 사용되어 왔다. 그러나 기능상 및 강도상 강재를 적용할 수밖에 없는 장소에 대해서는 소음대책이 곤란한 경우도 있으므로 제진성능을 갖는 강재의 개발이 요구됨에 따라 제진후판·제진합금 등이 개발되었다.

(가) 제진후판(制振厚板)

제진후판은 **그림 3-6**과 같이 2매의 강판사이에 제진용 점탄성수지(두께 0.15~0.3mm)를 삽입한 샌드위치타입의 판 두께 4.6~20mm의 강판이다. 이 강판의 진동감쇠기구는 강판의 휨진동에 동반되는 제진요 점탄성수지의 전단변형에 의해 잔동에너지로 변환하여 제진성능을 발휘하는 것이다.

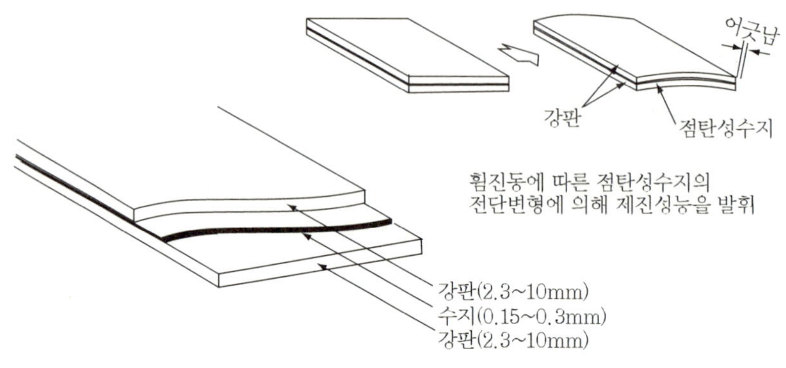

그림 3-6 제진후판의 구조

(나) 제진합금후판(制振合金厚板)

제진후판은 수지의 사용에 따르는 가공·사용상의 제약이 수반된다. 이 점을 해결하기 위하여 개발된 것이 제진합금이다. 제진합금의 진동감쇠기구는 복합형(復合型)·전이형(轉移型)·쌍정형(雙晶型)·강자성형(强磁性型)의 4종류로 분류된다.

용접구조용 후판으로서는 현재 강자성형의 제진합금후판이 개발되어 있으나 이 제진합금후판의 제진감쇠기구는 진동에 의한 내부응력 변동을 자벽(磁壁)의 이동으로서 에너지가 흡수되는 것에 의해 제진성이 발휘된다.

3.5 설계법의 변천

오랜 기간 동안 구조설계방법과 설계절차는 만족할만한 안전여유를 제공하기 위해 많은 기술자들에 의해 발전되어 왔다. 하중에 의한 작용력이나 재료의 강도를 기초로 하였다. 해석기술이 향상되고 재료의 품질관리가 향상됨에 따라 설계방법 및 절차도 많은 변화를 거치며 발전해 왔다. 종래는 허용응력설계법(Allowable stress design : ASD)이 유일한 설계 법이었으며 현재까지도 많은 부분에서 사용되고 있다. 1960년대 초반부터 강재에는 소성설계법이, 콘크리트에는 강도설계법이 선진국의 시방서에 채택되기 시작하였고 1980년대에 이르러서는 명칭은 다르지만 원칙적으로 구조신뢰성이론에 기초한 동일한 설계이론인 하중저항계수설계법(LRFD)과 한계상태설계법(LSD)이 미국과 유럽을 비롯한 선진 각국의 설계규준으로 일반화되었으며, 이러한 설계 법으로 설계규준을 통일하려는 움직임이 국제적으로 활발히 진행되고 있다. 한국도 1983년부터 콘크리트에는 강도설계법을 채택하고 2000년 개정된 콘크리트설계기준에서는 허용응력설계법이 사용되고 있으나 1996년 개정 도로교표준시방서의 부록에 하중저항계수설계법을 도입하여 참고하도록 하고 있다.

1. 허용응력설계법

구조물의 설계에 있어서 허용응력설계법은 재료가 공칭허용응력에 도달하면 파손이 일어난다고 하는 기준과 선형탄성거동에 의한 이상적인 Hook의 법칙을 따른다. 구조물내의 응력이 허용응력을 넘을 수 없다는 가정에 기초를 두는 설계법이다. 이러한 설계 법을 일명 탄성설계법(elastic design method)이라고 한다. 허용응력은 재료와 단면성질·사용하중·2차응력·잔류응력 등에 대해 충분한 여유를 두고 과거의 경험으로부터 결정된다. 대부분의 규준이나 시방서는 항복점 응력을 적당한 안전율로 나누어줌으로써 최대허용응력을 결정하고 있다. 일반적으로 사용하중하에서 구조물이 거의 탄성적으로 거동하는 이상적인 탄성재료인 강재로 된 강구조물의 설계에서는 아직까지 탄성이론에 의한 허용응력설계법이 많이 이용되고 있다.

비탄성적 취성 거동을 하는 콘크리트재료로 된 구조물에도콘크리트를 탄성체로 보고 탄성이론을 적용한 허용응력설계법이 70년대까지는 주설계법으로 사용되어 왔다.

(1) 허용 응력 및 안전율

교량에서 뿐만 아니라 일반구조물에서도 안전하려면 각 부분에 일어나는 응력이 재료의 파괴강도(강재의 경우 항복점)를 넘어서는 안 된다. 그러나 아무리 간단한 구조물이라 하여도 각 부분에 일어나는 응력의 참값을 알기는 거의 불가능하며, 일반적으로 여러 가지 가정을 설정하여 계산한다.

이와 같이 구한 이론 치는 이론적으로는 정당하더라도 그 값이 진실한 값이라고는 할 수 없다. 그러므로 응력계산의 기초가 되는 하중은 여러 가지 가정과 변화과정이 내포되어 있으며 또 재료에 대해서도 치수의 오차나 의외의 결점이 있을 수도 있고, 응력의 반복에 의한 재료의 피로현상도 있으므로 재료의 파괴강도 및 항복점까지를 응력의 허용치로 설

정한다는 것은 사실상 매우 위험하다.

그래서 어느 제한치를 생각하여 응력이 이 제한치를 넘지 않도록 해야 한다. 이 제한치를 허용응력이라 하며 재료의 파괴강도(강에서는 항복점)와 허용응력과 의비를 안전율(factor of safety)이라 한다. 안전율의 값은 재료의 특성에 따라 다르며 목재에서는 4~5, 콘크리트에서는 3~3.5, 강재에서는 1.8~2.0으로 한다. 허용응력의 값은 각종 설계기준이나 시방서 등에 자세히 규정되어 있다.

(2) 허용축방향 압축응력

장주의 양단에 압축력을 가하면 재료가 항복하기 이전에 옆으로 휘어서 파괴된다. 트러스 부재와 같은 압축재로서 순수한 압축파괴는 문제되지 않고 장주로서의 좌굴이 문제가 되며, 이에 대한 허용응력을 생각하지 않으면 안 된다.

따라서 압축재에서 좌굴이 되느냐 안 되느냐는 단면의 크기와 부재의 길이와의 비(比)로서 결정되며, 가늘고 길수록 좌굴이 잘 일어난다.

오일러(Euler)는 탄성이론에서 이상적인 중심축 압축재가 좌굴을 시작할 때의 응력, 즉 좌굴응력(또는 한계응력)을 다음 식으로 유도하였다.

$$f_k = \frac{\pi^2 EI}{l^2 A} = \frac{\pi^2 E}{\lambda^2} \tag{3.5}$$

여기서 :

A : 단면적 I : 최소단면2차모멘트 E : 재료의 탄성계수

$r = \sqrt{I/A}$: 최소회전반지름

l : 길이 (다만, 양단이 힌지가 아닌 경우에는 그림 3-8에서 l 을 취한다. 여기서 l을 자유좌굴길이라 한다)

$\lambda = l/r$: 세장비

이것이 오일러의 장주공식이며, f_k가 탄성한도 이하에서는 실험결과와도 잘 일치한다.

그러나 l이 작아지면 λ도 작아지고 f_k는 커진다. 따라서 λ가 어느 한도보다 작아지면 f_k 는 재료의 탄성한도보다 커지고 탄성을 가정하는 오일러공식은 성립되지 않고 또 실험의 결과와도 부합되지 않는다.

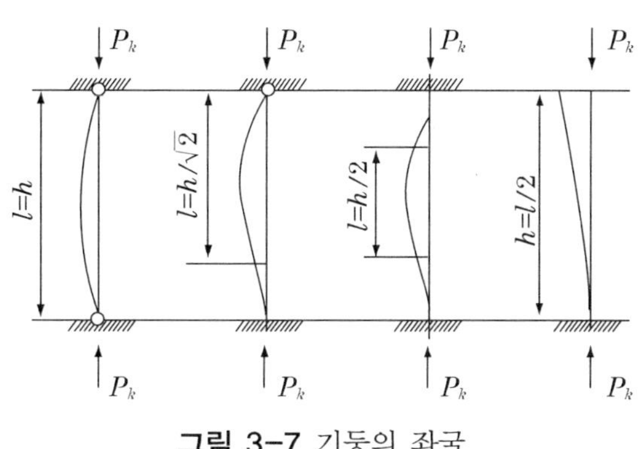

그림 3-7 기둥의 좌굴

이와 같은 비탄성의 좌굴에 대해서도 예부터 많은 학자들 간에 이론적으로 또는 실험적인 연구가 계속되어 그 결과 탄성영역의 좌굴에 대해서는 실용적으로 Tetmajer 나 Johson 공식이 사용되고 있다.

3.6 도로교의 허용응력

1 구조용 강재의 허용응력(도설, 제3장 3.3.2 참조)

① 구조용 강재의 허용축방향 인장응력 및 휨인장응력은 **표 3-11** 표시된 값으로 한다.

표 3-11 허용축방향 인장응력 및 허용휨인장응력

강종	SS 400, SM 400, SMA 400	SM 490	SM 490Y, SM 520, SMA 490	SM 570, SMA 570
인장응력	140	190	210	260

참고) 상기 값은 판두께 40mm 이하에 대한 값이고 40mm 이상에 대해서는 도설, 3.3.2참조

② 구조용 강재의 허용축방향 압축응력은 식 (3.6) 에 의해 계산한다.

$$f_{ca} = f_{cag} \cdot f_{cal} / f_{cao} \tag{3.6}$$

여기서 :

f_{cag} : **표 3-12**에서 표시한 국부좌굴을 고려하지 않은 허용축방향 압축응력(Mpa)

f_{cal} : **표 3-13**, **표 3-14**, **표 3-15**에 규정한 국부좌굴에 대한 허용응력(Mpa)

f_{cao} : **표 3-12**에서의 국부좌굴을 고려치 않은 허용축방향 압축응력의 상한 값(Mpa)

표 3-12 국부좌굴을 고려하지 않은 허용축방향 압축응력(Mpa)

강종	SS 400, SM 400, SMA 400	SM 490	SM 490Y, SM 520, SMA 490	SM 570, SMA 570
축방향압축응력	(a) $\frac{l}{r} \leqq 20$ 140	(a) $\frac{l}{r} \leqq 15$ 190	(a) $\frac{l}{r} \leqq 14$ 210	(a) $\frac{l}{r} \leqq 18$ 260
	(b) $20 < \frac{l}{r} \leqq 93$ $140-0.84\left(\frac{l}{r}-20\right)$	(b) $15 < \frac{l}{r} \leqq 80$ $190-1.3\left(\frac{l}{r}-15\right)$	(b) $14 < \frac{l}{r} \leqq 76$ $210-1.5\left(\frac{l}{r}-14\right)$	(b) $18 < \frac{l}{r} \leqq 67$ $260-2.2\left(\frac{l}{r}-18\right)$
	(c) $90 < \frac{l}{r}$ $\frac{1,200,000}{6,700+(l/r)^2}$	(c) $80 < \frac{l}{r}$ $\frac{1,200,000}{5,000+(l/r)^2}$	(c) $76 < \frac{l}{r}$ $\frac{1,200,000}{4,500+(l/r)^2}$	(c) $67 < \frac{l}{r}$ $\frac{1,200,000}{3,500+(l/r)^2}$
비고	l : 부재의 유효좌굴길이(cm) r : 총단면의 단면 2차 반지름(cm)			

참고) 상기 값은 판두께 40mm 이하에 대한 값이고 40mm 이상에 대해서는 도설, 3.3.2 참조

표 3-13 압축응력을 받은 양면 지지 판의 국부좌굴에 대한 허용응력

강종	국부좌굴에 대한 허용응력(MPa)	비고
SS 400, SM 400, SMA 400	140	$\frac{b}{39.6i} \leqq t$
	$220,000\left(\frac{ti}{b}\right)^2$	$\frac{b}{80i} \leqq t < \frac{b}{39.6i}$
SM 490	190	$\frac{b}{34.0i} \leqq t$
	$220,000\left(\frac{ti}{b}\right)^2$	$\frac{b}{80i} \leqq t < \frac{b}{34.0i}$
SM 490Y, SM 520, SMA 490	210	$\frac{b}{32.4i} \leqq t$
	$220,000\left(\frac{ti}{b}\right)^2$	$\frac{b}{80i} \leqq t < \frac{b}{32.4i}$
SM 570, SMA 570	260	$\frac{b}{29.1i} \leqq t$
	$220,000\left(\frac{ti}{b}\right)^2$	$\frac{b}{80i} \leqq t < \frac{b}{29.1i}$

참고) 상기 값은 판두께 40mm 이하에 대한 값이고 40mm 이상에 대해서는 도설, 3.3.2 참조

여기서 :

t : 판 두께 b : 판의 고정연 사이의 거리(cm)

i : 응력구배계수로서 $i = 0.65\phi^2 + 0.13\phi + 1.0$

ϕ : 응력구배로서 $\phi = (f_1 - f_2)/f_1$

f_1, f_2 : 각각 판의 양연에서의 응력 (Mpa)

다만, $f_1 \geq f_2$ 이며 압축응력을 정(正)으로 한다.

표 3-14 압축응력을 받은 자유돌 출판의 국부좌굴에 대한 허용응력

강종	국부좌굴에 의한 허용응력(MPa)
SS 400, SM 400, SMA 400	$140 : \frac{b}{13.1} \leqq t$ $24{,}000\left(\frac{t}{b}\right)^2 : \frac{b}{16} \leqq t < \frac{b}{13.1}$
SM 490	$190 : \frac{b}{11.2} \leqq t$ $24{,}000\left(\frac{t}{b}\right)^2 : \frac{b}{16} \leqq t < \frac{b}{11.2}$
SM 490Y, SM 520, SMA 490	$210 : \frac{b}{10.7 \leqq t}$ $24{,}000\left(\frac{t}{b}\right)^2 : \frac{b}{16} \leqq t < \frac{b}{10.7}$
SM 570, SMA 570	$210 : \frac{b}{9.6} \leqq t$ $24{,}000\left(\frac{t}{b}\right)^2 : \frac{b}{16} \leqq t < \frac{b}{9.6}$

참고) 상기 값은 판두께 40mm 이하에 대한 값이고 40mm 이상에 대해서는 도설, 3.3.2 참조

여기서,

t : 자유돌출판의 두께로 $t \geq \frac{b}{16}$(cm)

b : 자유돌출폭(cm)

표 3-15 압축응력을 받은 양연이 지지 보강된 판의 국부좌굴에 대한 허용응력

강종	국부좌굴에 의한 허용응력9MPa)
SS 400 SM 400 SMA 400	$140 : \frac{b}{28in} \leqq t$ $140-2.5\left(\frac{b}{tin}-28\right)^2 : \frac{b}{56in} \leqq t < \frac{b}{28in}$ $220{,}000\left(\frac{tin}{b}\right)^2 : \frac{b}{80in} \leqq t < \frac{b}{56in}$
SM 490	$190 : \frac{b}{24in} \leqq t$ $140-2.5\left(\frac{b}{tin}-28\right)^2 : \frac{b}{48in} \leqq t < \frac{b}{24in}$ $220{,}000\left(\frac{tin}{b}\right)^2 : \frac{b}{80in} \leqq t < \frac{b}{48in}$

참고) 상기 값은 판두께 40mm 이하에 대한 값이고 40mm 이상에 대해서는 도설, 3.3.2 참조

③ 구조용 강재의 허용휨압축응력은 다음의 규정에 따라 계산한다.

(ㄱ) 부재의 압축연의 허용휨압축응력은 **표 3-16**에 표시된 값으로 한다.

(ㄴ) 압축을 받는 판 및 보강 판에 규정된 국부좌굴에 대한 허용응력(**표 3-13**, **표 3-14**, **표 3-15** 참조)이 **표 3-12**에 표시된 값보다 작은 경우에는 위의(ㄱ)항의 규정에 관계없이 **표 3-13**, **표 3-15**에서 규정된 국부좌굴에 대한 허용응력을 허용휨압축응력으로 한다.

표 3-16 허용휨압축응력(Mpa)

강종 응력	SS 400 SM 400 SMA 400	SM 490	SM 490Y SM 520 SMA 490	SM 570 SMA 570
압축플랜지가 직접 콘크리트 바닥에 고정되어 있는 경우 및 상자형, π형 단면의 경우	140	190	210	260
상기 이외의 경우 $\frac{A_w}{A_c} \leqq 2$	(a) $\frac{l}{b} \leqq 4.5 : 140$ (b) $4.5 < \frac{l}{b} \leqq 30 :$ $140-2.4\times\left(\frac{l}{b}-4.5\right)$	(a) $\frac{l}{b} \leqq 4.0 : 190$ (b) $4.0 < \frac{l}{b} \leqq 30 :$ $190-3.8\times\left(\frac{l}{b}-4.0\right)$	(a) $\frac{l}{b} \leqq 3.5 : 210$ (b) $3.5 < \frac{l}{b} \leqq 27 :$ $210-4.4\times\left(\frac{l}{b}-3.5\right)$	(a) $\frac{l}{b} \leqq 5.0 : 260$ (b) $5.0 < \frac{l}{b} \leqq 25 :$ $260-6.6\times\left(\frac{l}{b}-5.0\right)$

표 3-16 허용휨압축응력(Mpa)(계속)

응력 \ 강종		SS 400 SM 400 SMA 400	SM 490	SM 490Y SM 520 SMA 490	SM 570 SMA 570
상기 이외의 경우	$\frac{A_w}{A_c} > 2$	(a) $k\frac{l}{b} \leqq 9 : 140$ (b) $9 < k\frac{l}{b} : 140$ $-1.2 \times \left(k\frac{l}{b} - 9\right)$	(a) $k\frac{l}{b} \leqq 8 : 190$ (b) $8 < k\frac{l}{b} : 190$ $-1.9 \times \left(k\frac{l}{b} - 8\right)$	(a) $k\frac{l}{b} \leqq 7 : 210$ (b) $7 < k\frac{l}{b} : 210$ $-2.2 \times \left(k\frac{l}{b} - 7\right)$	(a) $k\frac{l}{b} \leqq 10 : 260$ (b) $10 < k\frac{l}{b} : 260$ $-3.3 \times \left(k\frac{l}{b} - 10\right)$

참고) 상기 값은 판두께 40mm 이하에 대한 값이고 40mm 이상에 대해서는 도설, 3.3.2 참조

여기서,

A_w : 복부판의 총단면적(cm^2)

A_c : 압축플랜지의 총단면적(cm^2)

l : 압축플랜지의 고정점 간의 거리(cm)

$$k = \sqrt{3 + \frac{A_w}{2A_c}}$$

b : 압축플랜지의 폭(cm)

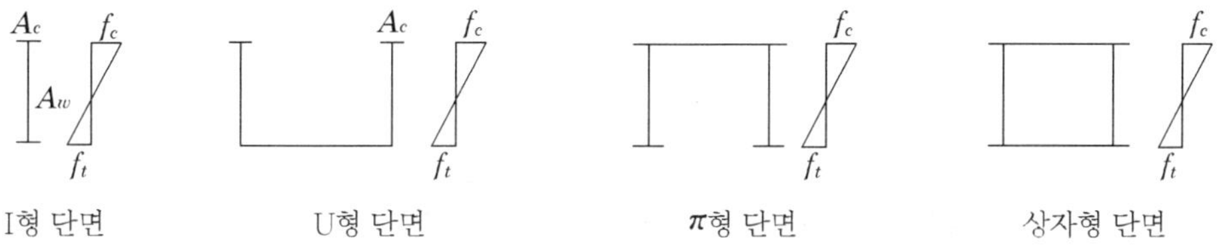

그림 3-8 단면의 분류

④ 구조용 강재의 허용전단응력 및 허용지압응력은 각각 **표 3-17**에 규정한 값으로 한다.

표 3-17 허용전단응력 및 허용지압응력(Mpa)

강종 응력		SS 400 SM 400 SMA 400	SM 490	SM 490Y SM 520 SMA 490	SM 570 SMA 570
전단응력		80	110	120	150
지압응력	헬스공식	600	700	–	–
	강판과 강판간의 지압응력	210	280	310	390

참고) 상기 값은 판두께 40mm 이하에 대한 값이고 40mm 이상에 대해서는 도설, 3.3.2 참조

2. 주단조품의 허용 응력(제3장 3.3.2.2)

받침부 기타에 사용하는 주단조품의 허용응력은 **표 3.18**에 따른다.

표 3-18 주단조품의 허용응력

<table>
<tr><th colspan="2" rowspan="3">종류</th><th colspan="2">축방향 응력</th><th colspan="2">휨응력</th><th rowspan="3">전단 응력</th><th colspan="4">지압응력</th></tr>
<tr><th rowspan="2">인장</th><th rowspan="2">압축[1]</th><th rowspan="2">인장</th><th rowspan="2">압축[1]</th><th rowspan="2">미끄러지지 않는 평면접촉</th><th rowspan="2">미끄러[2]지는 평면접촉</th><th colspan="2">헬스공식으로 계산경우의 지압</th></tr>
<tr><th>지압 응력</th><th>필요경도</th></tr>
<tr><td rowspan="2">단조품</td><td>SF 490A</td><td>140</td><td>140</td><td>140</td><td>140</td><td>80</td><td>210</td><td>105</td><td>600</td><td>H_B 125이상[3]</td></tr>
<tr><td>SF 540A</td><td>170</td><td>170</td><td>170</td><td>170</td><td>100</td><td>250</td><td>125</td><td>700</td><td>H_B 145이상</td></tr>
<tr><td rowspan="5">주강품</td><td>SC 450</td><td>140</td><td>140</td><td>140</td><td>140</td><td>80</td><td>210</td><td>105</td><td>600</td><td>H_B 125이상</td></tr>
<tr><td>SCW 410</td><td>140</td><td>140</td><td>140</td><td>140</td><td>80</td><td>210</td><td>105</td><td>600</td><td>H_B 125이상</td></tr>
<tr><td>SCW 480</td><td>170</td><td>170</td><td>170</td><td>170</td><td>100</td><td>250</td><td>125</td><td>700</td><td>H_B 145이상</td></tr>
<tr><td>LM nSC 1A</td><td>170</td><td>170</td><td>170</td><td>170</td><td>100</td><td>250</td><td>125</td><td>700</td><td>H_B 146이상</td></tr>
<tr><td>LM nSC 2A</td><td>190</td><td>190</td><td>190</td><td>190</td><td>110</td><td>280</td><td>140</td><td>780</td><td>H_B 163이상</td></tr>
<tr><td rowspan="2">주철품</td><td>GC 250</td><td>60</td><td>120</td><td>60</td><td>120</td><td>50</td><td>120</td><td>60</td><td>650</td><td>H_B 135이상</td></tr>
<tr><td>GCD 400[4]</td><td>140</td><td>140</td><td>140</td><td>140</td><td>80</td><td>210</td><td>–</td><td>–</td><td>–</td></tr>
</table>

주) (1) 허용압축응력은 좌굴을 고려하지 않은 경우
(2) 곡면접촉일 때에는 단위 투영면적의 하중을 표시한다.
(3) H·KS B 0805의 규정에 의한 브리넬경도
(4) GCD 400에 대하여는 규정이 없는 항목은 사용하지 않는다.

3. 용접부의 허용응력(도설 제3장 3.3.2.3 참조)

표 3-19 용접부의 허용응력

<table>
<tr><th colspan="2" rowspan="2">용접의 종류</th><th rowspan="2">응력의 종류</th><th colspan="4">허용응력(MPa)</th></tr>
<tr><th>SM 400
SMA 400</th><th>SM490</th><th>SM 490Y
SM520
SMA 490</th><th>SM 570
SMA 570</th></tr>
<tr><td rowspan="4">공장용접</td><td rowspan="3">홈용접</td><td>압축</td><td>140</td><td>190</td><td>210</td><td>260</td></tr>
<tr><td>인장</td><td>140</td><td>190</td><td>210</td><td>260</td></tr>
<tr><td>전단</td><td>80</td><td>110</td><td>120</td><td>150</td></tr>
<tr><td>필렛용접</td><td>전단</td><td>80</td><td>110</td><td>120</td><td>150</td></tr>
<tr><td colspan="2">현장용접</td><td colspan="5">각각의 경우에 있어서 상기의 90%로 한다.</td></tr>
</table>

참고) 상기 값은 판두께 40mm 이하에 대한 값이고 40mm 이상에 대해서는 도설, 3.3.2.3 참조

3.7 철도교의 허용응력

1. 강재 및 용접부의 기본허용응력(철설, 제2편 22조)

구조용 강재 및 용접부에 대한 기본허용응력은 **표 3-20**과 같다. 여기서, 기본 허용응력이란 부재가 좌굴이나 반복하중 등을 받지 않고 순수한 축방향력이나 휨모멘트만을 받을 때의 기본이 되는 허용응력을 말한다.

표 3-20 기본허용응력(Mpa)

<table>
<tr><th colspan="4">강재의 종류 / 응력의 종류</th><th>SS 400
SM 400
SMA 400</th><th>SM 490</th><th>SM 490Y
SM 520
SMA 490</th><th>SM 570
SMA 570</th></tr>
<tr><td rowspan="6">구조용 강재</td><td colspan="2" rowspan="2">인장응력
(순단면에 대하여)</td><td>축방향 응력</td><td rowspan="4">140</td><td rowspan="4">185</td><td rowspan="4">210</td><td rowspan="4">255</td></tr>
<tr><td>휨응력</td></tr>
<tr><td colspan="2" rowspan="2">압축응력
(총단면에 대하여)</td><td>축방향 응력</td></tr>
<tr><td>휨응력</td></tr>
<tr><td colspan="2">전단응력</td><td>총단면에 대하여</td><td>80</td><td>105</td><td>120</td><td>145</td></tr>
<tr><td colspan="2">지압응력</td><td>강판과 강판</td><td>210</td><td>280</td><td>315</td><td>380</td></tr>
<tr><td rowspan="8">용접부</td><td rowspan="5">공장용접</td><td rowspan="3">그루브
(홈)
용접</td><td>인장응력</td><td rowspan="2">140</td><td rowspan="2">185</td><td rowspan="2">210</td><td rowspan="2">255</td></tr>
<tr><td>인장응력</td></tr>
<tr><td>전단응력</td><td>80</td><td>105</td><td>120</td><td>145</td></tr>
<tr><td rowspan="2">필렛 용접</td><td>비드 방향의 압축,
인장응력</td><td>140</td><td>185</td><td>210</td><td>255</td></tr>
<tr><td>목두께에 관하여 인장,
압축, 전단응력</td><td>80</td><td>105</td><td>120</td><td>145</td></tr>
<tr><td colspan="2" rowspan="3">현장용접</td><td>인장응력</td><td rowspan="3">각각의 경우에 있어서 상기의 값에 다음 계수를 곱한다.</td><td colspan="3">0.9</td></tr>
<tr><td>압축응력</td><td colspan="3">0.9</td></tr>
<tr><td>전단응력</td><td colspan="3">0.9</td></tr>
</table>

참고) 상기 값은 판두께 40mm 이하에 대한 값이고 40mm 이상에 대해서는 도설, 2.2.1 참조

2. 좌굴허용응력

교량거더 부재에 대한 좌굴허용응력은 **표 3-21**과 같다.

표 3-21 좌굴허용응력(Mpa)

강재종류 응력의 종별		SS 400 SM 400 SMA 400	SM 490	SM 490Y SM 520 SMA 490	SM 570 SMA 570	비고
압축응력(총단면에 대하여)	축방향응력	$0 < l/r \leqq 6$ 일 때 140	$0 < l/r \leqq 9$ 일 때 185	$0 < l/r \leqq 6$ 일 때 210	$0 < l/r \leqq 10$ 일 때 255	①
		$0 < l/r \leqq 130$ 일 때 $140-0.78(l/r-6)$	$9 < l/r \leqq 115$ 일 때 $185-1.22(l/r-9)$	$6 < l/r \leqq 105$ 일 때 $210-1.47(l/r-6)$	$10 < l/r \leqq 95$ 일 때 $255-2.07(l/r-10)$	
		$130 < l/r$일 때 $\frac{740,000}{(l/r)^2}$	$115 < l/r$ $\frac{740,000}{(l/r)^2}$	$105 < l/r$ $\frac{740,000}{(l/r)^2}$	$95 < l/r$ $\frac{740,000}{(l/r)^2}$	
	휨응력	1) 강축(强軸) 방향의 휨에 대하여, ①의 l/r 대신 다음 식으로 취한 등가세장비 $(l/r)e$를 사용 $(l/r)e = F\left(\frac{l}{b}\right)$ I형 단면의 경우 $F = \sqrt{12+2\beta/\alpha}$ U형 단면의 경우 $F = 1.1\sqrt{12+2\beta/\alpha}$				②
		2) 약축(弱軸) 방향의 휨에 대하여				
		140	185	210	255	

주) (1) ①에서 l는 부재의 좌굴길이(m), r는 부재 총단면의 회전반지름(mm)이다. 부재 좌굴길이 l은 표 3-20에 의한다.
(2) ②에서 l은 플랜지의 고정점간의 거리(mm), b는 플랜지의 폭(m) 또는 박스 단면의 복부판의 중신간격(mm)을 표시한다. α는 플랜지 두께(t_f)와 복부판의 두께(t_w)의 비(t_f/t_w), β는 복부판의 높이(h)와 b와의 비(h/b)이다.

표 3-22 부재의 좌굴길이

부재	l
트러스의 상하현재, 수직재, 수평 및 수직브레이싱	골조길이
트러스 단면 내의 사재	골조길의의 0.9

Chapter 4

부재의 연결

4.1 서론

강판이나 형강을 사용하여 부재를 조립하거나 이음 혹은 연결하여 교량을 만들 때는 고장력 볼트이음으로 하거나 용접이음으로 하는 것이 보통이다. 1960년대 까지는 리벳이음이 교량건설에서 가장 많이 이용되던 연결 방법 이였으나 현장작업자의 숙련도가 요구되며 작업시 소음이 발생하는 단점과 리벳의 강도가 모재의 강도에 못 미치는 경우가 발생하는 등의 문제점에 의해 최근에는 강교량에 적용되지 않고 있으며, 따라서 도로교설계기준에서도 제외되었다. 그러나 60년대 이전의 교량에서는 리벳의 이음으로 되어있기 때문에 유지관리상 리벳의 구조에 대하여서도 알아둘 필요가 있다. 리벳, 고장력볼트 또는 용접에 의한 부재의 연결은 도로교인 경우 작용응력에 대하여 또 철도교인 경우에는 계산응력보다 큰 응력에 대하여 설계하는 것을 원칙으로 하고 있으며, 부재연결부의 구조에 대해서는 다음 사항을 지켜야 한다.

(1) 응력의 전달은 확실할 것.

(2) 구성하는 각재편에 있어서 가급적 편심이 일어나지 않도록 할 것.

(3) 해로운 응력집중을 일으키지 않도록 할 것.

(4) 부재의 변형에 따른 영향을 고려할 것.

(5) 해로운 잔류응력과 2차응력을 일으키지 않도록 할 것.

금속을 이음 하는 방법에는 **표 4-1**과 같이 여러 가지가 있는데 교량에서는 최근에는 용접기술의 발달로 공장이음에서는 용접, 현장이음에서는 고장력볼트가 쓰이며, 특히 회전을 요하는 곳에서는 핀 이음으로 한다.

압접은 용융에 가까운 상태에 잇는 금속을 기계적인 압력 또는 타격을 가해서 금속을 융합하여 잇는 방법이다. 이에 대해 융접은 용융상태에 있는 금속에 압력 또는 타격을 가하지 않고 금속을 융합해서 잇는 방법이다. 다음에 땜질(soldering)은 합금을 쓰는 방

법으로 납땜 류가 이에 속한다.

만일 부재의 연결에서 용접, 고장력볼트 등을 병용하는 경우 힘의 분담에 대해서는 다음과 같이 규정하고 있다(도설, 제3장 3.5.1.2 참조)

① 홈용접의 맞대기이음과 고장력볼트 마찰이음 또는 응력방향에 나란한 필렛용접과 고장력볼트 마찰이음에서는 이들이 각각 응력을 부담하는 것으로 한다.

② 응력방향과 직각을 이루는 필렛용접과 고장력볼트 마찰이음을 병용해서는 안 된다.

③ 용접과 고장력볼트 지압이음을 병용해서는 안 된다.

볼트연결의 경우 지압연결이나 인장연결 등을 사용하는 경우도 있으나, 대부분의 경우 고장력볼트의 체결로 인한 마찰력에 의해 힘을 전달하는 마찰연결을 사용한다.

용접연결의 경우는 인장이나 압축 또는 전단력 등으로 힘을 전달하게 되며, 모재의 변형 이외는 연결부 자체의 변형은 없다고 가정한다. 이와 같은 부재의 연결은 설계하중에 의한 작용응력에 대하여 설계하는 것을 원칙으로 하고 있으나 적어도 모재강도의 75% 이상의 강도를 갖도록 설계하여야 한다. 그러나 전단력에 대해서는 작용응력만으로 설계하여도 무방하다. 연결부의 구조는 단순한 형태로 응력전달이 확실해야 하며 가급적 편심이나 응력집중, 그리고 잔류응력 등이 발생하지 않도록 해야 한다. 또한, 연결부에서 단면이 변하는 경우 작은 단면을 기준으로 연결의 제 규정을 적용하여야 한다. 연결부는 재료비와 더불어 시공비용의 많은 비중을 차지함과 동시에, 용접부의 취성파괴나 고장력볼트의 피로파괴 등 일반구조용 강재보다 취약점을 많이 가지고 합리적인 연결부의 설계는 구조물의 경제성과 안전성에 직결된다고 할 수 있다.

표 4-1 금속이음의 방법

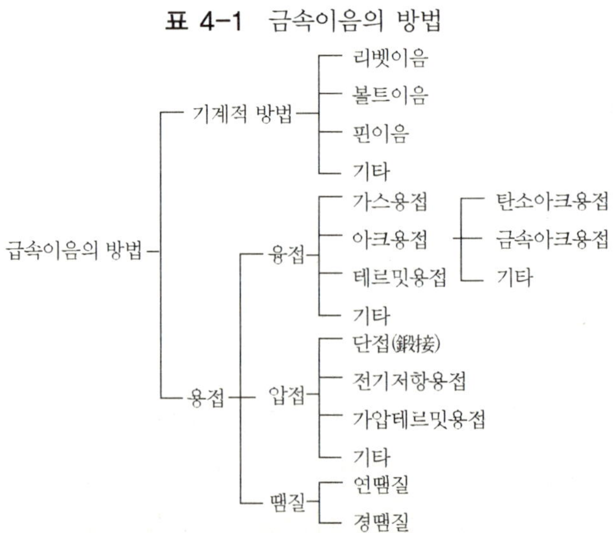

4.2 리벳이음

1. 개설

리벳이음에 관한 교량 표준시방서(현 설계기준)규정을 보면 구 도로교표준시방서에서는 1992년부터 리벳이음 규정을 삭제하고 있으므로 강도로교 설계시의 리벳이음은 하지 말고 용접이음이나 고장력볼트이음 등을 채용해야 한다.

그러나 구 강철도교 설계표준시방서에서는 1999년까지 리벳이음에 관한 규정이 고장력 볼트와 같이 규정되어 있고 리벳이음 강철도교가 아직 많이 존재하고 있으므로 리벳이음에 대해 간단히 기술한다.

리벳이음은 강재를 서로 겹쳐서 구멍을 뚫고 여기에 리벳을 박아 기계적으로 결합시키는 것이다.

교량에 사용되는 리벳의 지름은 19mm, 22mm, 25mm 이며 한 교량을 가설할 때에는 한 종류의 리벳을 사용하는 것이 좋다. 리벳의 종류는 머리모양에 따라 둥근 리벳(丸, round head rivet), 접시리벳(皿, counter sunk head rivet), 평리벳(平, flat head rivet)이 있는데 교량에서는 둥근 리벳이 가장 많이 사용되며 접시리벳은 리벳머리가 튀어 나와서 구조상 곤란한 때에 한하고, 평리벳은 강도가 둥근 리벳에 비하여 약하기 때문에 거의 사용하지 않는다.

설계도에서 사용하는 리벳의 기호는 **그림 4-1**과 같다.

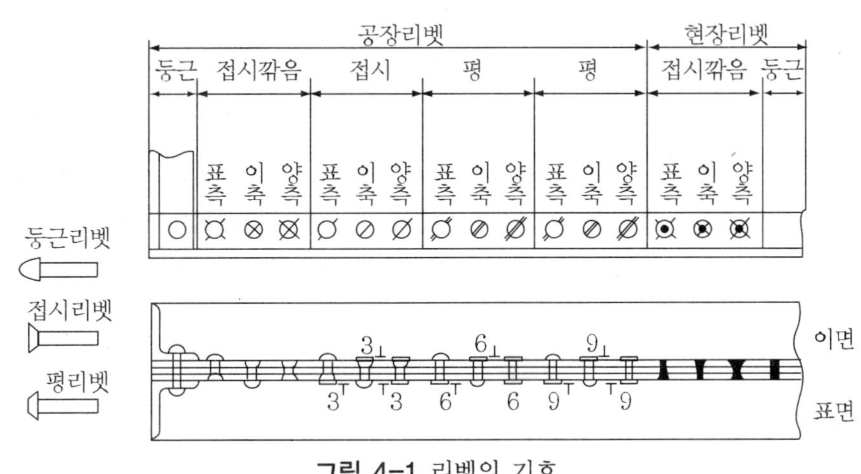

그림 4-1 리벳의 기호

리벳을 박을 때 리벳의 길이는 접합하는 강판의 두께에 따라 다르며, **표 4-2**를 표준으로 하면 된다.

표 4-2 공장리벳의 표준길이(mm)

리벳지름	리벳구멍의 지름	둥근리벳	평리벳
25	26.5	$34+1.12G$	$12+1.12G$
22	23.5	$29+1.12G$	$9+1.12G$
19	20.5	$26+1.12G$	$7+1.13G$
16	17.0	$23+1.13G$	$6+1.12G$

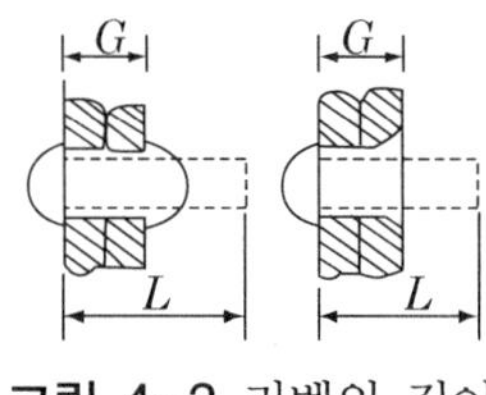

그림 4-2 리벳의 길이

2. 리벳의 강도

리벳으로 강판을 접합하는 방법에는 강판을 겹쳐서 접합하는 겹이음(lap joint)과 강판의 끝을 서로 맞대고 한쪽 또는 양쪽에 이음판(splice plate)을 대고 접합하는 맞이음(butt joint)이 있다. 겹이음은 힘을 전달하는 데 있어서 부재가 편의 되는 경향이 있어서 잘 쓰이지 않고 있으나 맞이음에서는 양쪽에 이음판을 댄 것이 힘의 전달이 대칭되므로 무리가 없어서 좋다. 또 리벳이음에서는 직접이음과 간접이음이 있는데 직접이음은 접합하고자 하는 판을 직접 겹친다든지, 이음판이 접합하는 판에 직접 겹치는 경우이고 간접이음은 잇고자 하는 강판사이에 채움 판을 대고 간접으로 잇는 방법이다(**그림 4-3** 참조). 이음부에는 일반적으로 인장, 압축, 전단력의 3종의 힘이 작용하는 데 이에 대하여 리벳(또는 고장력볼트)이나 강판이 이들 힘에 대하여 충분히 강해야 한다.

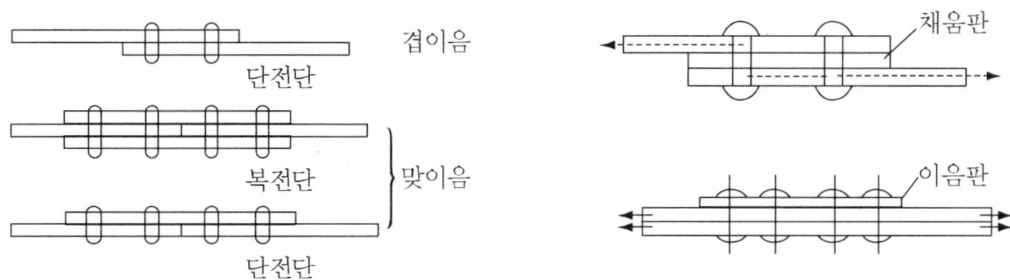

그림 4-3 리벳의 이음

이음부에서 재편자체의 파괴에는 **그림 4-4**에서 (a)인장파괴, (b)전단파괴, (c)벌어짐 파괴 등이 있고 리벳자신의 파괴에는 (d)전단파괴와 (e)리벳구멍에 리벳이 먹히는 파괴, 즉 지압 파괴 등이 있다. 이들 파괴에 대하여 시방서 규정에 맞추어서 리벳 팅을 했다고 하면 (a), (b), (c)와 같은 재편파괴가 일어나기 전에 (d), (e)와 같은 전단파괴 및 지압파괴가 일어난다.

따라서 리벳이음에서의 강도는 결국 리벳의 전단강도(ρ_s)와 (ρ_b) 중에서 적은 값으로 결정되며, 이 리벳값(ρ)으로부터 이음에 필요한 리벳수를 계산할 수 있다.

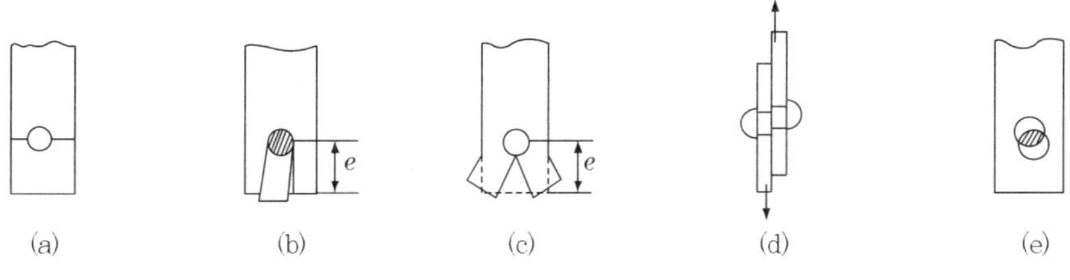

그림 4-4 이음부의 파괴

(1) 전단강도

① 단전단인 경우 : 리벳의 허용전단강도(ρ_s)는

$$\rho_s = v_a \frac{\pi d^2}{4} \tag{4.1}$$

여기서,

v_a : 리벳의 허용전단응력

d : 리벳의 지름

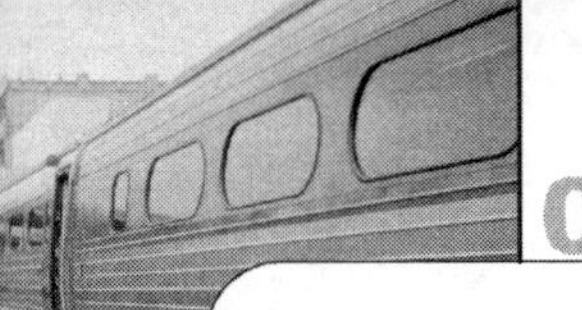

② 복전단의 경우 : 리벳의 허용복전단강도(ρ_s)는

$$\rho_s = 2v_a \frac{\pi d^2}{4} = v_a \frac{\pi d^2}{2} \tag{4.2}$$

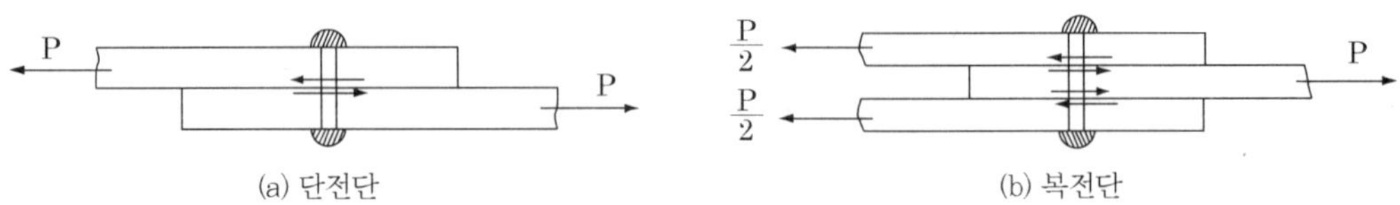

그림 4-5 리벳의 전단강도

(2) 지압강도

리벳의 허용지압강도 ρ_b는

$$\rho_b = f_b \cdot d \cdot t \tag{4.3}$$

여기서,

f_b : 리벳의 허용지압응력

t : 가장 얇은 강판두께

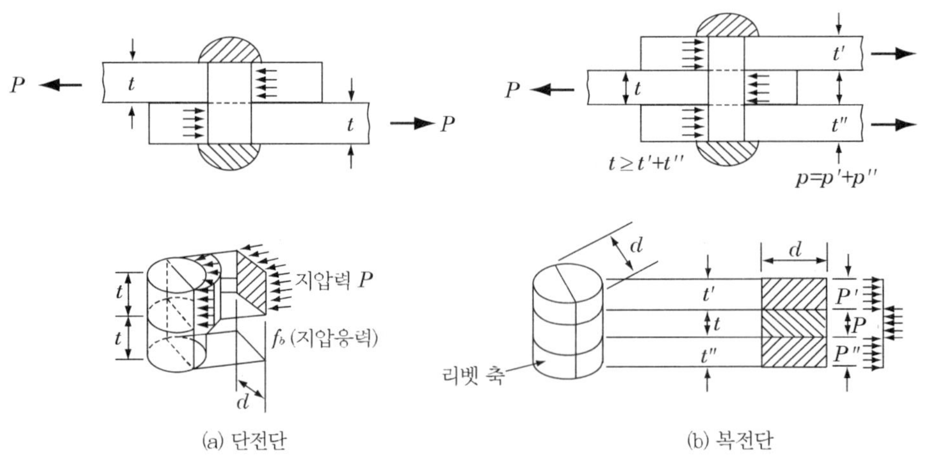

그림 4-6 리벳지압강도

이상과 같이 리벳 값이 결정되면 필요한 리벳의 수는 부재에 작용하는 힘을 P라 할 때 다음 식으로 구한다.

$$n = \frac{P}{\rho} \tag{4.4}$$

여기서 ρ값은 전단강도(ρ_s)와 지압강도(ρ_b)중 적은 값을 취한다.

부재의 이음이나 연결은 보통 부재의 전강으로 하는 데 부재의 전강이란 그 부재가 계산상 받을 수 있는 최대의 힘을 말한다.

4.3 고장력 볼트의 연결

고장력 볼트의 연결은 볼트 체결로 인한 인장력에 의해 연결부재간에 일정한 압축력이 발생하도록 하는 연결방법이다. 하중전달 방법에 따라 마찰연결과 지압연결 및 인장연결로 분류한다. 마찰연결은 **그림 4-7**(a)에 나타낸 바와 같이 하중의 전달이 볼트체결에의한 부재간의 마찰에 의해서만 이루어지고, 미끄러짐에 의해 볼트의 지압응력이 생기지 않은 연결형식을 말한다. 이와 반대로 지압연결에서는 **그림 4-7**(b)에 나타낸 바와 같이 연결부재간의 미끄러짐이 발생하여 하중의 전달이 연결부재간의 지압에 의해서 이루어지는 연결형식이 된다. 대개의 경우 고장력볼트 연결은 마찰형 연결에 속한다. 한편 마찰연결과 지압연결에서는 볼트가 전단력을 지지하면서 연결재간의 하중을 전달하게 되나, 인장연결에서는 **그림 4-7**(c)와 같이 볼트가 인장력을 지지하게 된다.

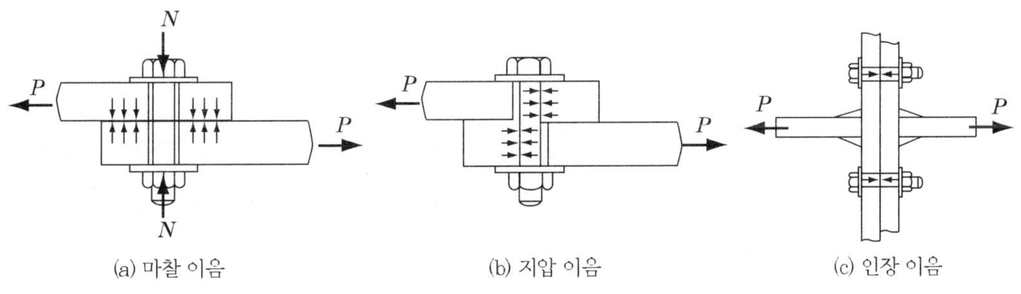

그림 4-7 고장력볼트이음의 종류

1. 고장력볼트의 종류

고장력볼트연결에 사용되는 마찰연결용 볼트의 종류로서는 F8T와 F10T가 있으며, 지압연결용 볼트에는 B8T 와 B10T가 있다. 일반적으로 F10T가 널리 사용되며, F11T도

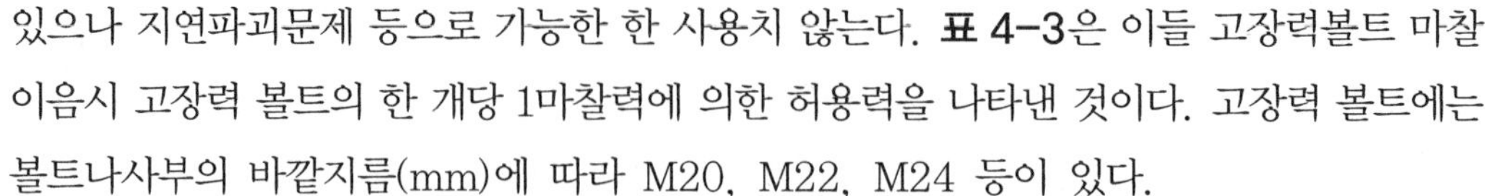

있으나 지연파괴문제 등으로 가능한 한 사용치 않는다. **표 4-3**은 이들 고장력볼트 마찰이음시 고장력 볼트의 한 개당 1마찰력에 의한 허용력을 나타낸 것이다. 고장력 볼트에는 볼트나사부의 바깥지름(mm)에 따라 M20, M22, M24 등이 있다.

2. 고장력볼트의 허용력

(1) 마찰연결

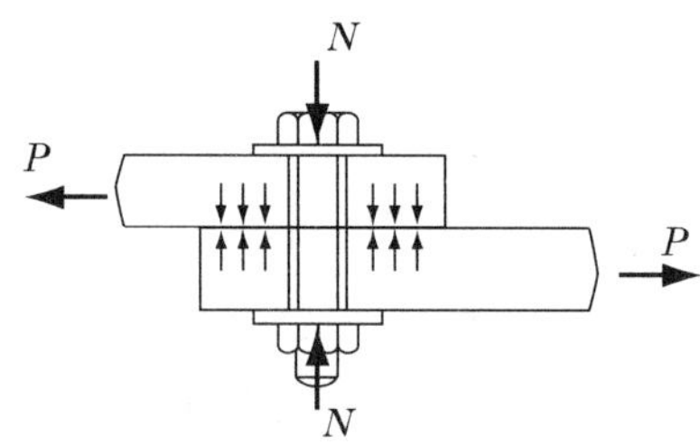

그림 4-8 마찰이음

마찰연결에서 연결부재간의 마찰저항은 접촉면사이의 압력, 즉 볼트 체결력에 비례한다. 따라서 가능한 한 커다란 축력을 도입 할 수 있으면 유리하지만, 체결력 증가에 따른 비틀림 응력이나 볼트나사부에서의 응력집중 그리고 지연파괴 등을 고려하면 항복응력보다 어느 정도 낮게 할 필요가 있다. 즉 설계볼트축력 N은 다음과 같다.

$$N = \alpha \cdot f_y \cdot A_e \qquad (4.5)$$

여기서: N : 설계볼트축력

α : 비틀림이나 응력집중으로 인한 항복응력의 감소계수 (F8T에 대하여 0.85, F10T에 대하여 0.75로 정하고 있다(도로교설계기준3.3.2.3)

f_y : 볼트의 항복응력

A_e : 나사부의 유효단면적

마찰연결은 볼트에 높은 축력인 인장력(N)을 가하면 볼트에 접합하는 부재의 접촉면에 마찰저항을 일으킴으로서 부재 간에 작용하는 전단력을 마찰저항으로 지지하는 것이다.

마찰연결의 내하력은 부재 간에 작용하는 전단력이 마찰저항에 의한 지지능력을 넘게 되면 부재접촉면에서 미끄러짐(slip)이 생길 때의 한계하중으로 정의하여 다음과 같이 구한다.

$$R = m \cdot \mu \cdot N \tag{4.6}$$

여기서 R : 마찰연결의 내하력

m : 마찰면의 수

μ : 마찰계수

N : 설계볼트축력

마찰연결에서 1마찰면당 허용되는 볼트 한 개의 허용력은 (4-6)식에 얻은 내하력을 안전율(F. S)로 나누어 다음과 같이 주어진다.

$$\rho_a = \frac{R}{F.S} = \frac{u.N}{1.7} = \frac{\mu.(\alpha.f_y.A_e)}{1.7} \tag{4.7}$$

고장력볼트의 허용력은 볼트 재질 및 크기에 따라 다르며 설계기준에서는 (4.6)식에 의해 μ, α, f_y, A_e 값을 F8T, 및 F10T 값은 식 (4.7)에 대입하여 **표 4-3**과 같은 결과를 계산하고 있다.

표 4-3 마찰이음시 고장력볼트의 한 개당 1마찰력에 대한 허용력

볼트 등급	호칭	안전율 (FS)	마찰 계수(μ)	N 식				ρ_a (kN)
				α	f_y (N/mm^2)	유효단면적 $(A_e:mm^2)$	N (kN)	
F8T	M20 M22 M24	1.7	0.4	0.85	640	244.8 303.4 352.5	133.2 165.1 191.8	31.33 38.84 45.12
F10T	M20 M22 M24	1.7	0.4	0.75	900	244.8 303.4 352.5	165.2 204.8 237.9	38.88 48.19 55.99

설계기준에서는 고장력볼트의 마찰연결에 대한 1마찰면당 허용력(kN)은 볼트등급 및 호칭에 따라 **표 4-4**와 같이 하고 있다.

표 4-4 1마찰면당 마찰이음용 고장력볼트의 허용력(ρ_a)(kN) (도설 3.3.2.3)

나사호칭	F8T	F10T	S10T
M20	31	39	39
M22	39	48	48
M24	45	56	56

(2) 지압연결

지압연결에서 발생 가능한 파괴형태는 볼트의 전단파괴와 접합된 부재의 지압파괴이다.

따라서 지압연결의 허용내하력 ρ_a는 다음에서 구하는 볼트의 전단파괴에 대한 허용전단력ρ_s와 접합부재의 지압파괴에 대한 허용지압력 ρ_b 중작은 값이 된다.

지압이음용 고장력볼트의 허용전단응력 및 허용지압응력은 각각 **표 4-5** , **표 4-6** 에 표시한 값으로 한다(도시 3.3.2.3).

표 4-5 지압이음용 고장력볼트의 허용전단응력(v_a)(Mpa)(도설 3.3.2.3)

볼트의 등급	B8T	B10T
허용전단응력	150	190

표 4-6 지압이음용 고장력볼트의 허용지압응력(f_b)(Mpa)(도설 3.3.2.3)

강종	SS400 SM400 SMA41	SM490	SM490Y SM520 SMA50	SM570 SMA58
허용지압응력	240	320	360	460

※ 상기 값은 판 두께 40mm 이하에 대한 값이고, 40mm 이상에 대해서는 도설3.2.3 참조

① 전단응력

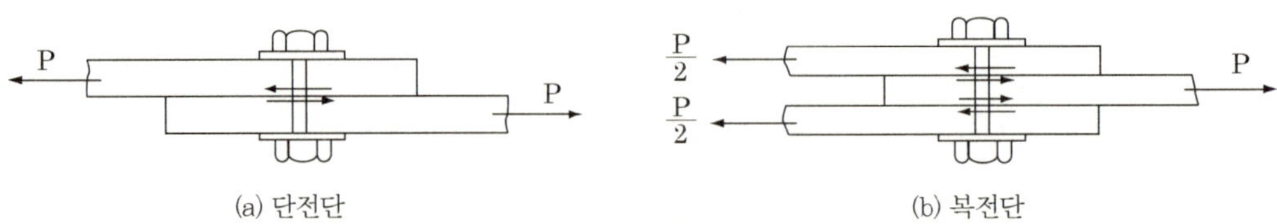

그림 4-9 전단력의 작용

볼트 한 개에 대한 허용전단력 ρ_s는 볼트단면적에 볼트의 허용전단력을 곱한 값으로서 다음과 같이 주어진다.

1단 전단의 경우 : $\rho_s = (\frac{\pi d^2}{4}).v_a$ (4.8)

2면 전단의 경우 : $\rho_s = 2.(\frac{\pi d^2}{4}).v_a$ (4.9)

여기서 v_a 지압연결용 고장력볼트의 허용전단응력(**표 4-5**)

② **지압응력**

볼트 한 개의 허용지압력 ρ_b는 연결부 형식에 관계없이 다음과 같이 구한다.

$\rho_b = f_b.d.t$ (4.10)

여기서 :

f_b : 지압연결용 볼트의 허용지압력(**표 4-6**)

t : 접합부재중 얇은 쪽의 두께

강재의 지압강도는 인장강도에 비하여 훨씬 큰 값이 되므로 f_b는 항복점응력으로 높게 택한 것이다.

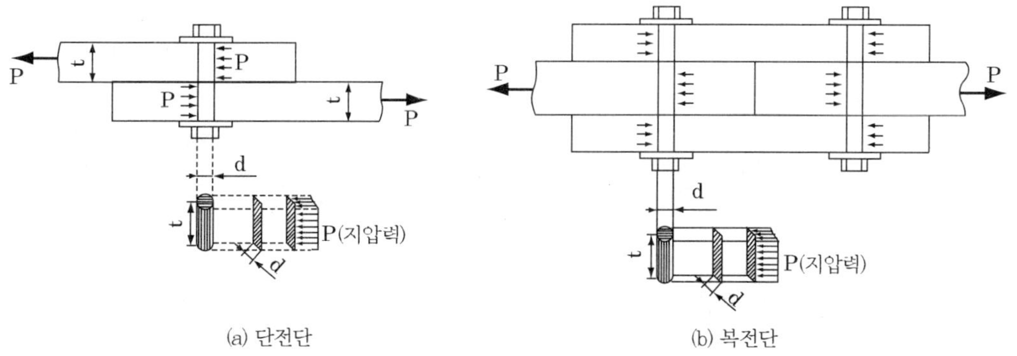

(a) 단전단 (b) 복전단

그림 4-10 지압력의 작용

(3) 인장연결

인장연결에서도 고장력볼트에 높은 체결력을 도입하여 연결재간의 압축력으로 볼트축 방향으로 작용하는 인장력을 상쇄하는 형태로 하중을 전달하게 된다(**그림 4-7** (c)). 즉 연결재간에 압축력이 존재하는 범위에서만 그 기능을 기대할 수 있는 것을 기본개념으로 하고 있다. 그러나 인장력으로 인하여 연결재간에 틈새가 생기거나, 볼트축력이 연결부 강성에 따라 변화하게 되므로 연결재 간에 생기는 응력상태는 연결부 구조에 따라 매우 달라진다. 현재는 건축구조물의 보-기둥 접합부나 강관의 연결부 등에 사용되고 있으나, 강교 량에서는 아직 인장연결에 대한 설계기준이 규정되어 있지는 않다.

3. 고장력볼트의 이음

고장력볼트의 이음에는 **그림 4-11**에서 보여주는 바와 같이 접합하는 재편을 겹치는 겹침 이음(**그림 4-11**(a))과 재편을 서로 맞대고 이 음판을 덧대서 접합하는 맞대기 이음(**그림 4-11**(b),(c))이 있다. 맞대기 이음에서는 이음 판을 한쪽에만 대는 경우와 양쪽에 대는 방법이 있는데, 양쪽에 대는 방법이 힘을 전달함에 있어 대칭이므로 무리가 없고 특히 반복하중을 받은 부재에 적합한 형식이다.

일반적인 교량의 부재에서는 휨모멘트에 의한 인장력, 압축력과 전단력이 각각 단독 혹은 동시에 작용하는데 **그림 4-11**와 같은 부재의 응력도 결국에 위에 기술한 세 종류의 힘으로 분리할 수 있다.

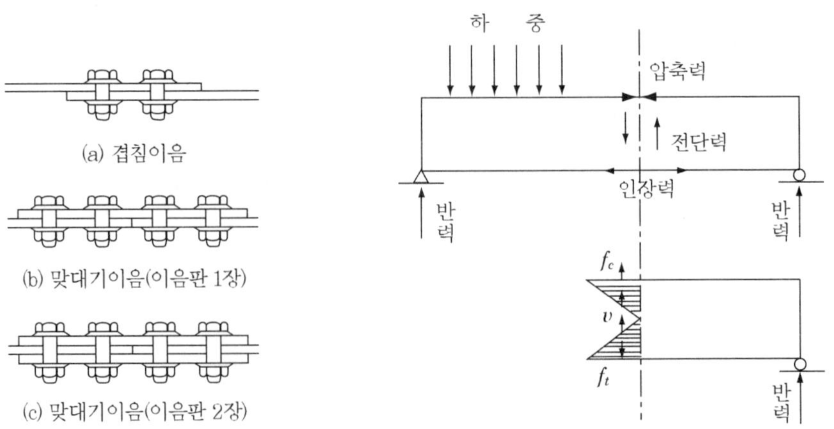

그림 4-11 고장력 볼트의 이음

4.4 고장력볼트에 작용하는 힘

1. 압축재

부재에 압축력이 작용하면 설령 볼트 구멍이 있다 하더라도 볼트가 삽입되어 있으므로 압축력은 부재의 강판을 통하여 볼트에 전달된다. 따라서 총단면적이 유효하다고 보며 부재의 전강으로 이음부를 설계된다. 부재에 압축력이 작용할 때 부재의 전강(full strength) P는 강판의 허용압축응력에 총단면적을 곱한 값이다.

$$P = f_{ca} \times A_g \tag{4.11}$$

여기서 P : 부재의 전강

f_{ca} : 강판의 허용압축응력

A_g : 강판의 총단면적

고장력볼트의 개수 n은

$$n = \frac{P}{\rho_a} \tag{4.12}$$

여기서 ρ_a : 고장력볼트 1개의 허용력

2. 인장재

부재에 인장력이 작용하는 인장재는 항상 볼트 구멍을 뺀 순단면적(net area)으로 계산하며, 부재의 전강은 강판의 허용인장응력(f_{ta})에 순단면적(A_n)을 곱한 값이다.

$$P = f_{ta} \cdot A_n \tag{4.13}$$

볼트 구멍은 볼트 지름에 3mm를 가한 것으로 한다.

고장력볼트의 개수 n 은 식 (4-12)식으로 구한다.

부재의 연결에 사용하는 응력은 작용응력으로 하되 그 값은 모재 허용강도의 75% 이상이어야 한다. 압축부재는 전단면으로 계산하고 인장부재는 볼트구멍을 공제한 순단면으로 계산 한다. 다만 전단력에 대해서는 작용응력을 사용한다.

예제 1 그림과 같은 1-PL180×10의 강판을 ϕ22mm의 볼트로 인장이음 할 때 강판의 전강을 구하라. (다만 강재는 SS400 $f_{ta} = 140Mpa$ 이다)

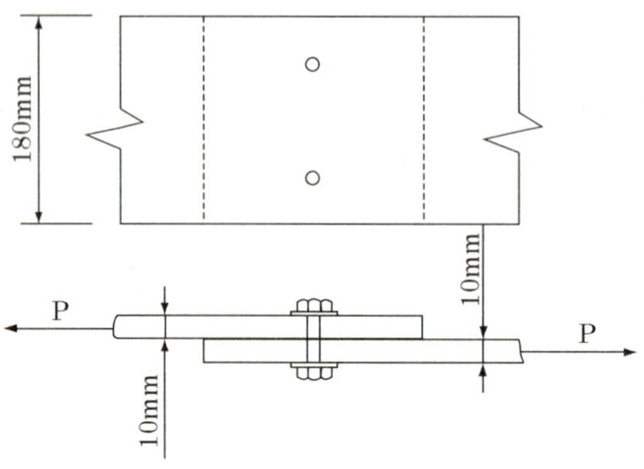

풀이 $P = f_{ta}A_n = f_{ta} \cdot t \cdot b_n = 140 \times 10 \times (180 - 2(22+3)) = 182{,}000\,N = 182\ kN$

예제 2 그림 같이 폭 300mm 두께 12mm인 플랜지에 P=400kN의 압축력이 작용하고 있다. 이 부재의 중앙에 볼트연결부를 설치하고자 할 때 소요되는 볼트 개수를 마찰이음인 경우와 지압이음의 경우에 대하여 구하여라.

(단 강재 SM 570 볼트종류 M22, F8T,)

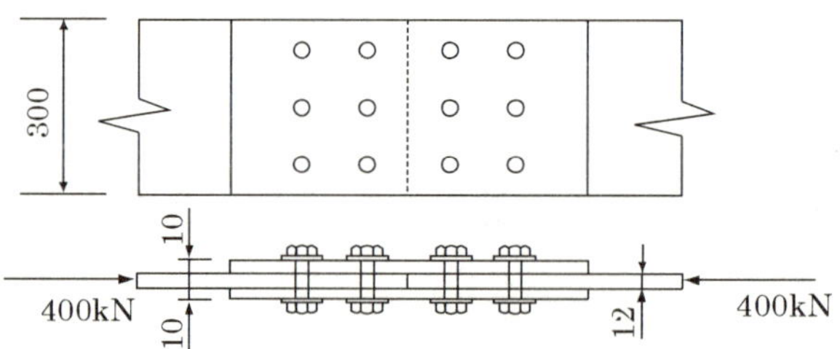

풀이

1) 마찰이음

M22, F8T 에 대하여 1볼트 1마찰면당 허용력 $\rho_a = 39kN$ 이므로

전단파괴에 대한 허용전단력(2면전단이므로) $\rho_a = 2 \times 39 = 78\ kN$

소요볼트 수 : $n = \dfrac{P}{\rho_a} = \dfrac{400}{78} = 5.16 \rightarrow$ 6개 사용

2) 지압이음인 경우

전단파괴인 경우 B8T 지압이음의 허용응력 $v_a = 150Mpa$

전단파괴인 경우(2면전단)

$$\rho_s = 2v_a \cdot \frac{\pi . d^2}{4} = 2 \times 150 \times \frac{3.14 \times 22^2}{4} = 113982N = 113.982kN$$

지압파괴인 경우 SM 570 인 경우 강재의 허용력 $f_{ba} = 460Mpa$

: $\rho_b = f_{ba} . d . t = 460 \times 22 \times 12 = 121,440N = 121.44kN$

따라서 $\rho = \rho_s = 113.982\ \ kN$

소요볼트 수 : $n = \dfrac{400}{113.982} = 3.509 \rightarrow$ 4개사용

따라서 전단파괴로 지배된다 한쪽 면에 볼트수은 6개 사용

맞대기 이음이므로 총볼트수 : $N = 2 \times 6 = 12$개

예제 3 그림과 같이 P=300kN의 인장력이 작용하는 부재(220×15) 중앙에 고장력 볼트를 개수와 모재 및 이음판의 전강을 구하여라.
(단 강재는 SS 400($f_{ta} = 140Mpa$), 볼트는 M22 F10T)

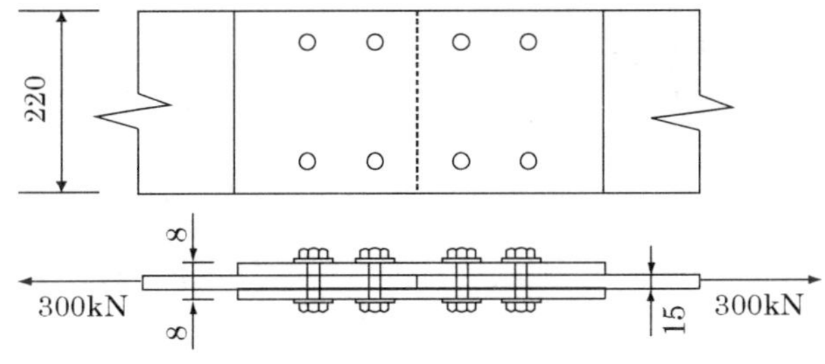

풀이

① 소요 볼트수

2면마찰이음이므로 : $\rho_a = 2 \times 48 = 96\ \ kN$

$$n = \frac{P}{\rho_a} = \frac{300}{96} = 3.12 \rightarrow 4\text{개사용}$$

② 모재의 전강 계산

$$A_n = [22-(2\times 25)]\times 1.5 = 25.5cm^2 = 2{,}550\ mm^2$$

$$P = f_{ta}A_n = 140\times 2{,}550 = 357{,}000N = 357kN \rangle\ 300\ \text{kN}$$

③ 연결판의 전강 계산

$$A_n = [22-(2\times 2.5)]\times 0.8\times 2 = 27.2cm^2 = 2{,}720mm^2$$

$$P = f_{ta}A_n = 140\times 2{,}720 = 380{,}800N = 380.8kN > 300kN$$

(1) 지그재그로 배치된 인장 볼트

인장부재가 지그재그형으로 볼트가 배치되어 있으면 재편의 순폭은 생각하고 있는 단면의 최초의 볼트구멍해서는 그 지름을 빼고 이하 순차적으로 다음 식의 w 은 볼트 구멍에 대하여 뺀다(도설, 3.5.3.7 , 철설 2.3.8).

$$w = d - \frac{p^2}{4g} \qquad (4.14)$$

여기서:

d : 볼트구멍의 지름(볼트의 공칭지름+3mm)

g : 볼트의 간격 (mm)

p : 볼트의 피치

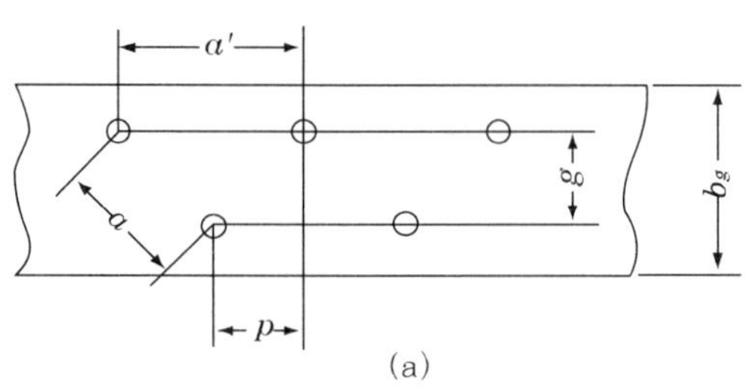

(a)

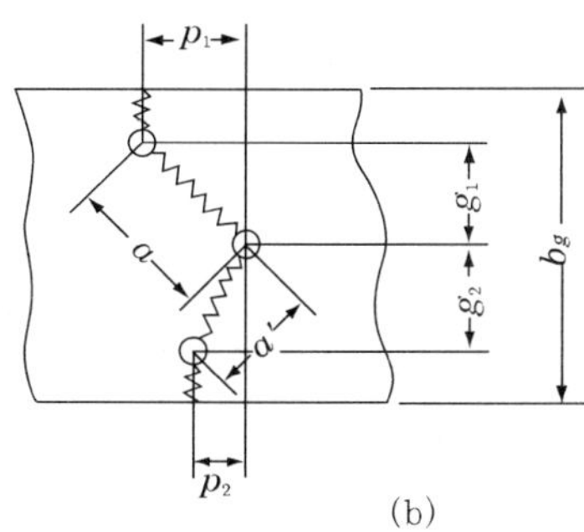

그림 4-12 지그재그로 배치된 볼트

그림 (a)에서

$$b_n = b_g - d - (d - p^2/4g) = b_g - 2d + p^2/4g \quad \cdots\cdots ①$$

그림 (b)에서

$$b_n = b_g - d - (d - p_1^2/4g_1) - (d - p_2^2/4g_2) = b_g - 3d + (p_1^2/4g_1 + p_2^2/4g_2) \quad \cdots ②$$

또 T형, H형 등 조립단면의 순단면적은 각 재편마다 위 방법으로 구한 순단면적의 총합으로 하고 압연형재의 경우에도 이것에 준하는 것으로 한다.

(2) L형강 및 ㄷ형강

그림 4-13에 표시한 봐와 같이 전개한 모양에 때하여 순단면적을 산출한다.

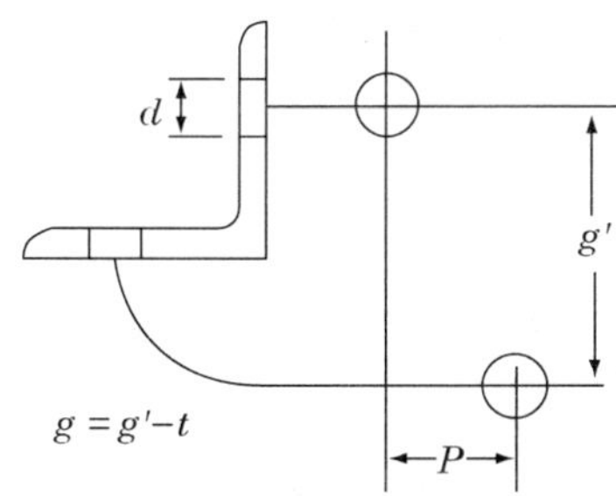

그림 4-13 L형강의 전개방법

여기서 :

g : L형강 뒷변에 따라 잰 볼트 선간 거리(mm)

t : L형강 다리의 두께)mm)

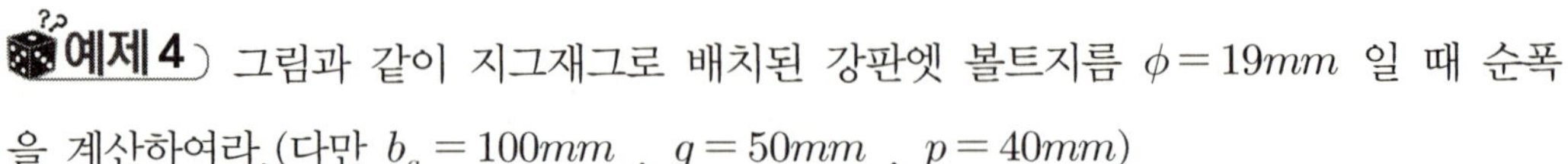

예제 4 그림과 같이 지그재그로 배치된 강판엣 볼트지름 $\phi = 19mm$ 일 때 순폭을 계산하여라.(다만 $b_g = 100mm$, $g = 50mm$, $p = 40mm$)

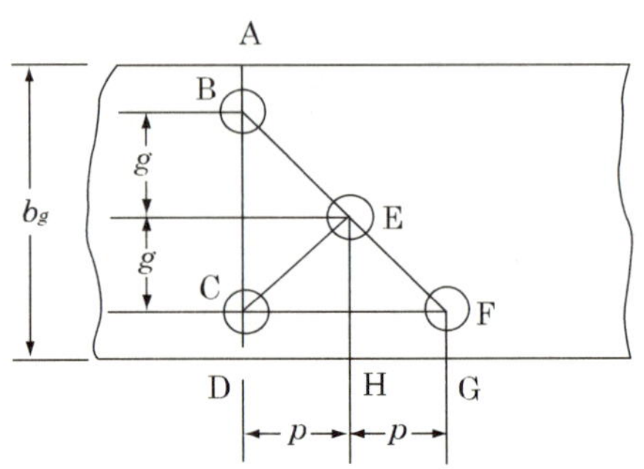

풀이 단면 ABCD : $b_n = b_g - 2d = 160 - 2(19+3) = 116mm$

단면 ABEH : $b_n = b_g - 2d + \dfrac{p^2}{4g} = 160 - 2 \times 22 + \dfrac{1,600}{4 \times 50} = 124mm$

단면 ABECD : $b_n = b_g - 3d + 2 \times \dfrac{p^2}{4g} = 160 - 3 \times 22 + 2 \times \dfrac{1,600}{4 \times 50} = 110mm$

단면 ABEFG : $b_n = b_g - 3d + 2 \times \dfrac{p^2}{4g} = 110mm$

따라서 $b_g = 110mm$ 이다.

예제 5 그림과 같은 L형강에서 순폭을 계산하여라.

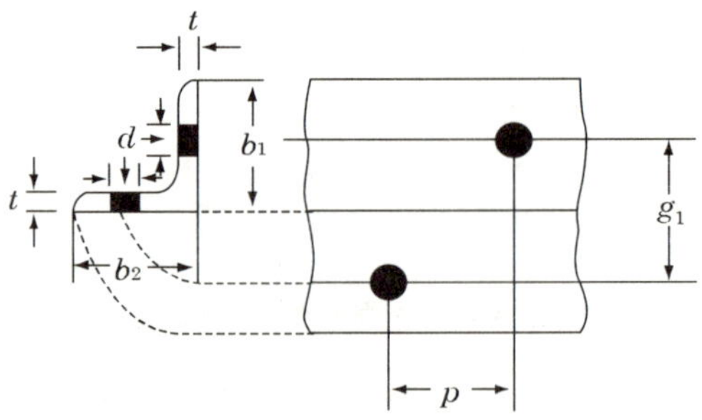

$\dfrac{p^2}{4g} \leq d$ 인 경우

$$b_n = b - d - (d - \frac{p^2}{4g}) = b - 2d + \frac{p^2}{4g}$$

$p^2/4g \geq d$ 인 경우

$$b_n = b - d$$

여기서 $b = b_1 + b_2 - t$, $g = g_1 - t$

예제 6 그림과 같은 강관의 전강을 구하여라.(다만 $\phi 22mm$, 강판두께 10mm 강판의 $f_{ta} = 140Mpa$)

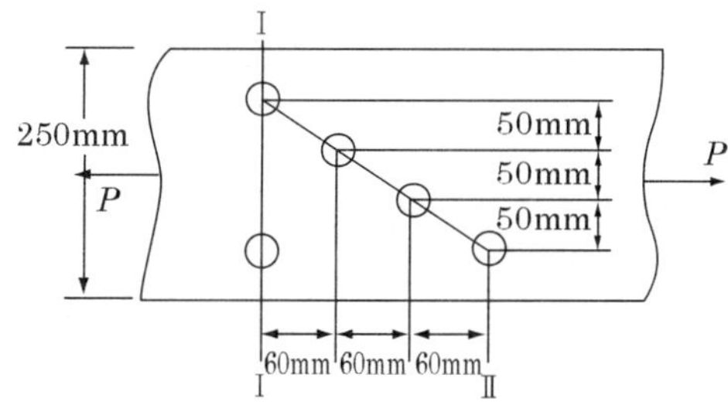

풀이 I－I 단면의 순폭

$$b_n = 250 -- 2(22+3) = 200mm$$

I－ Ⅱ 단면의 순폭

$$b_n = 250 - 4(22+3) + 3 \times \frac{60^2}{4 \times 50} = 204mm$$

$$\therefore P = f_{ta} \cdot A_n = 140 \times b_n \times t$$

$$= 140 \times 200 \times 10 = 280,000N = 280kN$$

예제 7 그림과 같은 플레이트형(plate girder)에 이음위치에서 모멘트 M= 1676 kN.m 작용시 압축이음 및 인장이음을 설계하여라. 강재는 AM 400이고 M22 F8T 설계하여라.

압축이음판 및 인장이음판은 1-pl 380×10 = 38cm^2 2-pl 160×12=38.4cm^2이다.

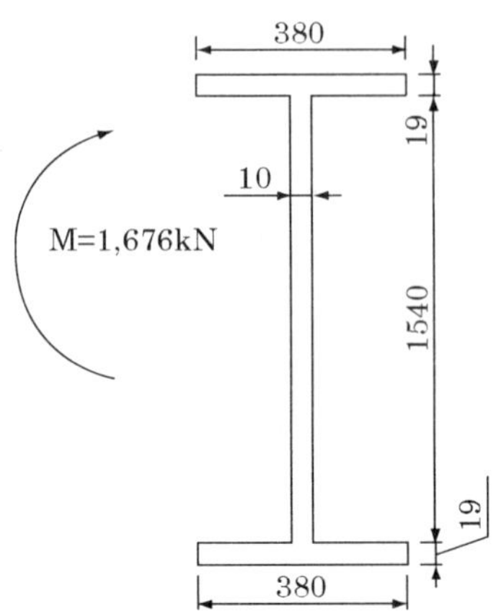

풀이 단면2차모멘트 : $I=\dfrac{38\times157.8^3}{12}-\dfrac{37\times154^3}{12}=1,181,800\,cm^4$

단면계수 : $Z=\dfrac{1,181,800}{78.9}=14,978cm^3$

(1) 상부플랜지의 이음

압축측 플랜지에 발생하는 압축응력

$$f_c=\frac{M}{Z}=\frac{167,600,000}{14,978}=11,189N/cm^2=111.9\ \ N/mm^2=111.9Mpa$$

허용응력도(AMA 400)의 70% : $140\times0.75=105\,Mpa< f_c=111.9Mpa$

계산에 쓰이는 허용응력도은 $f_a=111.9Mpa$ 로 한다.

이음판의 단면적 :

$1-pl\ \ :\ \ 380\times10=38\,cm^2$

$2-pl\ \ :\ \ 160\times12=38.4\ \ cm^2$

$A_s=38+38.4=76.4\,cm^2>\ \ A_f=38\times1.9=72.2\,cm^2=7,220mm^2$

M22 F8T 의 고장력 볼트 : $\rho_a=39kN$ 이므로

압축플랜지는 2면 마찰이므로 : $\rho_a = 2 \times 39 = 78kN$

플랜지에 작용하는 설계력 :

$P = f_a \times A_f = 111.9 \times 7,220 = 807,918\,N = 807.918kN$

필요한 볼트 수 : $n = \dfrac{807.918}{78} = 10.35$ 개→ 12 개

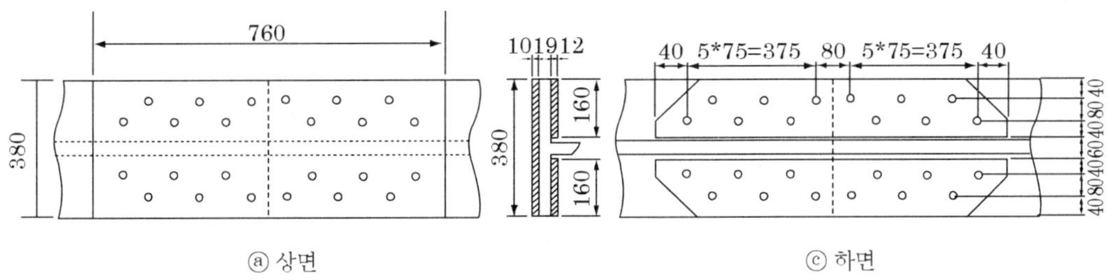

압축플랜지의 이음

(2) 하부플랜지

하부플랜지은 인장을 받는다. 볼트은 지그재그로 체결 되였으므로 순폭 b_n을 구하여 작은 쪽의 폭을 취한다.

볼트구멍 d은 M22를 쓰기 때문에 d+3=25mm로 한다.

순폭계산

병렬 이음 : $b_n = b_g - 2d = 38 - 2 \times 25 = 33cm$

지그재그 이음 : $b_n = b_g - d - (d - \dfrac{p^2}{4g}) - d - (d - \dfrac{p^2}{4g}) = b_g - 4d + 2 \times \dfrac{p^2}{4g}$

$$= 38 - 4 \times 2.5 + 2 \times \frac{7.5^2}{4 \times 7} = 32.01cm$$

따라서 ∴ $b_n = 32.01cm$ 사용

인장측 플랜지에 발생하는 인장응력 :

$$f_t = \frac{M_s}{Z_s} \cdot \frac{b_g}{b_n} = \frac{16,760,000}{14,978} \frac{38}{32.01} = 13283.67N/cm^2$$

$$= 132.83N/mm^2 = 328.3Mpa < \ f_{ta} = 140Mpa$$

허용응력도의 75% : $140 \times 0.75 = 105 Mpa < \ 132.83 Mpa$

플랜지의 순단면적 : $A_n = b_n \times t_f = 32.01 \times 1.9 = 60.819 cm^2 = 6,081.9 mm^2$

플랜지에 작용하는 설계력 :

$$P = f_t \times A_n = 132.83 \times 6,081.9 = 807,858.77 N = 807.858 kN$$

필요한 볼트수 : $n = \dfrac{807.858}{78} = 10.35$개 → 12개

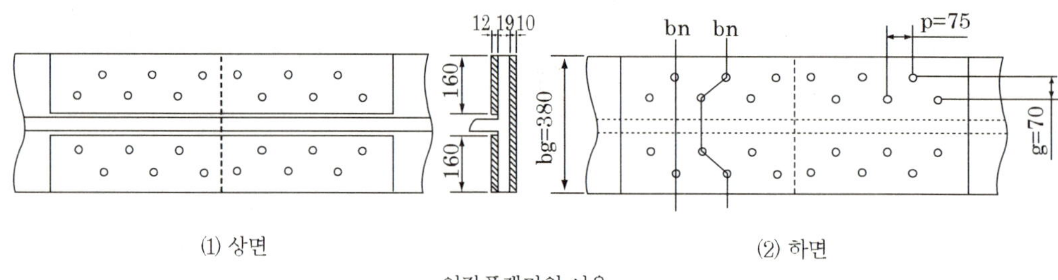

인장플랜지의 이음

3. 복부 판의 이음

복부 판은 플랜지의 부근은 모멘트가 크고 중립축 부근에서는 전단력이 크다. 따라서 복부 판의 이음에서는 모멘트에 의한 영향이 큰 부분인 복부의 상부 와 하부 부분에 모멘트 판과 복부부분에 전단력이 큰 전단 판의 2종의 이음 판을 쓴다. 지간이 작아 휨모멘트가 작은 형의 경우는 1장의 이음 판으로도 한다. 복부판의 이음에서는 도심 축에서 가장 먼 볼트에 작용하는 휨응력(f)와 전단응력(v)와의 합응력 ($R = \sqrt{f^2 + v^2}$)을 구하고 이 R과 ρ_a을 비교하여 안전을 확인한다. 이때 볼트에 작용하는 휨응력(f)은 복부판에 작용하는 휨모멘트를 계산하여 볼트군의 단면계수 (Z_R) 로 나누어 구한다.

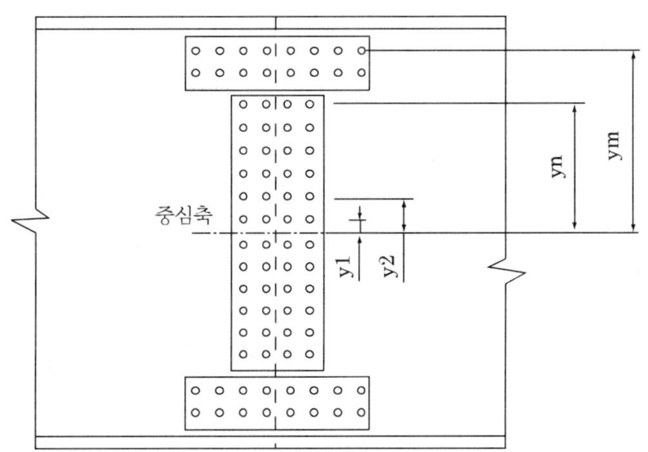

그림 4-14 전 볼트의 단면2차모멘트

$$\rho = \frac{M}{\sum y_i^2} \cdot y_i \leq \frac{y_i}{y_m} \rho_a \tag{4.15}$$

여기서 :

ρ : 볼트1개에 작용하는 힘 (kN)

ρ_a : 볼트1개의 허용력(kN)

M : 휨모멘트(kN.m)

y_i : 볼트로부터 중심축까지의 거리(mm)

$\sum$: 접합선의 한쪽 편에 있는 볼트군의 집합

y_n : 가장자리 볼트의 중심축으로부터 거리. 다만, 같은 연결부의 플랜지를 볼트로연결한 경우에는 중심축으로부터 플랜지의 압축연 또는 인장 연까지의 거리(mm)

볼트군의 도심 축에 대한 단면2차모멘트

$$\left. \begin{aligned} I = & 2(\text{좌우}) \times 2(\text{상하}) \times [n(\text{전단판의열수})(y_1^2 + y_2^2 + .. + y_n^2) \\ & + m(\text{모멘트판의열수})(y_{n+1}^2 + y_{n+2} + . . + y_m^2)] \end{aligned} \right\} \tag{4.16}$$

단면2차모멘트 : $I_x = I_o + A \cdot y^2$ 이나 볼트의 도심 축에 단면2차모멘트는 미소하므로

생략하고 볼트의 단면적을 1 로 보았다.

따라서 도심에서 모멘트판 및 전단판의 단면2차모멘트은 : $I_0 = \sum y_i^2$ 이다.

이음볼트의 배치가 도심 축으로부터 가장 먼 볼트에 작용하는 휨응력(f)와 전단응력(v)와의 합력(R)을 식 (4.10)과 같이 구하여 R과 ρ_a을 비교하여 안전을 확인한다.

$$R = \sqrt{f^2 + v^2} < \rho_a \tag{4.17}$$

이때 볼트에 작용하는 휨응력(f)은 복부 판의 전강모멘트(M_w)을 볼트군의 단면계수로 나누어 구한다.

예제 8 그림과 같은 대칭 I형단면에서 이음 단면에 저항모멘트 $M_r = 2{,}380\,kN.m$ 전단력 V=200kN 이 작용하고 주거더 단면의 단면2차모멘트 $I = 1{,}390{,}000cm^4$ 복부 판의 단면2차모멘트 $I_w = 340{,}000cm^4$ 복부 판의 이음은 M22 F8T로 하였다. 복부 판에서 가장먼 볼트의 안전성을 검토하여라. 강재는 SM 400 으로 하였다.

풀이 그림과 같이 모멘트판 및 전단판에 볼트를 체결하고 중심축에서 가장 먼 볼트의 합성력을 검토한다.

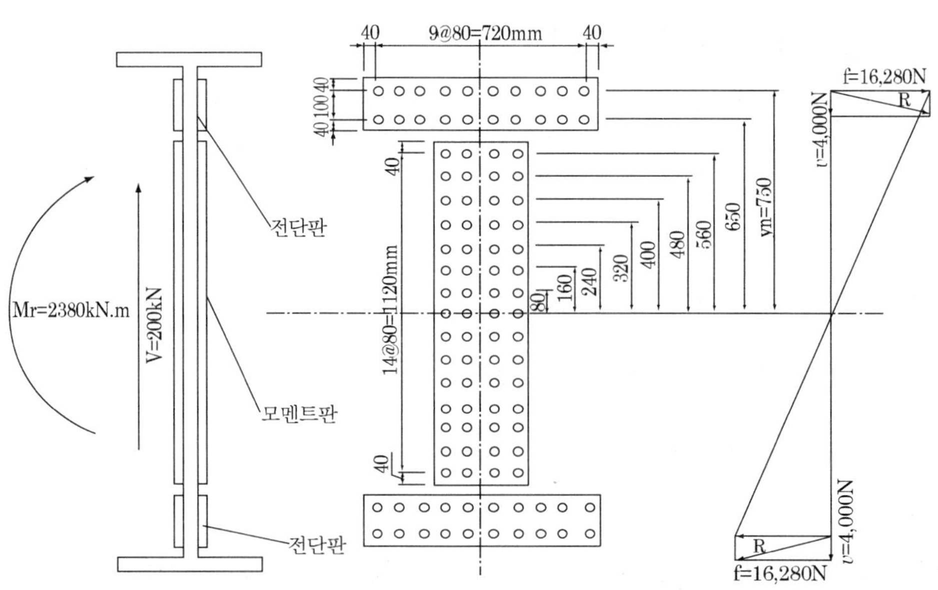

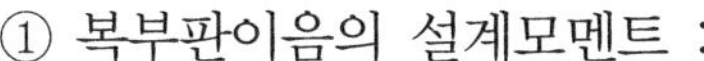
① 복부판이음의 설계모멘트 :

$$M_w = M_r \frac{I_w}{I} = 2,380 \times \frac{340,000}{1,390,000} = 583\,kN.m = 58,300,000\,N.cm$$

② 볼트군의 단면2차모멘트 :

$$I_x = 4[n(y_1^2 + y_2^2 + y_3^2 + y_4^2 + y_5^2 + y_6^2 + y_7^2) + m(y_8^2 + y_8^2)]$$

$$= 4[2(8^2 + 16^2 + 24^2 + 32^2 + 40^2 + 48^2 + 56^2) + 5(65^2 + 75^2)] = 268,680cm^4$$

③ 상단 볼트의 단면계수 : $Z_R (= Z_{ru} = Z_{rl}) = \frac{I_x}{y_n} = \frac{268,680}{75} = 3,582cm^3$

④ 가장먼 볼트의 휨응력 :

$$f = f_u = f_l = \frac{M_w}{Z_R} = \frac{58,300,000}{3,582} = 16,275N/cm^2 = 162.75N/mm^2$$

⑤ 전단응력 : $v = \frac{V}{n} = \frac{200,000}{50} = 4000N/cm^2 = 40N/mm^2$

⑥ 가장먼 볼트의 합성력 :

$$R = R_u = R_l = \sqrt{f^2 + v^2} = \sqrt{162.75^2 + 40^2} = \sqrt{28,087.58} = 167.6N < \rho_a = 390N$$

충분히 안전함

(1) 플레이트거더 복부판 이음(철도교 제2장, 7.3.5)

① 플레이트거더의 복부판 이음에는 이음 판을 복부 판의 양쪽에 대고, 이음선의 좌우 양쪽에는 2열 이상의 고장력 볼트를 사용해야 한다.

② 복부 판의 수직이음은 휨모멘트에 의한 작용력과 휨모멘트에 의한 작용력의 합력에 대해서 검산하는 것으로 한다.

이 경우 원칙적으로 고장력 볼트에 작용하는 힘은 다음 식으로 산출하고, 피로의 영향은 고려하지 않아도 좋다.

$$R_1 = \frac{P_i}{n_i} \le \rho_a \qquad (4\text{-}18)$$

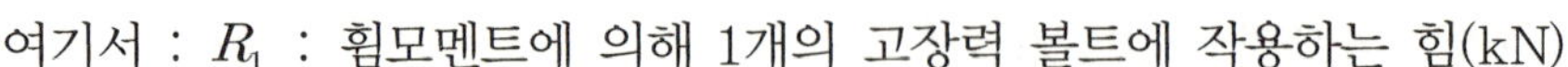

여기서 : R_1 : 휨모멘트에 의해 1개의 고장력 볼트에 작용하는 힘(kN)

P_i : i열째 이음선의 한쪽에 있는 볼트군 에 작용하는 힘(kN)(**그림 4-15** 참조)

n_i : i열째 이음선의 한쪽에 있는 볼트군의 볼트 개수

ρ_a : 고장력 볼트의 기본허용응력(표 4-6)

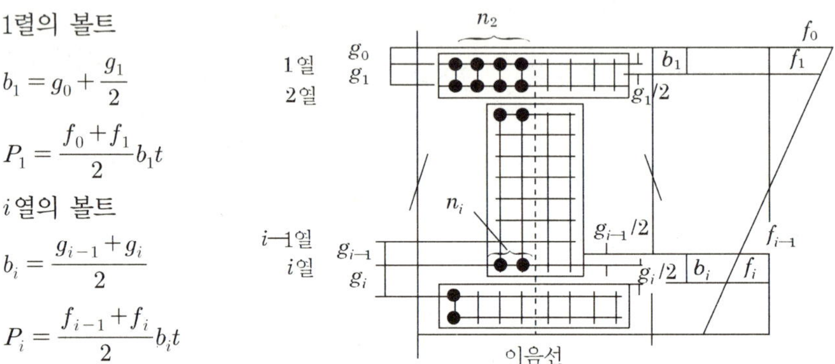

그림 4-15 볼트에 작용하는 힘

여기서, t는 판두께

(2) 전단력과 휨모멘트에 의해 고장력 볼트에 작용하는 힘

전단력과 휨모멘트에 의해 i열에 있는 1개의 고장력볼트에 작용하는 힘(kN)은 다음과 같다.

$$R_2 = \sqrt{\left(\frac{V}{n}\right)^2 + R_1^2} \leq \rho_a \tag{4.19}$$

여기서, R_2 : 전단력과 휨모멘트에 의해 i열에 있는 1개의 고장력볼트에 작용하는 힘(kN)

V : 이음위치에 대한 최대 전단력(kN)

n : 이음선의 한쪽에 있는 복부판 연결용 고장력볼트의 총수

R_1 : 휨모멘트에 의해 1개의 고장력볼트에 작용하는 힘(kN)

ρ_a : 고장력 볼트의 기본허용응력(**표 4-5**)

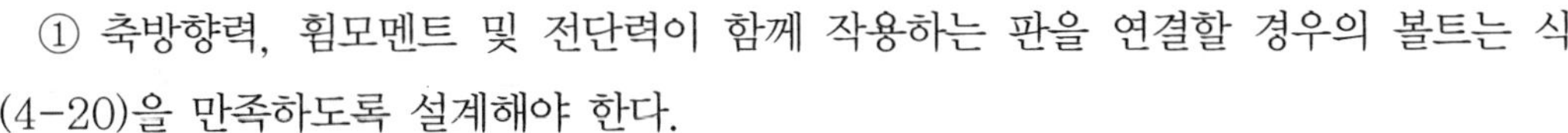

① 축방향력, 휨모멘트 및 전단력이 함께 작용하는 판을 연결할 경우의 볼트는 식(4-20)을 만족하도록 설계해야 한다.

$$\sqrt{(\rho_p + \rho_m)^2 + \rho_s^2} \le \rho_a \qquad (4.20)$$

여기서 :

ρ_p : 축방향력에 의한 볼트1개의 작용력(kN)

ρ_m : 휨모멘트에 의한 볼트 1개의 작용력(kN)

ρ_s : 전단력에 의한 볼트 1개의 작용력(kN)

ρ_a : 볼트 1개의 허용력(kN)

② 휨에 의한 전단력을 받는 판을 수평방향으로 연결하는 경우는 식(4-21)을 만족하도록 설계하도록 설계해야 한다.

$$\rho_h = \frac{VQ}{I} \cdot \frac{p}{n} < \rho_a \qquad (4.21)$$

여기서 :

ρ_h : 수평방향으로 연결하는 볼트에 작용하는 힘(kN)

V : 계산하는 단면에 작용하는 전단력(kN)

Q : 부재 총단면의 중립축에 대한 전단력을 계산하는 접합선 외측의 단면1차모멘트(mm^3)

I : 부재 총단면의 중립축에 대한 단면2차모멘트(mm^4)

p : 볼트의 피치(mm)

n : 접합 선에 직각 방향의 볼트수

ρ_a : 볼트 1개의 허용력(kN)

예제 9 그림과 같은 이음 단면에서 주형단면2차모멘트 $I = 4{,}812{,}516 cm^4$이고 도심의 위치는 $y_u = 104.72cm$ $y_b = 102.48cm$이다. 전단력 V=453,860 N이 작용시 전단력에 의해 발생하는 볼트의 힘을 구하여라.

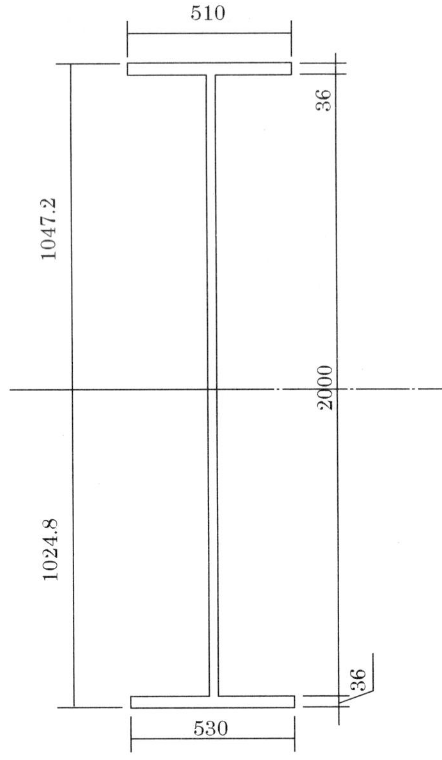

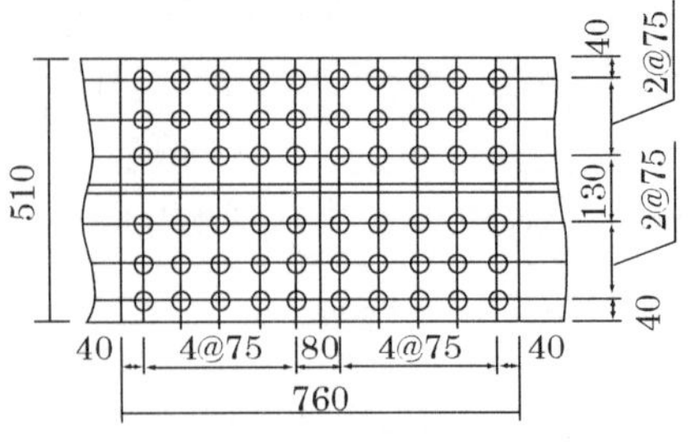

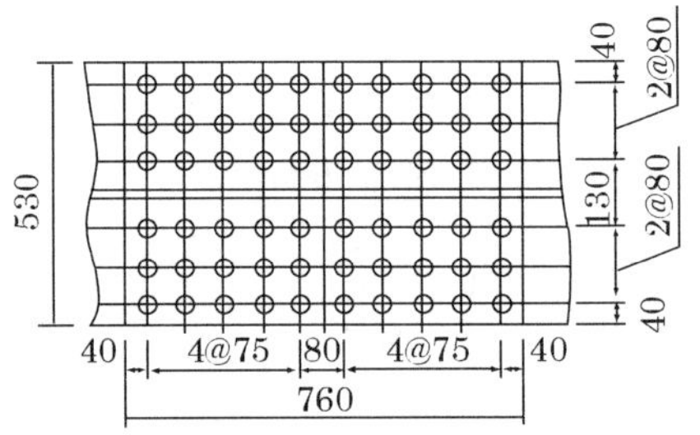

풀이

① 상부플랜지

단면1차모멘트 : $Q = 51 \times 3.6 \times (104.72 - 1.8) = 18,896.11cm^3$

$$\rho_h = \frac{V.Q}{I} . \frac{p}{n} = \frac{453,860 \times 18,896.11}{4,812,516} \times \frac{7.5}{5} = 2,673.1N/\text{개}$$

② 하부플랜지

순단면적 : $A_n = 53 \times 3.6 - 6 \times (2.5 \times 3.6) = 136.8cm^2$

단면1차모멘트 : $Q = 136.8 \times (102.48 - 1.8) = 13,773cm^3$

$$\rho_h = \frac{V.Q}{I} \times \frac{p}{n} = \frac{453,860 \times 13,773}{4,812,516} \times \frac{7.5}{5} = 1,948.3N/\text{개}$$

(3) 복부 이음 판 두께 t_s의 결정

이음 판의 두께 t_s의 결정에서는 다음의 2가지 조건을 만족시켜야 한다.

① 이음 판이 1매로 이루어진 경우

ⓐ 복부의 단면2차모멘트(I_w) $\leq$ 이음 판의 단면2차모멘트(I_s)

$\frac{t_w h_w^3}{12} \leq \frac{2t_s h_s^3}{12}$ 에서

$$t_s \geq \frac{t_w}{2}\frac{h_w^3}{h_s^3} \tag{4.22}$$

ⓑ 복부의 단면적 (A_w) $\leq$ 이음 판의 단면적 (A_{sp})에서

$2 \times t_s \times h_s \leq t_w \cdot h_w$ 에서

$$t_s \geq \frac{t_w}{2}\frac{h_w}{h_s} \tag{4.23}$$

이음 판의 두께는 식 (4-22), 식(4-23) 식중 큰 값을 취한다.

② 모멘트판과 전단 판이 분리된 경우

■ 모멘트판 이음 판의 두께 (t_s)

ⓐ 복부의 단면2차모멘트(I_w) $\leq$ 이음 판의 단면2차모멘트(I_s)

$\frac{t_w h_w^2}{12} \leq 4(\frac{t_w h_s^3}{12} + h_s t_s y^2)$ 에서

$$t_s \geq \frac{t_w h_w^3}{4h_s(h_s^2 + 12y^2)} \tag{4.24}$$

■ 전단 판 이음 판의 두께($t_s{'}$)

ⓑ 복부의 단면적 (A_w) $\leq$ 이음 판의 단면적 (A_{sp})에서

$2 \times t_s{'} \times h_s{'} \leq t_w \cdot h_w$ 에서

$$t_s{'} \geq \frac{t_w}{2}\frac{h_w}{h_s{'}} \tag{4.25}$$

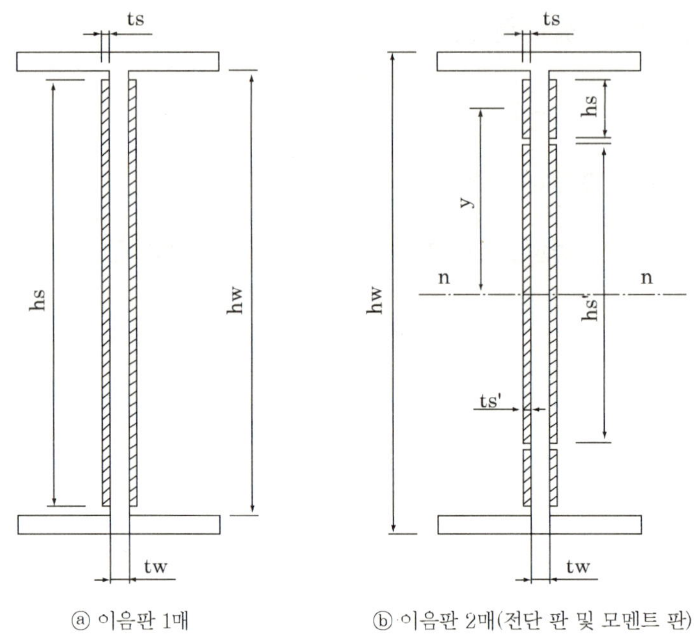

그림 4-16 복부 이음 판의 배치

4. 철도교 설계기준에 따른 볼트의 설계(철도교 제2장, 7.3.4)

(1) 볼트의 맞이음 또는 겹이음에 인장력, 압축력 또는 전단력이 작용하는 경우 각 볼트에 발생하는 응력은 다음 식에 의해 산출하는 것으로 한다.

$$\rho = \frac{P}{n} \le \rho_a \tag{4.26}$$

여기서, ρ : 볼트1개에 작용하는 힘 (kN)

P : 이음부에 작용하는 힘(kN)

n : 이음에 사용한 볼트의 수

ρ_a : 볼트 1개의 허용력 (kN)

(2) 지압이음용 고장력볼트의 허용력은, 그 공칭지름에 따라 허용전단력과 허용지압력을 계산하고, 그 가운데 작은 쪽의 값으로 한다.

볼트의 유효지압면적은 공칭지름과 지압을 받는 강재의 두께와의 곱으로 한다. 볼트의 유효지압면적을 계산할 때 접시머리부는 그 깊이의 1/2를 유효한 것으로 한다(**그림 4-14**).

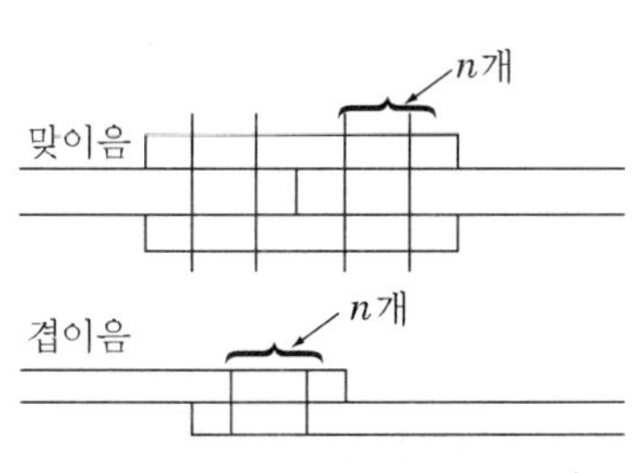

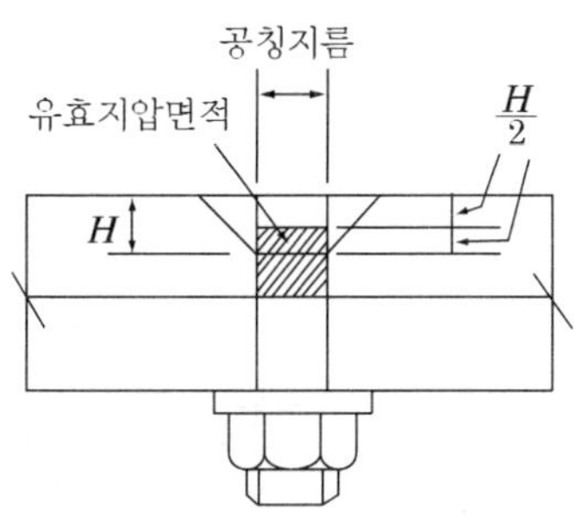

ⓐ 응력계산에 사용되는 볼트의 수　　ⓑ 접시머리 볼트의 유효지압면적

그림 4-17 볼트수 및 지압면적

예제10 그림과 같이 보에 최대휨모멘트 $M_{max} = 6180kN.m$ 최대전단력 $S_{max} = 353kN$ 받은 복부판이음에서 볼트에 작용하는 힘을 검토하여라. 단면형상은 1-U Flg $41 \times 3cm$ 1-Web $190 \times 0.9cm$ 1-L Flg $41 \times 3cm$ 강재은 SM 570이고 볼트은 M22 F10T 이다.

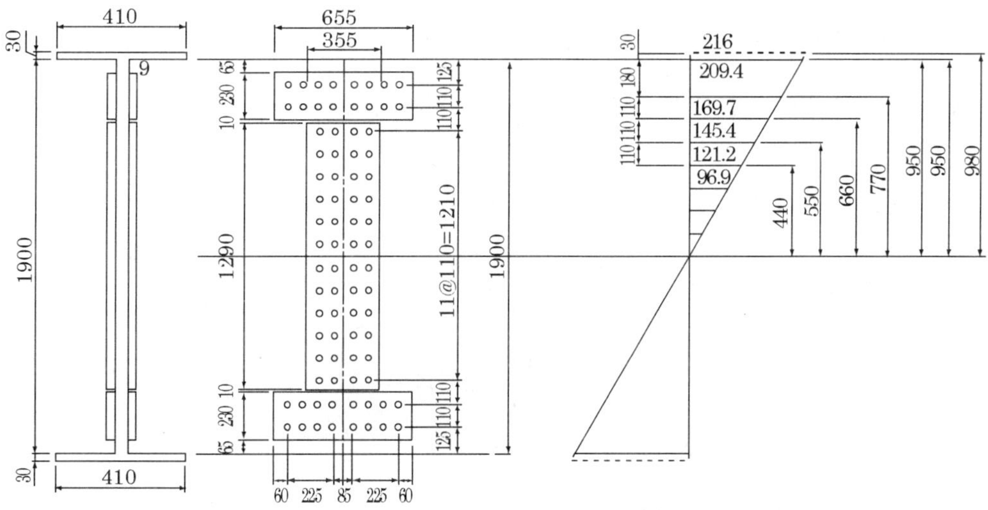

풀이

2면전단이므로 $\rho_a = 2 \times 48 = 96kN$ (M22, F10T의 허용력 $\rho_a = 48kN$)

① 이음부의 단면성질

단면2차모멘트 : $I = \dfrac{41 \times 196^3}{12} - \dfrac{40.1 \times 190^3}{12} = 2,805,423cm^4$

도심위치 : 상, 하 플랜지 : $y = y_u = y_t = 98.0cm$, 복부 : $y_w = 95cm$

② 단면의 강도

플랜지 상연응력 :

$$f_u = \frac{M_{\max}}{I} y_u = \frac{618,000,000}{2,805,423} \times 98 = 21,588N/cm^2 = 216N/mm^2$$

복부 상부응력 :

$$f_u = \frac{M_{\max}}{I} y_w = \frac{618,000,000}{2,805,423} \times 95 = 20,940N/cm^2 = 209.4N/mm^2$$

전단응력 : $v = \dfrac{S}{A_w} = \dfrac{353,000}{0.9 \times 190} = 2,064N/cm^2 = 20.64N/mm^2$

③ 볼트에 부담하는 응력 계산

복부 판 상부의 응력이 209.4 Mpa이므로
볼트간 중간응력은 비례식에 의하여 구할 수 있다.

1열과 2열 사이에서의 응력 : $f_1 = \dfrac{770}{950} \times 209.4 = 169.6Mpa$

2열과 3열 사이에서의 응력 : $f_2 = \dfrac{660}{950} \times 209.4 = 145.4Mpa$

3열과 4열 사이에서의 응력 : $f_3 = \dfrac{550}{950} \times 209.4 = 121.2Mpa$

4열과 5열 사이에서의 응력 : $f_4 = \dfrac{440}{950} \times 209.4 = 96.9Mpa$

이하 응력의 값이 점차 작아지므로 생략한다.

④ 볼트에 작용하는 힘의 계산

상측 제1열 4개의 힘 :

$$P_{1=} \frac{1}{2}(f_0 + f_1) \times b_w{}' \times t_w = \frac{1}{2}(209.43 + 169.6) \times 180 \times 9 = 306.909N$$

볼트1개가 작용하는 힘 :

$$\rho_{p1} = \frac{P_1}{n} = \frac{306.909}{4} = 76,277N/\text{개당} = 77kN/\text{개당} < \rho_a = 96kN/\text{개당}$$

상측 제2열 4개의 힘 : $P_2 = \frac{1}{2}(169.6 + 145.4) \times 110 \times 9 = 155,9254N$

볼트1개가 작용하는 힘 :

$$\rho_{p2} = \frac{P_2}{n} = \frac{155,25}{4} = 38,981N/\text{개} = 39N/\text{개} < \rho_a = 96kN/\text{개당}$$

복부 제3열 2개의 힘 : $P_3 = \frac{1}{2}(145.4 + 121.2) \times 110 \times 9 = 131,967N$

볼트1개가 작용하는 힘 :

$$\rho_{p3} = \frac{P_3}{n} = \frac{131,967}{2} = 65,989N/\text{개} = 66kN/\text{개} < \rho_a = 96kN/\text{개당}$$

복부 제4열 2개의 힘 : $P_4 = \frac{1}{2}(121.2 + 96.9) \times 110 \times 9 = 107,959N$

볼트1개가 작용하는 힘 :

$$\rho_{p4} = \frac{P_4}{2} = \frac{107,959}{2} = 53,979N/\text{개} = 54kN/\text{개} < \rho_a = 96kN/\text{개당}$$

이하부분은 응력이 작으므로 만족한다.

⑤ 플랜지 전강검토

상부볼트위치에서 응력은 216 Mpa 이므로

$260 \times 0.75 = 195Mpa < 216Mpa$ 이므로 216 Mpa로 설계한다.

볼트에 작용하는 힘의 계산 : $\rho_a = 2 \times 48 = 96kN/\text{개}$

⑥ 전단력에 의한 볼트작용력

그림에서 볼트수은 40 개(1면)

$$\rho_s = \frac{S_{\max}}{n} = \frac{353,000}{40} = 8,825N/\text{개} = 8.8kN/\text{개}$$

⑦ 합성력에 의한 검토

$$\rho = \sqrt{\rho_p^2 + \rho_s^2} = \sqrt{77^2 + 8.8^2} = 77.5kN < \rho_a = 96kN$$

5. 볼트의 배치 및 기타 규정

(1) 볼트의 배치

볼트로 조여진 부재의 재편이 전단파괴나 벌어짐 파괴가 일어나지 않도록 볼트의 최소 중심간거리(**표 4-7**), 최대중심간거리(**표 4-8**, 최소연단거리(**표 4-9**)등 여러 가지 규정이 도로교 설계규준이나 철도교 설계규준 제2편 강교 편에 규정되어 있다.

표 4-7 볼트 최소 중심 간격(mm)

볼트의 호칭	최소 중심간격
M 24	85
M 22	75
M 20	65

표 4-8 볼트의 최대 중심 간격(mm)

볼트의 호칭	최대중심간격(이음 또는 조립압축 부재)		
	피치(p)		선간거리(g)
M 24	170	$12t$, 지그재그인 경우는 $15t - \frac{3}{8} \cdot g$ 다만, $12t$ 이하	$24t$ 다만, 300이하
M 22	150		
M 20	130		

여기서, t는 외측판 또는 형강의 두께(mm)

인장부재를 이음하는 볼트의 응력방향 최대 중심간격은 $24t$로 하되, 300mm를 초과해서는 안 된다.

표 4-9 볼트의 최소 연단거리

볼트 호칭	전단연단, 수도가스 절단연단(mm)	압연연단, 다듬질연단, 자동가스 절단연단(mm)
M 24	42	37
M 22	37	32
M 20	32	28

볼트의 중심으로부터 재편이 겹쳐지는 부분의 연단까지의 최대거리는 표면판 또는 형강 두께의 8배로 한다. 다만, 150mm를 초과해서는 안 된다.

L형강에 아용되는 볼트의 지름은 L형강의 다리길이에 따라 다음 표에 나타낸 값을 초과해서는 안 된다.

표 4-10 L형강에 사용하는 볼트(철설, 제2편, 7.3.13 참조)

L형강 다리길이(mm)	주요부재	2차 부재
	볼트 호칭	볼트 호칭
100 이상	M 24	M 24
90	M 22	M 24
75	M 20	M 22

(2) 볼트이음의 제 규정

① 마찰이음에 쓰이는 볼트, 너트 및 와셔는 KS B 1010에 규정한 제1종 및 제2종의 M 20, M22 및 M24를 사용하는 것을 표준으로 한다.

② 볼트 길이는 부재를 충분히 체결할 수 있도록 선택해야 한다. 특히 지압이음에 있어서는 나사부가 전단면(剪斷面)에 걸려서는 안 된다.

③ 부재의 순단면을 계산하는 경우의 볼트구멍은 공칭지름에 3mm를 더한 것으로 한다.

④ 접시머리 볼트에 대해서는 그 단면형을 고려하여 공제단면적을 정한다.

⑤ 한 이음에서 2개 이상의 고장력볼트를 사용해야 한다.

4.5 용접이음

1. 개설

용접은 고열을 이용하여 금속을 국부적으로 녹여 양쪽 모재를 결합하는 것을 말하며, 소형 구조물에서는 가스용접과 전기저항용접이 쓰이지만 강구조물, 특히 강교에서 금속 아크용접이 상용되고 있다.

용접이음을 다른 용접과 비교할 때 그 장 · 단점은 다음과 같다.

■ 장점

① 이음부에서 이음판과 같은 강재가 필요 없고, 부재를 직접 이을 수 있으므로 재료가 절약되는 동시에 단면이 간단해진다.

② 볼트나 리벳구조이므로 인한 인장재 단면적이 감소되지 않기 때문에 강도의 저하가 없고, 아울러 경비와 시간이 절약된다.

③ 리벳팅 작업에 따른 소음을 내지 않는다.

■ 단점

① 용접은 국부적으로 가열되므로 냉각 후에도 변형이나 응력이 남게 된다. 따라서 설계 및 제작 시에는 이 점에 주의해야 한다.

② 용접은 내부검사가 간단하지 않다(X-레이 검사 등을 사용한다)

③ 용접구조는 볼트나 리벳구조에 비해 강하게 되므로 응력집중이 일어나기 쉽다.

2. 용접의 종류

용접 법은 전기적 에너지를 이용하는 아크용접(arc welding)과 화학적 에너지를 이용하는 가스용접(gas welding) 전기저항용접으로 나눌 수 있다.

(1) 아크용접

강교량의 공장제작에는 주로 아크용접이 사용되며 피복(shielded)아크용접과 서브머지드(submerged)아크용접 그리고 가스실드(gas shield)아크용접 등이 대부분을 차지하고 있다. 이러한 세 종류의 용접법은 자동화 정도가 각기 다르므로 이들 각각을 수동용접, 반자동용접, 자동용접이라고 한다.

피복아크용접은 **그림 4-18**(a)과 같이 용접봉에 입힌 피복제가 아크에 의해 가스화하여 용융금속주변에 가스 또는 슬래그 등을 형성하게 된다. 이 방법은 작업자의 숙련도를 필요로 하지만, 어떠한 방향 또는 자세로서도 작업이 가능하며, 여러 가지 작업조건에 대응할 수 있는 장점이 있다.

서브머지드 아크용접은 **그림 4-18**(b)에 나타낸 바와 같이 피복제 역할을 하는 미세분말의 플럭스(flux)를 용접부분의 표면에 미리 공급하고 그 속에 용접봉을 설치하여 플럭스 공급 관과 용접봉을 일정속도로 이동시켜 가면서 하는 용접방법이다. 서브머지드 아크용접은 용접부의 연성, 충격강도, 내식성 등에서 모두 우수하며 용접속도가 빠르고 품질이 일정한 장점이 있으나, 상향용접이 곤란하고 고압전류로 인한 열 영향을 받기 쉬운 단점이 있다.

가스실드 용접은 용접이 가스노즐을 이용해 직접가스를 분출하여 용융금속 주변에 보호실드를 형성하면서 하는 용접방법이다. 가스실드용접은 피복재를 사용하지 않으므로 슬래그를 제거할 필요가 없고, 작업속도가 빠른 장점이 있으나, 바람의 영향을 받기 쉽고 용접자세에 제한을 받은 단점이 있다. 따라서 용접법의 선택에서는 강종에 따른 모재의 특성, 용접자세, 작업환경, 경제성을 고려하여 결정하여야 한다.

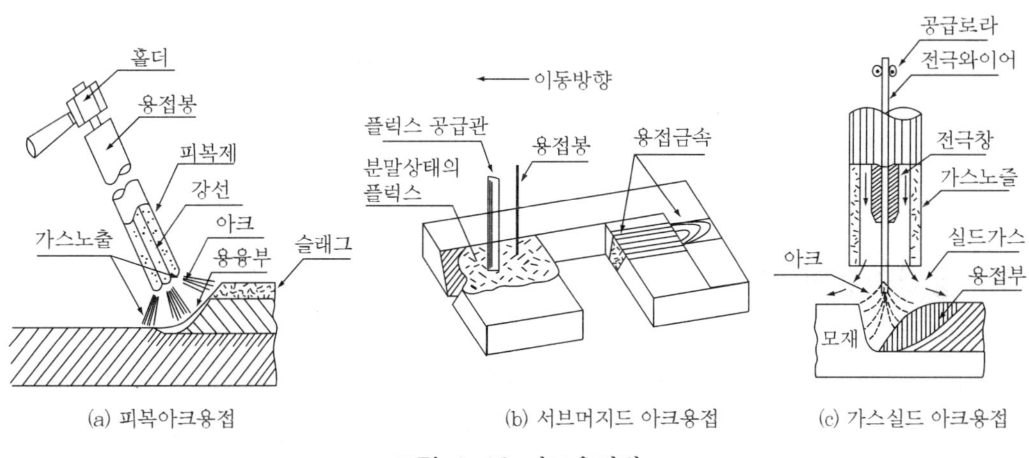

그림 4-18 아크용접법

(2) 가스용접

산소와 아세틸렌(acetylene) 혼합가스의 연소열을 이용하여 봉을 녹여서 용액을 용접

부에 유입하는 방법이며, 큰 힘을 받을 수 없다. 이 방법으로 강재를 절단하기도 한다.

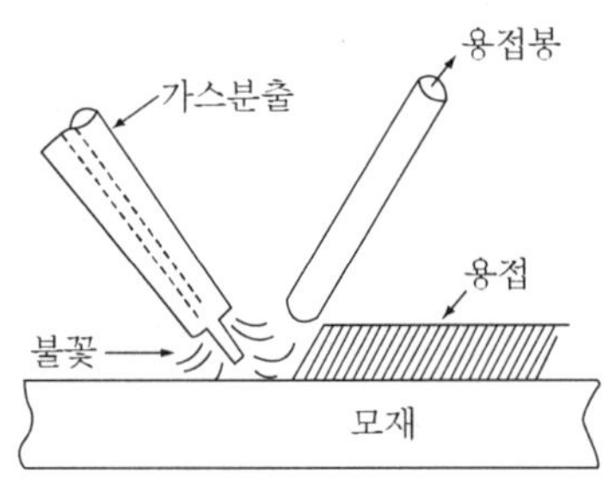

그림 4-19 가스용접

(3) 전기저항용접

얇은 강판 2장을 겹친 후 **그림 4-20**와 같이 이 강판 상 하 부분의 전극에 강한 압력을 가해서 지압력이 큰 부분에 아크를 형성시켜 국부적으로 맞붙게 하는 방법이다. 이 방법은 강판뿐만 아니라 강선을 용접하는 경우에도 이용된다.

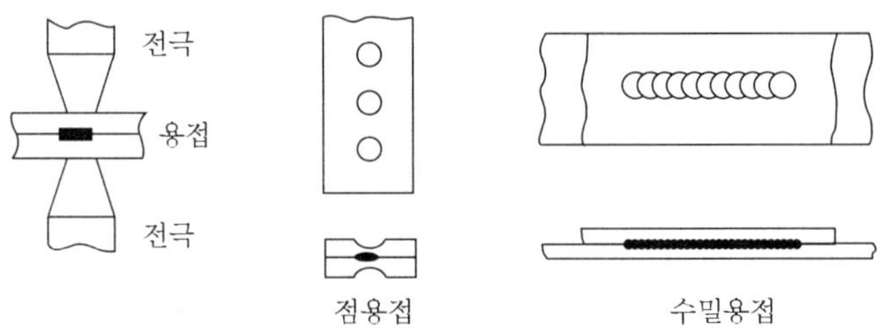

그림 4-20 전기저항용접

3. 용접이음의 종류

용접이음에는 용입 홈용접(groove welds)과 필렛용접((fillet welds)이 주로 이용되며 플러그용접(plug welds)과 슬롯용접(slot welds)은 필렛용접의 보완용으로 사용된다.

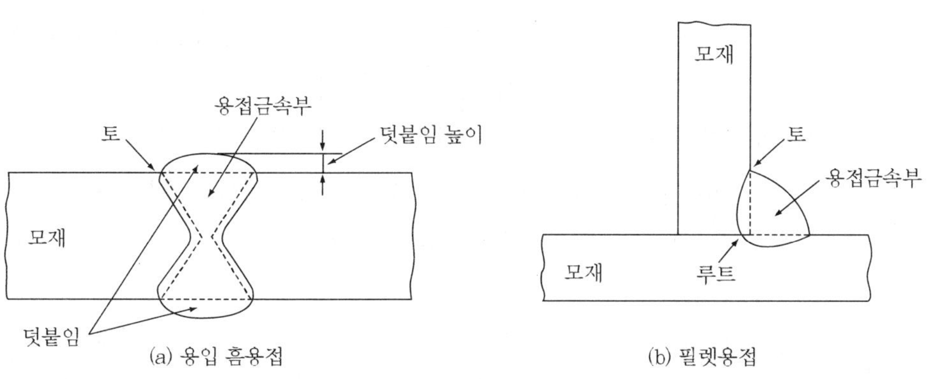

그림 4-21 이음형태

강판을 용접으로 잇는 방법에는 맞이음(butt joint), 겹이음(lap joint), T형이음, 단부이음(edge joint) 및 모서리이음(corner joint) 등 5종이 있고, 용접방법에는 홈용접(groove welds) 필렛용접(fillet welding), 플러그용접(plug weiding) 및 슬롯용접(slot welding) 등이 있다.

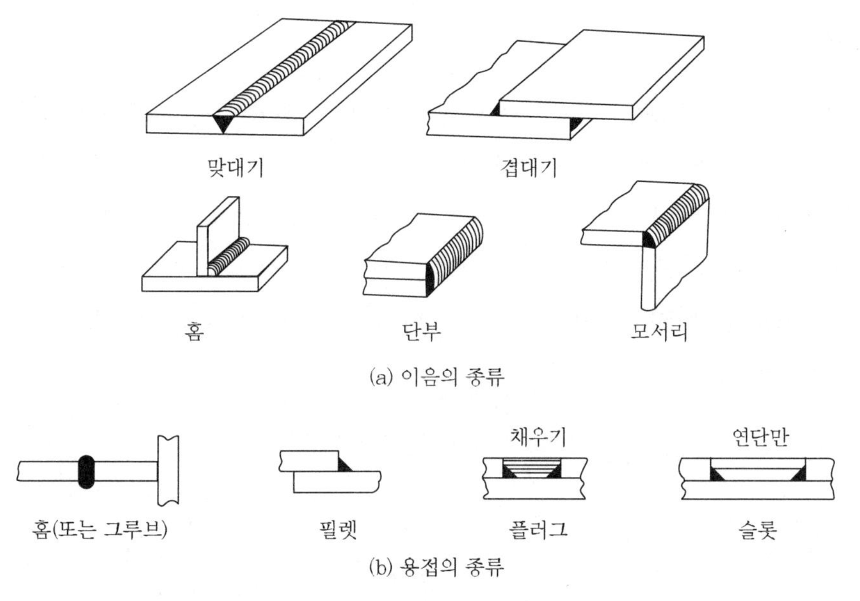

그림 4-22 이음과 용접의 종류

(1) 홈용접(groove welding)

그림 4-23과 같이 양쪽 강판 사이에 홈을 두어 서로 맞대든지 또는 T형 이음에서는

양쪽 모재사이의 홈에 용접금속을 넣은 용접으로 목두께(throat thickness)의 방향이 적어도 모재의 표면과 직각 또는 거의 직각을 이루게 하는 방법이다. 홈용접에는 홈의 모양에 따라 **그림 4-23**에서와 같이 여러 종류가 있는데 일반적으로 V형이나 X형으로 하며 판의 두께가 19mm 이상에서는 X형으로 하고, 현장용접에서는 판의 두께가 특별히 크지 않는 한 V형으로 한다. **그림 4-23**에서 홈의 간격을 루트(root) 간격이라 한다.

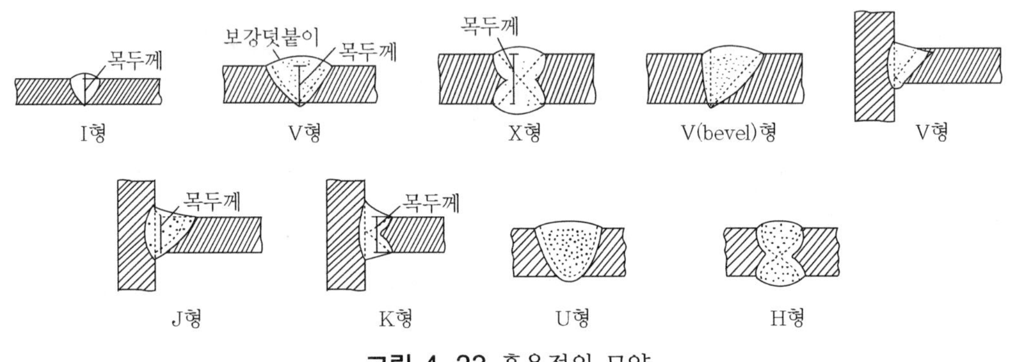

그림 4-23 홈용접의 모양

(2) 필렛용접

2장의 판을 겹치거나 또는 직각으로 맞대어서 그 모서리부분을 **그림 4-24**에 표시한 것처럼 용접한 것을 필렛용접이라 한다. 또 용접선의 방향이 응력을 전달시키는 방향과 평행이냐, 경사냐 또는 직각인가에 따라서 측면 필렛용접, 사방(斜方)필렛용접 및 전방필렛용접 등으로 나눈다. 필렛용접은 삼각형의 다리길이가 같도록 하는 것이 원칙이며, 이때 목두께는 이등변 삼각형의 높이를 취한다. 다리길이가 같지 않을 경우에도 이등변 삼각형의 높이를 취한다.

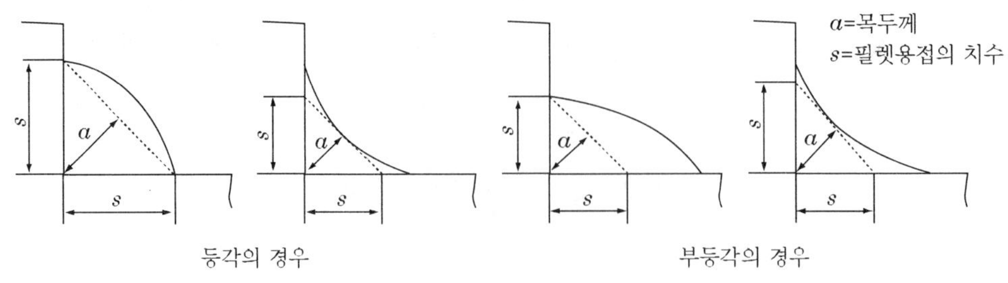

그림 4-24 필렛용접

(3) 플러그용접과 슬롯용접

플러그용접은 강관을 겹칠 때 한쪽 강관에 둥근 구멍을 적당한 간격으로 뚫고 그 구멍을 용접으로 완전히 메우는 것이며, 슬롯용접은 위에서 설명한 둥근 구멍 대신에 좁고 긴 구멍을 드문드문 뚫고 (**그림 4-25**), 그 구멍 주위에 필렛용접하고 그 구멍을 완전히 채우지 않은 것이다. 그리고 한 용접선에 따라서 용접을 연속으로 할 때 이를 연속용접, 단속(斷續)으로 할 때를 단속용접이라 하며, 또 인접하는 2열의 용접선에 따라 단속으로 용접할 때는 상호간의 위치에 따라 병렬용접 또는 지그재그 용접을 하게 된다(**그림 4-26**).

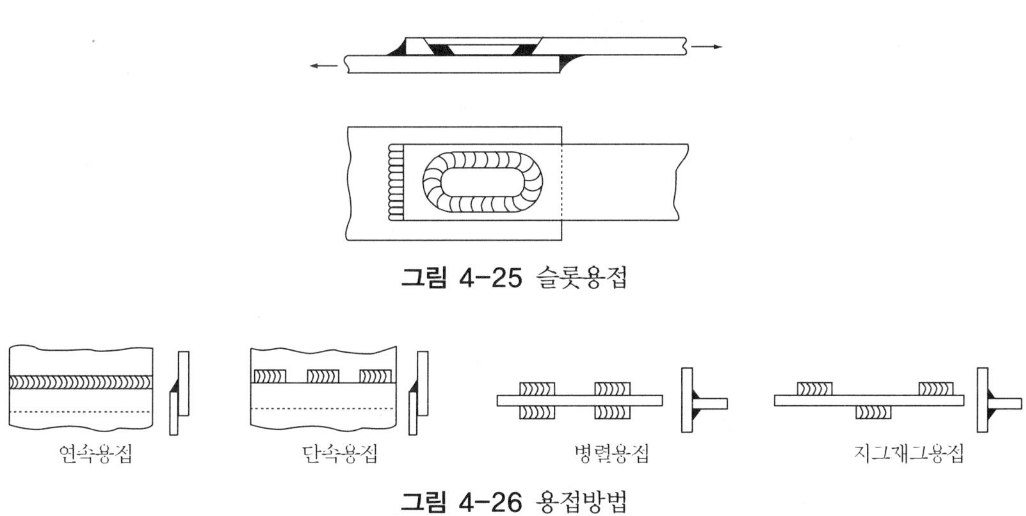

그림 4-25 슬롯용접

그림 4-26 용접방법

4. 용접의 결함과 용접자세

좋은 용접을 하려면 좋은 기술을 갖고 있는 용접공이 좋은 설계도에 의하여 우수한 모재와 용접봉을 써서 알맞은 시공법으로 할 필요가 있다.

이와 같은 모든 조건을 동시에 구비해서 시공한다는 것은 쉬운 일이 아니다. 따라서 용접에는 각종 결함이 따르게 된다.

예를 들면 균열, 공기구멍, 용융부족, 용재잠입(overlap), 언더컷(undercut), 다리길이 부족 등이다. 어떤 것이든 강도 부족이며, 응력집중을 가져오기 때문에 시공에 충분한 주의를 기울여야 한다.

이들의 검사법으로 육안검사, X선 검사, 기타 방법이 있는 데 중요한 부분은 X선 사진을 찍어 검사해야 한다.

또 용접의 자세에 따라서 용접의 난이도와 시공속도가 달라지고 용접부의 강도에도 영향이 미친다. 용접의 자세는 아래보기 자세가 가장 작업하기 수월하고, 끝맺음도 양호하며, 신뢰할 수 있는 용접이 될 뿐만 아니라 작업능률도 좋다. 따라서 가능하면 아래보기 자세로 용접할 수 있도록 설계하는 것이 좋다.

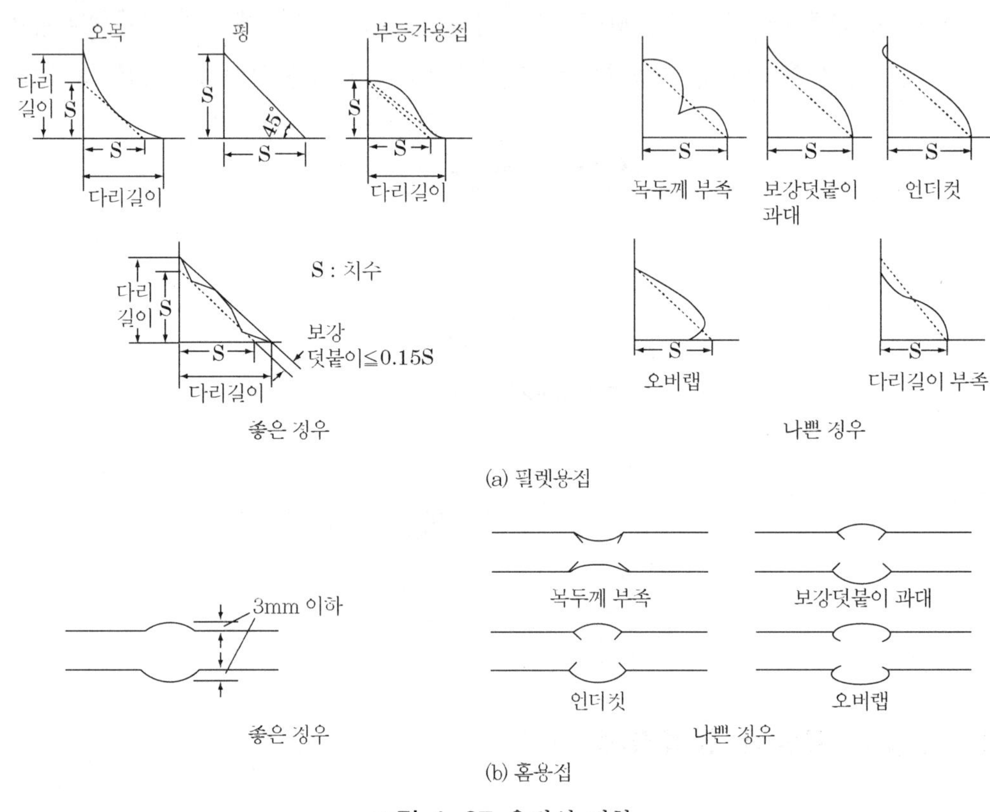

그림 4-27 용접의 결함

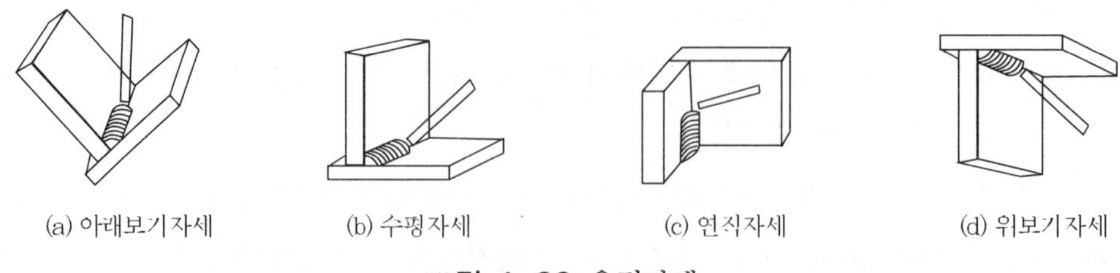

그림 4-28 용접자세

5. 용접기호

(1) 용접부의 기호

용접부의 기호는 기본기호 및 보조기호로 하고 각각 **표 4-11** 및 **표 4-12**에 따른다.

① 기본기호

기본기호는 원칙적으로2부재 사이의 용접부 모양을 표시한다.

표 4-11 용접부의 기본기호와 종류

용접부의 모양	기본 기호	비고
양쪽 프랜지형	八	-
한쪽 플랜지형	ǀ\	-
I 형	ǁ	입셋 용접, 프랜지용접, 마찰 용접 등을 포함한다.
V 형, X형(양면 V형)	∨	X형은 설명선의 기선(이하 기선이라 한다)에 대칭으로 이 기호를 기재한다. 업셋 용접, 플랜지 용접, 마찰 용접 등을 포함한다.
レ형, K형(양면 レ형)	レ	K형은 기선에 대칭으로 이 기호를 기재한다. 기호의 세로선은 왼쪽에 그린다. 업셋 용접, 플랜지 용접, 마찰 용접 등을 포함한다.
J형, 양면 J형	ǀ/	양면 J형은 기선에 대칭으로 이 기호를 기재한다. 기호의 세로선은 왼쪽으로 그린다.
U형, H형(양면 U형)	Y	H형은 기선에 대칭으로 이 기호를 기재한다.
플레어 V형 플레어 X형	)(	플레어 X형은 기선에 대칭으로 이 기호를 기재한다.
플레어 レ형 플레어 K형	ǀ(	플레어 K형은 기선에 대칭으로 이 기호를 기재한다. 기호의 세로선은 왼쪽에 그린다.
필렛	◺	기호에 세로선은 왼쪽에 그린다. 병렬 접속 필렛용접일 경우는 기선에 대칭으로 이기호를 기재한다. 다만, 지그재그 계속 필렛용접일 경우는 오른쪽의 기호를 사용할 수 있다.

표 4-11 용접부의 기본기호와 종류(계속)

용접부의 모양	기본 기호	비고
플러그, 슬롯	⊓	-
비드 살돋음	⌓	살돋음 용접일 경우는 이 기호 2개를 나열하여 기재한다.
점, 프로젝션, 심	⁎	겹치기 이음의 저항용접, 아크 용접, 전자 빔 용접 등에 의한 용접부를 나타낸다. 다만, 필렛용접은 제외한다. 심 용접일 경우는 이 기회를 2개 나열하여 기재한다.

② 보조기호

보조기호는 필요에 따라 **표 4-12**의 것을 사용한다.

표 4-12 보조기호

구분		보조기호	비고
용접부의 표면 모양	평탄 볼록 오목	― ⌒ ‿	 기선의 밖으로 향하여 볼록하게 한다. 기선의 밖으로 향하여 오목하게 한다.
용접부의 다듬질 방법	치핑 연삭 절삭 지정없음	C G M F	그라인데 다듬질일 경우 기계 다듬질일 경우 다듬질 방법을 지정하지 않을 경우
현장 용접 전체 둘레 용접 전체 둘레 현장 용접		▸ ○ ⚲	전체 둘레 용접이 분명할 때는 생략하여도 좋다.

(2) 용접부의 기호 표시방법

① 설명선

설명선은 용접 부를 기호 표시하기 위하여 사용하는 것으로 기선, 화살표, 및 꼬리표로 구성되며, 꼬리는 필요 없으면 생략해도 좋다.(**그림 4-29**(a), (b) 참조) 기선은 통상 수평선으로 하고 기선의 한쪽 끝에 화살표를 붙인다.

화살표는 용접 부를 지시하는 것으로서 기선에 대해 가능하면 60 ° 의 지선으로 한다.

단, V형, K형, J형 및 양면J형에서 그루브를 취하는 부재의 면을, 또 플레어 V형 및 플레어 K형에서 플레어가 있는 부재의 면을 지시할 필요가 있는 경우는 화살표를 선으로 하고, 그루브를 취하는 면 또는 플레어가 있는 면에 화살표의 앞 끝을 향한다.(**그림 4-29** (c))

화살표는 필요하면 기선의 한쪽 끝에서 2개 이상 붙일 수 있다.(**그림 4-29** (d))

다만, 기선의 얀 끝에 화살표를 붙일 수는 없다.

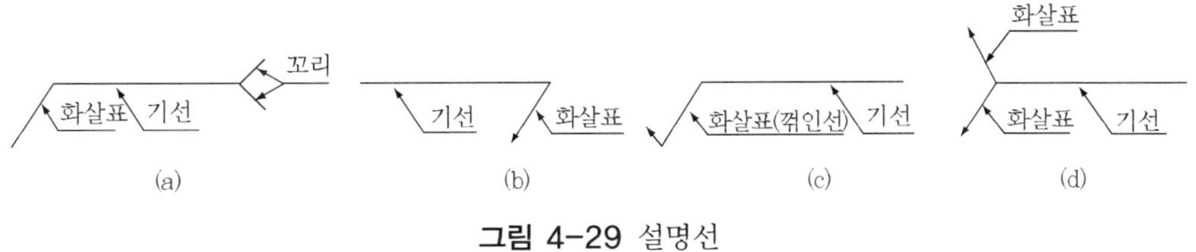

그림 4-29 설명선

② 기본기호의 기재방법

기본기호의 기재방법은 용접하는 쪽이 화살표쪽 또는 앞쪽일 때는 기선의 아래쪽에(**그림 4-31**(a) 참조), 화살표의 반대쪽 또는 맞은편 쪽일 때는 기선의 위쪽에(**그림 4-31**(b) 참조) 밀착하여 그린다.

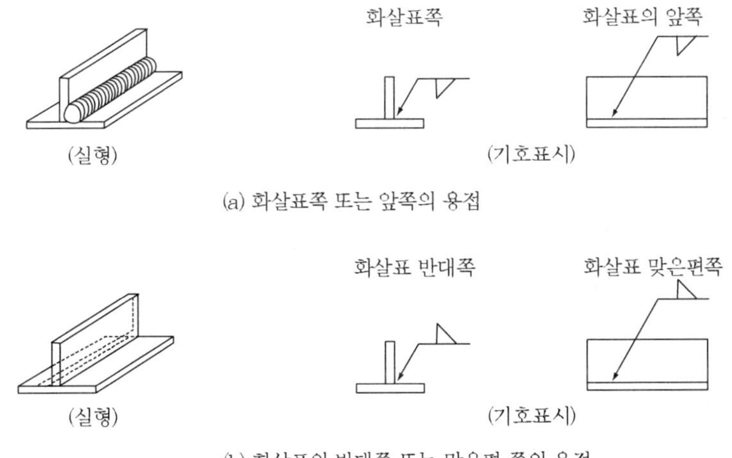

그림 4-30 기선에 대한 기본기호의 상하위치 관계

③ 보조기호 등의 기재방법

보조기호, 치수, 강도 등의 용접 시공내용의 기재방법은 기선에 대하여 기본기호와 같은 쪽에 **그림 4-31**과 같이 한다. 한다.

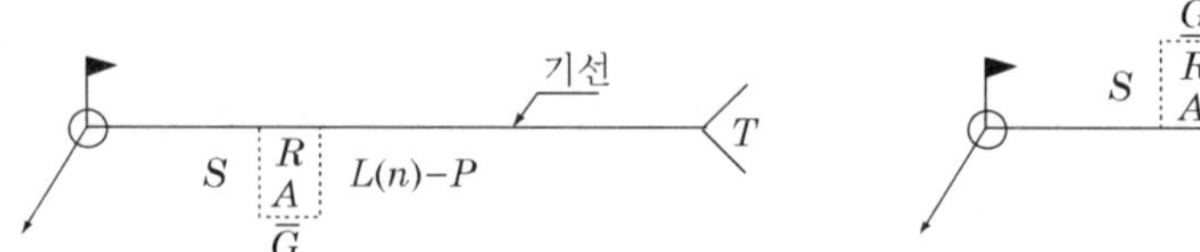

(a) 용접하는 쪽이 화살표쪽 또는 앞쪽일 때

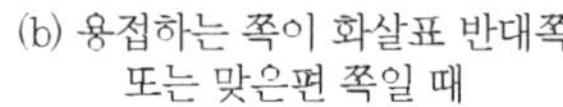

(b) 용접하는 쪽이 화살표 반대쪽 또는 맞은편 쪽일 때

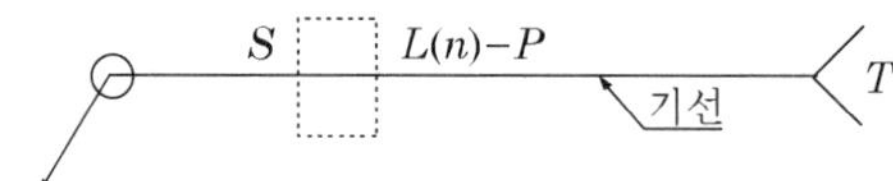

(c) 겹이음부의 저항용접(점용접 등)일 때

그림 4-31 용접시공 내용의 기재방법

■ 용접시공 내용의 기호 예시

⬚ : 기본기호

S : 용접부의 단면치수 또는 강도(그루브 깊이, 필렛의 다리길이, 플러그 구멍의 지름, 슬롯홈의 너비, 심의 너비, 점용접의 너깃 지름 또는 단점의 강도 등)

R : 루트 간격

A : 그루브 각도

L : 단속 필렛용접의 용접길이, 슬롯용접의 홈길이 또는 필요한 경우는 용접길이

n : 단속 필렛용접, 플러그용접, 슬롯용접, 점용접 등의 수

P : 단속 필렛용접, 플러그용접, 슬롯용접, 점용점 등의 피치

T : 특별 지시사항(J형·U형 등의 루트 반지름, 용접방법, 비파괴시험의 보조기호, 기타)

− : 표면 모양의 보조기호

G : 다듬질 방법의 보조기호

⚑○ : 전체둘레 현장 용접의 보조기호

○ : 전체둘레 용접의 보조기호

6. 용접부의 허용응력

용접부의 강도는 용접봉, 이음의 종류, 용접공의 우열, 용접자세, 용접기기의 양부, 사용전류의 적부 등 여러 가지 조건에 따라 영향을 받으며 하중의 종류, 즉 고정하중이냐 활하중이냐 또는 설계하중에 가까운 하중이 되풀이해서 작용하느냐에 따라 크게 변화한다.

잘 시공된 용접금속은 모재와 대체로 같으나 그 이상의 인장강도와 피로한계를 갖고 있으며, 양호하면 모재와 같은 허용응력을 사용해도 좋다.

도로교설계기준, 제3장 강교 3.3.2.3에서 용접부의 허용응력으로 **표 4-13**과 같이 규정하고 있다.

표 4-13 용접부의 허용응력

용접의 종류		응력의 종류	허용응력(MPa)			
			SM 400 SMA 400	SM 490	SM 490Y SM 520 SMA 490	SM 570 SMA 570
공장용접	홈용접	압축	140	190	210	260
		인장	140	190	210	260
		전단	80	110	120	150
	필렛용접	전단	80	110	120	150
현장용접			각각의 경우에 있어서 상기의 90%로 한다.			

참고) 상기 값은 판두께 40mm 이하에 대한 값이고 40mm 이상에 대해서는 도설, 3.3.2.3 참조

7. 용접부의 강도

설계계산에서 용접부의 강도는 용접부의 목두께와 유효길이에 비례 한다.

따라서 용접부의 강도는 다음과 같은 절차에 의해 구한다.

용접부의 면적 = 목두께 × 유효길이

용접부의 강도 = 용접부의 면적 × 허용응력

(1) 목두께와 유효길이

목두께는 **그림 4-32**에서와 같이 전단면 용입 홈용접인 경우에는 모재의 두께로 하고 모재의 두께가 서로 다른 경우에는 얇은 부재의 두께로 한다.

필렛용접인 경우에는 원칙으로 다리길이가 같도록 하고, 다리길이가 서로 다른 경우에도 목두께는 이음부의 루트를 꼭짓점으로 하는 내접 이등변 삼각형의 높이로 한다.

$$\text{목두께} = \text{치수}(s) \times 0.707 \tag{4.27}$$

또 용접의 유효길이는 용접의 시단과 종단은 급랭 등에 의해 결과가 좋지 못하므로 개시점의 불완전 부분 및 종단부의 크레이터를 제외한 완전한 목두께는 갖은 용접의 길이를 말하며 개시 점과 크레이터의 길이는 각각 목두께와 같은 길이를 취한다(**그림 4-32**).

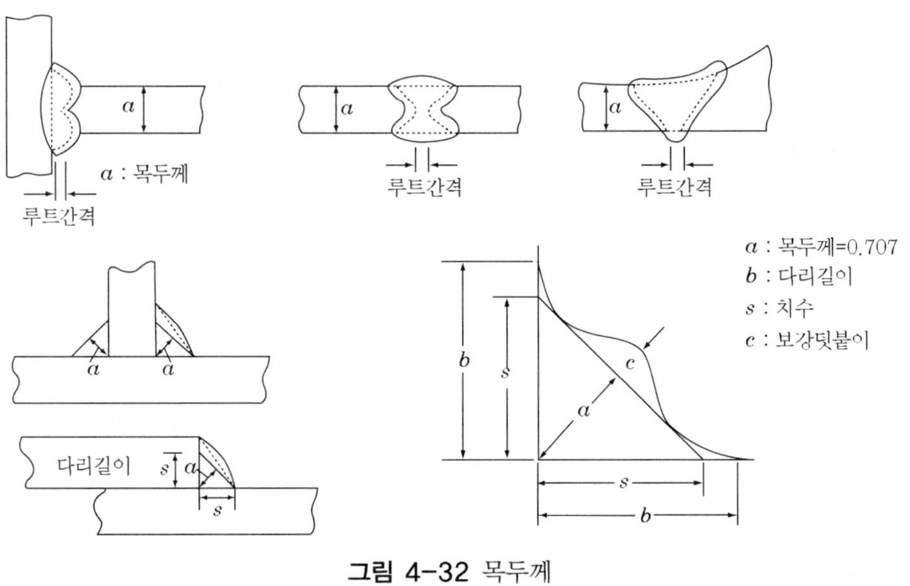

그림 4-32 목두께

개시점 유효길이 크레이터

유효길이 $= l$

$= l_1 \sin \alpha$

(a) (b)

그림 4-32 유효길이

중요한 부재의 필렛용접 유효길이는 치수의 10배 이상, 80mm 이상으로 하고, 중요부재의 응력을 전달하는 필렛용접의 치수는 6mm 이상으로 하며, 다음의 범위 내에 잇는 것을 표준으로 한다. 용접과 보통 볼트를 병용한 이음에서 볼트는 응력을 받지 않은 것으로 한다.

$$t_1 > s \geq \sqrt{2t_2} \tag{4.28}$$

여기서 ,

t_1 : 얇은 쪽의 모재 두께(mm)

s : 치수(mm)

t_2 : 두꺼운 쪽의 모재 두께(mm)

(2) 인장력, 압축력 또는 전단력을 받은 이음부의 응력

이음부에 인장력, 압축력 또는 전단력이 작용하는 경우의 맞대기 홈용접 또는 필렛용접에 생기는 응력은 다음 식으로 산출한다.

$$\left.\begin{aligned} f &= \frac{P}{\Sigma al} \\ v &= \frac{P}{\Sigma al} \end{aligned}\right\} \tag{4.29}$$

여기서,

f : 용접부에 생기는 수직응력 (Mpa)

v : 용접부에 생기는 전단응력 (Mpa)

P : 용접부에 작용하는 외력(N)

a : 용접부의 목두께 (mm)

l : 용접부의 유효길이 (mm)

Σal : 용접의 유효단면적 합께(mm^2)

예제 1 그림 같은 300×12mm 의 2장의 강판을 홈용접 할 때 이판에 420kN의 힘이 작용할 때 용접부에 생기는 응력을 구하여라.

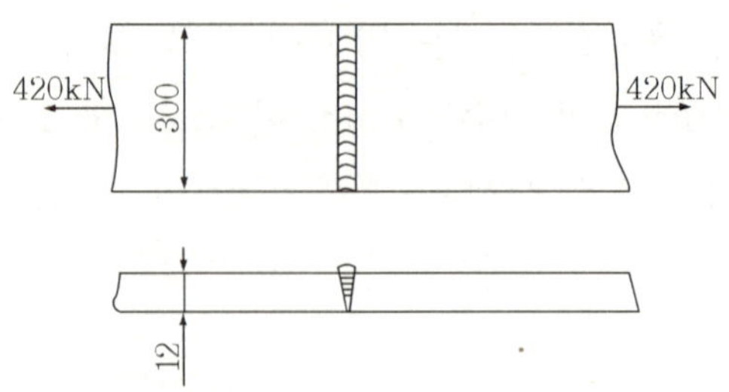

풀이 개시 점과 크레이터의 길이를 $2a = 2 \times 12 = 24mm$

유효길이 $l = 300 - 24 = 276mm$

$$f = \frac{P}{\sum al} = \frac{420,000}{12 \times 276} = 126.9(Mpa)$$

유효길이를 전단면으로 하면 (크레이터가 없는 경우)

$$f = \frac{P}{\sum al} = \frac{420,000}{12 \times 300} = 116.7(Mpa)$$

예제 2 그림같이 두께 10mm의 판을 30cm 겹쳐서 필렛 용접을 하였다. 이 판을 400kN으로 잡아 당길 때, 용접부에 생기는 응력을 구하여라.

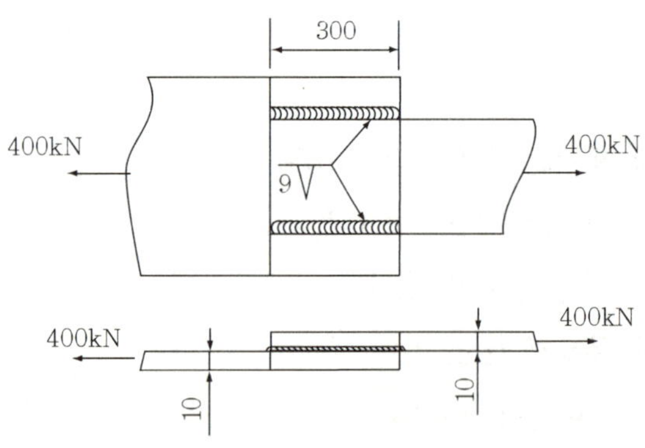

풀이 목두께 : $a = 9 \times 0.707 = 6.363mm$

$$v = \frac{P}{\sum al} = \frac{400,000}{6.363 \times 2 \times 300} = 104.8\,N/mm^2 = 104.8Mpa$$

예제 3 그림과 같이 300×12mm의 강관을 용접했을 때, 용접부에 생긴 응력을 구하여라. (단, 용접 길이 전부가 유효하다고 본다)

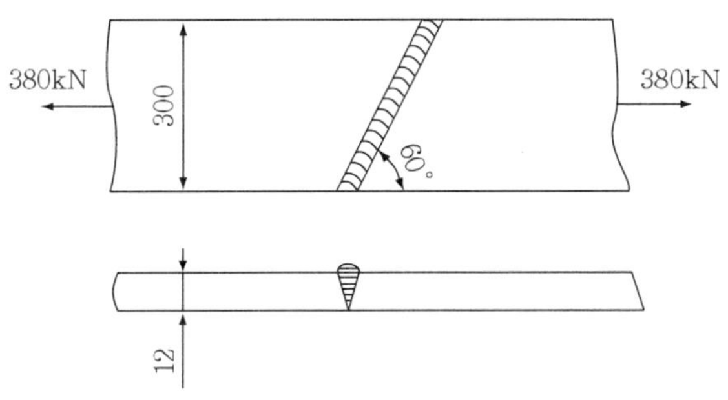

풀이 유효길이 $l = l' \times \sin\theta$에서

$$l' = \frac{l}{\sin 60} = \frac{300}{\sqrt{3}/2} = \frac{600}{\sqrt{3}} = 346mm \rangle 300\text{mm}$$

유효길이 300mm 노한다.

$$v = \frac{P}{\sum al} = \frac{380,000}{12 \times 300} = 105.6N/mm^2 = 105.6Mpa$$

예제 4 그림과 같이 거세트 플레이트에 산형강 90×90×10을 용접하였다. 이것을 현장용접으로 하면 어느 정도의 힘에 저항되는가. 강재는 SM 400으로 한다.

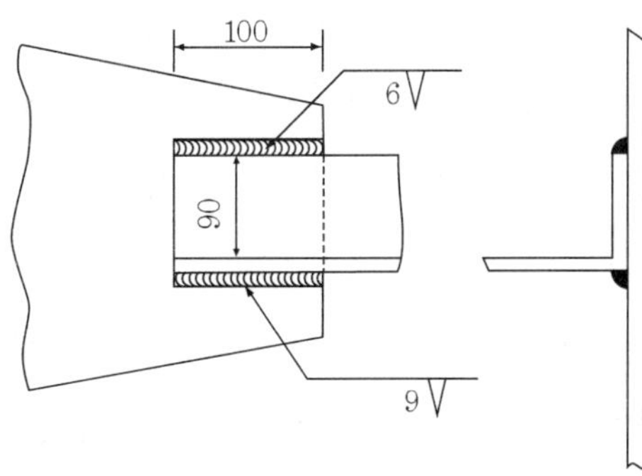

풀이 용접부의 허용응력도 v_a는 현장용접의 경우, 공장용접의 허용응력도의 90% 이다.

$$v_a = 80 \times 0.9 = 72Mpa$$

$$\sum al = (6+9) \times 0.707 \times 100 = 1{,}060.5mm^2$$

$va = \dfrac{P}{\sum al}$ 에서

$P = v_a \times \sum al$ 에서

$$P = v_a \times \sum al = 72 \times 1{,}060.5 = 76{,}356N = 76.35kN$$

(3) 휨모멘트를 받은 이음부의 응력

휨모멘트를 받은 용접이음부에 생기는 연단응력은 다음 식으로 산출한다.

$$\text{홈용접 : } f = \frac{M}{I} \times y \qquad (4.30)$$

$$\text{필렛용접 : } v = \frac{M}{I} \times y \qquad (4.31)$$

여기서 :

f ; 이음부에 생기는 전단응력 (Mpa)

v : 용접부에 생기는 전단응력(Mpa)

M : 이음부의 설계에 쓰이는 휨모멘트 (kN.cm)

I : 목두께를 이음면에서 전개한 평면형의 중립축 둘레의 단면2차모멘트 (cm^4)

y : 목두께를 이음 면에 전개한 평면형의 중립축에서 착안점까지의 거리(cm)

예제 5 그림과 같은 플레이트거더에 휨모멘트 M=500kN.m가 작용할 때 현장에서 맞대기로 홈용접을 한다면 안전한가?(다만 강재는 SM 400을 사용한다)

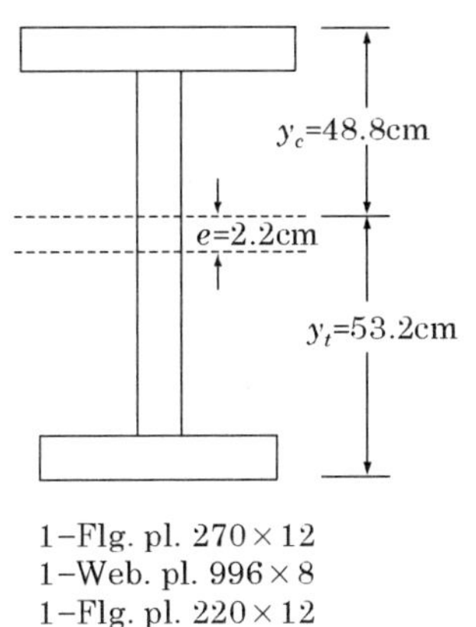

풀이 홈용접 이므로 목두께를 단면으로한 단면의 성질을 구하면 다음 표와 같다.

단면	치수	$A(\text{cm}^2)$	y(cm)	$A \cdot y(\text{cm}^3)$	$A \cdot y^2(\text{cm}^4)$
1-Flg. pl. 1-Web pl. 1-Flg pl.	270×12 996×8 220×12	32.4 79.7 26.4	50.4 0 -50.4	1,633 0 -1,331	82,300 65,870=0.8×99. 6^3/12 67,080
계		138.5		302	215,250

$$e = \frac{302}{138.5} = 2.2\text{cm} \qquad y_c = \frac{99.6}{2} + 1.2 - 2.2 = 48.8\text{cm}$$

$$y_t = 99.6 + 1.2 \times 2 - 48.8 = 53.2\text{cm}$$

$$I_N = 215,250 - 138.5 \times 2.2^2 = 214.580\text{cm}^4$$

$$f_c = \frac{M}{I} \cdot y_c = \frac{500 \times 10^6}{214,580 \times 10^4} \times 488 = 113.7\text{MPa}$$

$$f_t = \frac{M}{I} \cdot y_t = \frac{500 \times 10^6}{214,580 \times 10^4} \times 532 = 124.0\text{MPa}$$

SM 400 강재의 홈용접에서 압축 및 인장에 대한 허용응력에서 현장인 경우, $f_a = 140 \times 0.9 = 126.0 Mpa$ 이므로 안전하다.

예제 5 그림과 같은 필렛용접에서 M= 100 kN.m이 작용할 때 이음부에 생기는 최대 응력을 계산하여라.

풀이

목두께는 이음면에 전개한 평면도는 그림과 같다.

치수 6mm 인 경우 $a_1 = 6 \times 0.707 = 4.24mm$

치수 8mmn 인 경우 $a_2 = 8 \times 0.707 = 5.66mm$

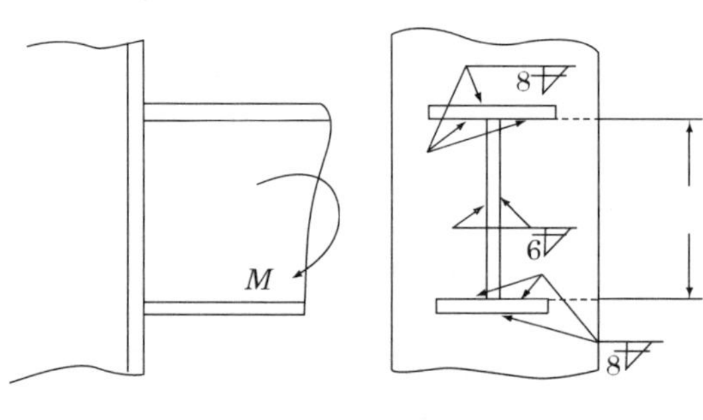

ⓐ 용접형식

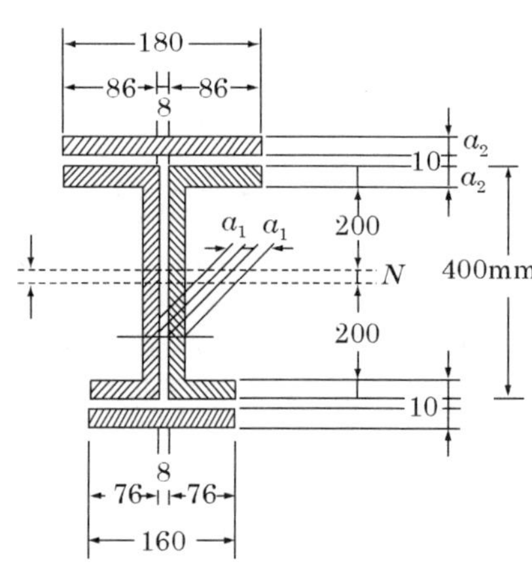

ⓑ 목두께에 의한 단면전개

목두께에 의함 단면성질

단면	치수	$A(\mathrm{cm}^2)$	y(cm)	$Ay(\mathrm{cm}^3)$	$Ay^2(\mathrm{cm}^4)$
상플랜지 상	180.00×5.66	10.188	21.283	216.83	4,614.82
상플랜지 하	163.52×5.66	9.255	19.717	182.48	3,597.97
웨브	400.00×8.48	33.920	0.000	0.00	4,522.67
하플랜지 상	143.52×5.66	8.123	−19.717	−160.16	3,157.90
하플랜지 하	160.00×	9.056	−21.283	−192.74	4,102.06
계		70.542		46.412	19,995.42

$$e = \frac{46.421}{70.542} = 0.66\text{cm} \qquad y_c = 20 + 1 + 0.566 - 0.66 \fallingdotseq 20.91\text{cm}$$

$$y_t = 20 + 1 + 0.566 + 0.66 \fallingdotseq 22.23\text{cm}$$

$$I_N = 19,995.42 - 70.542 \times 0.66^2 = 19,965\text{cm}^4$$

$$\therefore\ f_{\max} = \frac{M}{I_n} \cdot y = \frac{100 \times 10^6}{19,965 \times 10^4} \times 222\ 3 = 111.3\text{MPa}$$

(4) 휨모멘트와 전단력을 동시에 받는 용접이음의 검사

휨모멘트와 전단력을 동시에 받은 용접이음에서는 다음 식을 만족해야 한다.

$$\text{홈용접 : } (\frac{f}{f_a})^2 + (\frac{v_s}{v_a})^2 \leq 1.2 \qquad (4.32)$$

$$\text{필렛용접 : } (\frac{v_b}{v_a})^2 + (\frac{v_s}{v_a})^2 \leq 1.0 \qquad (4.33)$$

여기서:

f : 휨응력(Mpa)

v_a, v_s : 휨 또는 전단력에 의한 전단응력 (Mpa)

f_a : 허용인장응력(Mpa)

v_a : 허용전단응력(Mpa)

f 및 v 은 각각 f_a 및 v_a을 초과 할 수 없다.

예제 6 아래 그림에서 웨브 판의 공장용접 이음부에 M=1,280 kN.m , V=520kN 이 작용하고 있다. 이 때 이 맞대기 홈 용접부의 응력을 검토하여라.
(다만, 사용 강재는 SM 400이고 $f_{ta} = 140Mpa$, $v_a = 80Mpa$ 이다)

풀이 홈용접의 목두께를 전개한 단면은 **그림 4-32**와 같다.

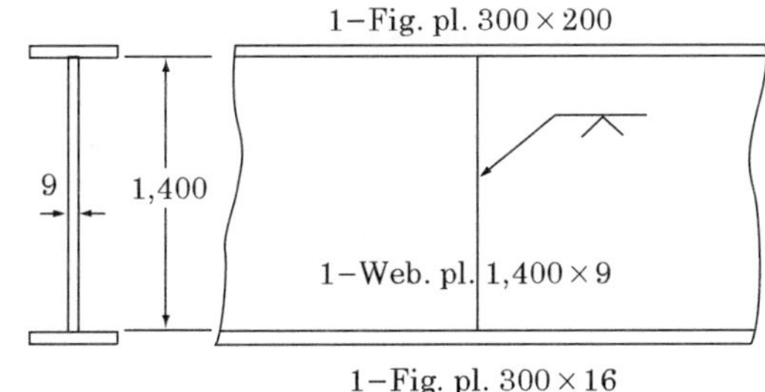

목 두께를 단면으로한 단면성질은 다음 표와 같다.

단면	치수	$A(\text{cm}^2)$	y(cm)	$Ay(\text{cm}^3)$	$Ay^2(\text{cm}^4)$
1-Flg. pl.	300×20	60	71	4,260	302,460
1-Web pl.	1,400×9	120	0	0	$205,800 = \left(\dfrac{0.9\times 140^3}{12}\right)$
1-Flg. pl.	300×16	48	-70.8	-3,398	240,580
계		234		862	748,840

$$e = \frac{862}{234} = 3.68cm$$

$$I = 748,840 - 234 \times 3.68^2 \fallingdotseq 745,670cm^4$$

$$f = \frac{M}{I} \times y = \frac{1,280 \times 10^6}{745,670 \times 10^4} \times (700 + 36.8) = 126.5Mpa < f_{ta} = 140Mpa$$

$$v_a = \frac{V}{\sum al} = \frac{520,000}{9 \times 1,400} = 41.3Mpa < v_a = 80Mpa$$

$$(\frac{f}{f_a})^2 + (\frac{v_s}{v_a})^2 = (\frac{126.5}{140})^2 + (\frac{41.3}{80})^2 = 0.82 + 0.27 = 1.09 < 1.2$$

∴ 안전함

I-Beam교와 플레이트 거더교

5.1 개요

압연형강 중 I형강을 주거더로 한 교량이 I-Beam교이며 지간이 짧은 경우(10m 정도)에 사용된다. 그러나 지간이 길어지면 일반적으로 설계하중에 의한 휨모멘트가 크게 되므로 I형강으로는 단면이 부족해서 사용할 수 없게 된다. 따라서 강판을 서로 조합시켜 I형으로 만든 플레이트거더교(plate girder)를 주거더로 쓰게 되는데, 이와 같은 교량이 플레이트거더교(plate girder bridge)이다.

5.2 일반구조

플레이트거더는 초기에는 대부분 L형강과 강판을 조합하여 리벳이음으로 만들었으나 현재에는 강판만을 조합해서 용접이음으로 제작하고 있으며, 특히 도로교에서 자주 쓰인다. 전자를 리벳이음 플레이트거더교, 후자를 용접 플레이트거더교라 한다. 플레이트거더교의 최대지간은 철도교에서 단순거더인 경우 30m 정도, 도로교(게르버교)에서는 40m 정도 또는 그 이상으로도 가능하다. 연속거더로 박스 단면으로 할 경우는 200m 이상으로도 할 수 있다.

플레이트거더의 단면은 플랜지(flange)와 복부(web)로 이루어지고, 플랜지는 리벳이음플레이트거더에서는 플랜지L형강 덮개판(cover plate)으로 구성되며, 용접 플레이트거더에서 보통 L형강은 사용하지 않고 단지 플랜지판(flange plate)만으로 구성되는 경우가 대부분이다.

또 플레이트거더의 복부는 보통 강판 1장으로 되는 단일복부(single web)로 하지만 대규모의 플레이트거더가 되면 강판 두 장으로 되는 2중복부(double web)가 사용된다.

그림 5-1은 플레이트거더교의 단면을 나타낸 것인 데 리벳이음 플레이트거더에서 플랜지는 보통 여러 장의 덮개판과 플랜지 L형강으로 되며, 큰 단면에서는 플랜지에 측판(side plate)을 사용하는 경우도 잇다. 용접플레이트거더에서는 한 장의 플레이트 판을 사용하고 단면을 변화시키고자 할 때는 플랜지판의 두께와 폭을 조정하는 것이 좋다.

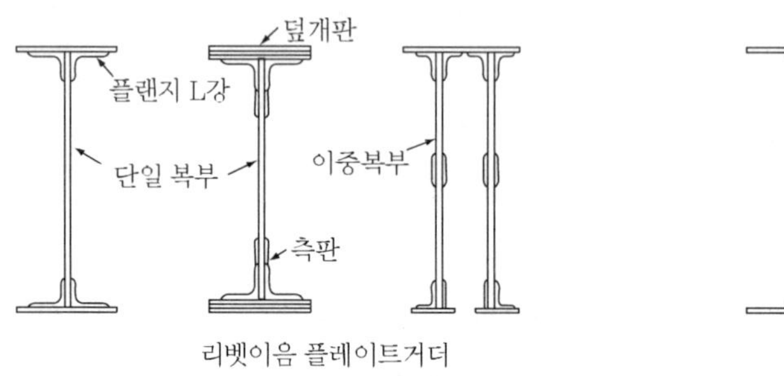

그림 5-1 플레이트거더

1. 복부 판의 좌굴방지

플레이트거더는 일반적으로 복부 판이 얇기 때문에 좌굴이 일어나기 쉽다. 이를 방지하기 위해서 **그림 5-2**와 같이 보강재를 복부 판의 양쪽에 대서 좌굴이 일어나지 않도록 한다.

보강재로서는 리벳이음 플레이트거더에서는 L형강을 복부 판에 리벳 팅하고 용접 플레이트거더에서는 얇은 판을 복부 판 양쪽에 대고 용접한다.

도로교에서는 위에서와 같은 주거더를 만들어 교량의 폭원에 따라 교축방향으로 여러 개 병렬시키고, 수평브레이싱(lateral bracing)을 위 플랜지와 아래플랜지에 설치하고, 교량종방향에 적당한 간격으로 수직브레이싱(sway bracing)을 배치한다.

철도교에서는 도로교와 같이 플레이트거더를 교량 방향으로 보통 두 개 병렬하고 수평브레이싱과 수직브레이싱을 설치해서 그 위에 궤도를 부설한다.

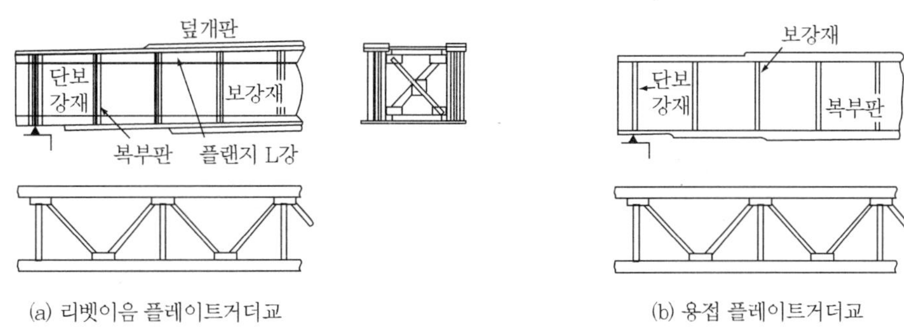

(a) 리벳이음 플레이트거더교 (b) 용접 플레이트거더교

그림 5-2 플레이트거더교

2. 바닥과 바닥 틀

바닥은 하중을 직접 지지하는 부분이고 바닥 틀은 세로보, 가로보가 바닥판을 지지해서 하중을 주형에 전달하는 기능을 갖는다.

교량에서 사용되는 바닥은 철근콘크리트 바닥판(RC slab)과 강 바닥판(steel plate deck)이 있다. 철근콘크리트 바닥판은 도로교에서 잘 사용되는 구조형식이며 강바닥 판은 주 구조의 높이를 줄이려고 하는 경우나 공기단축 그리고 장대교량에서 중량경감을 목적으로 사용된다.

철도교량의 바닥에는 열린 바닥(open floor)과 닫힌 바닥(closed floor)이 있다. 열린 바닥은 주형 또는 세로보 위에 직접 침목을 설치하고 레일(rail)을 부설한 형식이다. 닫힌 바닥은 주형 또는 바닥 틀 위에 RC 슬래브 또는 강 바닥판을 부설하고 그 위에 도상을 두어 레일을 부설한 것이다.

또한 도상을 사용하지 않고 레일을 강보에 체결하는 직결궤도식 상로 박스거더(box girder)가 채택되기도 한다.

이 밖에도 I형 강격자 바닥판이라고 하는 합성 바닥판이 사용된다. 이것은 주형과 직각 방향으로 놓인 I형강과 배력철근을 격자모양으로 짜고 거푸 집의 역할을 하는 얇은 강판을 I형강에 용접해서 제작한 패널(pannel)에 현장에서 콘크리트를 타설한 바닥판이다. RC 바닥판에 비하여 경제성에서 떨어지지만 바닥판 공사의 조립식공정(prefabrication)과 공기단축이 가능하고 기설교량의 보수, 거푸집이나 동바리가 곤란한 고가 철도교나 도로교에 사용된다. 또한 콘크리트를 채우지 않은 오픈타입의 강격자 바닥판(open grating)은 사하중 경감이나 내풍 안전성의 향상을 목적으로 장대 현수교

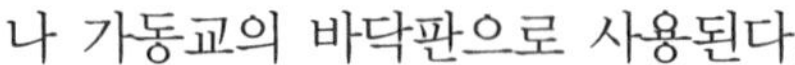

나 가동교의 바닥판으로 사용된다.

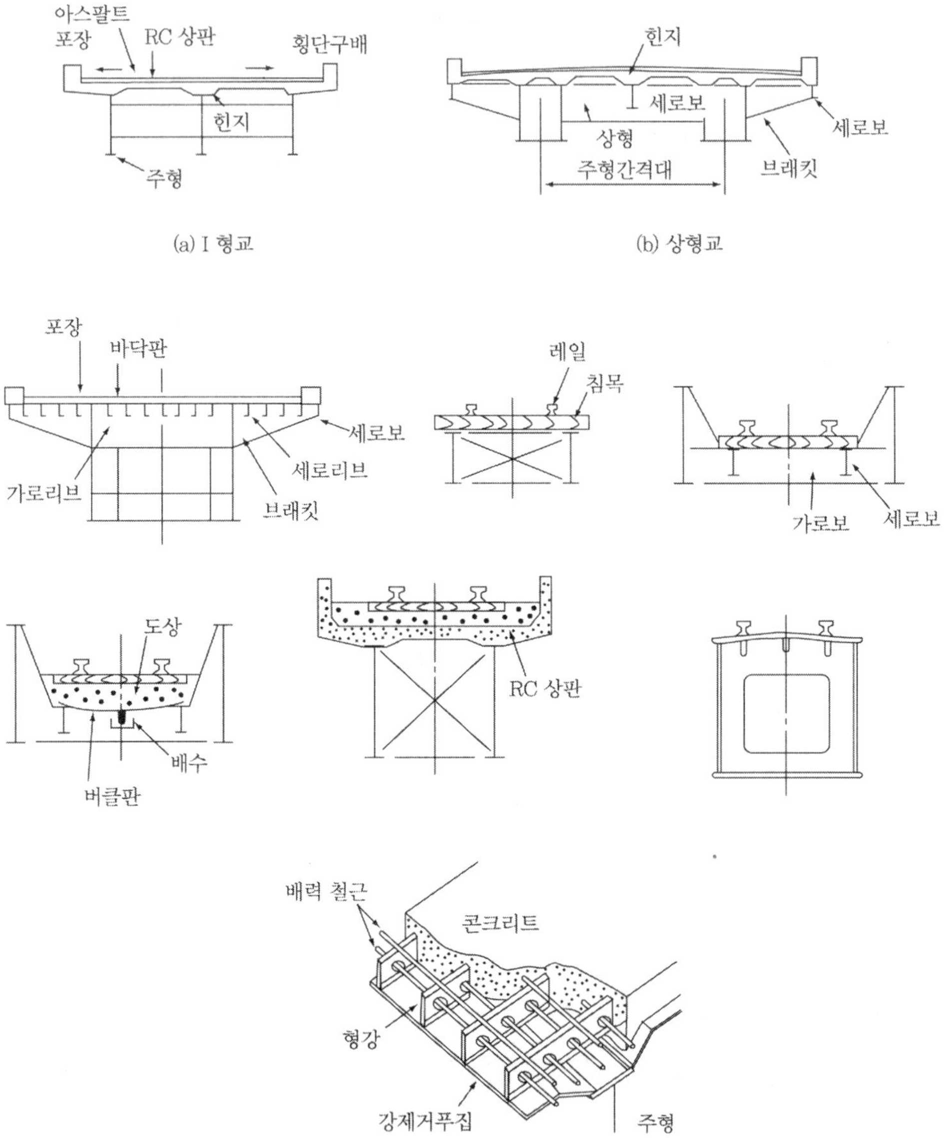

(a) I 형교

(b) 상형교

그림 5-3 바닥틀 및 바닥판의 구조

5.3 바닥판의 단면력 계산

1. 도로교 철근콘크리트 바닥판

철근콘크리트 바닥판은 역학 적으러 보를 2차원적으로 넓혀 본 평판(plate)으로 볼 수 있으며, 바닥판에 재하된 자동차하중을 직접 혹은 바닥 틀을 통해 주거더에 전달시키는 역할을 한다.

그리고 바닥판은 주철근의 배치에 따라서 1방향 슬래브와 2방향 슬래브가 있는데, 4변에서 지지되고 있는 직사각형 패널에서 긴 변의 길이가 짧은 변의 길이의 두 배 이상인 경우, 짧은 변을 지간으로 하는 1방향슬래브로 취급하며, 이 길이의비가 2 이하일 때는 주철근을 2방향으로 배치하는 2방향 슬래브로 취급해서 근사해법으로 설계하는 것이 보통이다.

슬래브의 휨모멘트 계산은 복잡하고 상당한 수고가 따르기 때문에 설계자의 편의를 위해 도로교설계기준(3장,6.1.4)에서는 단위폭(1m)당의 설계휨모멘트의 계산을 다음과 같이 규정하고 있다.

(1) 주철근의 방향이 차량 진행방향에 직각인 경우(0.6m~7.3m)

① 단순 판의 폭 1m에 대한 할 하중 휨모멘트는 다음 식으로 계산한다.
(충격은 별도로 생각한다)

$$DB-24:\frac{L+0.6}{9.6}P_{24}(kN.m/m) \qquad (5.1)$$

$$DB-18:\frac{L+0.6}{9.6}P_{18}(kN.m/m)$$

$$DB-134.5:\frac{L+0.6}{9.6}P_{13.5}(kN.m/m)$$

여기서,

P : 트럭의 1후륜의 하중(kN)

L : 계산지간(m)

P_{24} : DB 24 하중에 대하여 (96kN)

P_{18} : DB 18 하중에 대하여 (24kN)

$P_{13.5}$: DB 13.5 하중에 대하여 (kN)

슬래브가 세 개 이상의 지점을 가진 연속 슬래브의 정, 부의 휨모멘트는 위의 값의 80%를 취한다.

※ 이 규정은 AASHTO 규정에 의한 것임

② 캔틸레버에 작용하는 윤하중은 다음과 같은 폭에 분포한다고 본다.

$$E = 0.8X + 1.14(m) \tag{5.2}$$

이 때 폭 1m 당의 휨모멘트는

$$M = \frac{P}{E}X(kN.m) \tag{5.3}$$

여기서, X : 하중 점에서 지지 점까지의 거리(m)

(2) 주철 근의 방향이 차량의 진행방향에 평행한 경우

① 윤하중이 분포되는 슬래브 폭 E는 다음 식으로 산출한다. 그러나 그 값이 2.1 m 이하이어야 한다.

$$E = 1.2 + 0.06L(m) < 2.1m \tag{5.4}$$

이 폭을 가지는 슬래브에 소정의 트럭 윤하중이 작용하는 것에 대하여 설계해야 한다. 단순 판에서 폭 1m에 대한 휨모멘트의 값은(충격은 별도로 생각한다) 대략 다음과 같다.

15m 이하의 지간에 대하여

$$DB-24\text{하중에 대하여는}: 18L(kN.m/m) \tag{5.5}$$

$$DB-18\text{하중에 대하여는}: 13.4L(kN.m/m)$$

$$DB-13.5\text{ 하중에 대하여는}: 10L(kNm/m)$$

연속슬래브의 휨모멘트는 적합한 이론방식(주로 모멘트분배법)으로 구한다.

② 캔틸레버에 작용하는 윤하중은 다음과 같은 폭에 분포한다고 본다.

$$E = 0.35X + 0.98(m) < 2.1m \tag{5.6}$$

그러나 이 폭은 2.1m 이내이여야 한다.
이 때 폭 1m당의 휨모멘트는

$$M = \frac{PX}{E}(kN.m) \tag{5.7}$$

③ 주철근의 방향이 차량 진행방향에 평행할 때는 종방향으로 단부보가 있어야 한다. 단부 보의 설계에 사용되는 휨모멘트의 크기는 다음과 같다.

단순보 : $0.10PL(kN.m)$ (5.8)

연속보 : $0.08PL(kN.m)$

2. 바닥판의 최소두께(도설 3장, 6.1.5)

차도부분 바닥판의 최소두께는 **표 5-1**로부터 얻어지는 값과 22cm 중에서 큰 값으로 한다.

표 5-1 차도부분의 바닥판의 최소두께 (도설 3.6.1.5)

(단위 :cm)

판의 구분	바닥판 지간의 방향	
	차량 진행방향에 직각	차량 진행방향에 평행
단순판	$4L + 13$	$6.5L + 15$
연속판	$3L + 13$	$5L + 15$
캔틸레버판	$0 < L \leq 0.25$ $28L + 18$ $L > 0.25$ $8L + 23$	$24L + 15$

여기서 L : 바닥판의 지간

3. 배력철근

바닥판에는 주철근의 방향에 직각으로 배력철근을 배치해야 한다.
배력철근의 주철근에 대한 백분율은 다음과 같다.

주철근이 차량 진행방향에 직각일 때

$$\frac{120}{\sqrt{L}} \quad \text{최대} \quad 67\% \tag{5.9}$$

주철근이 차량 진행방향에 평행할 때

$$\frac{55}{\sqrt{L}} \quad \text{최대} \quad 50\% \tag{5.10}$$

여기서,

L : 바닥판의 지간(m)

5.4 활하중에 의한 최대 및 절대최대 전단력과 휨모멘트

활하중인 연행집중하중이 작용할 경우임의 점의 최대전단력 및 최대휨모멘트, 절대최대전단력 및 절대최대휨모멘트가 발생하는 하중위치를 판별하여 구한다.

1. 최대전단력

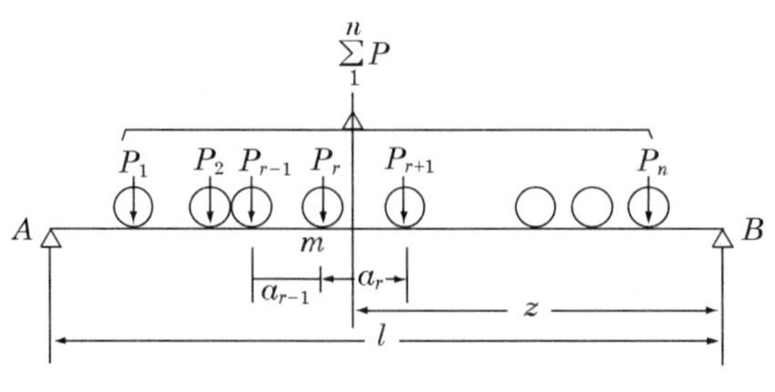

그림 5-4 전단력 계산

그림 5-4에서 $P_1, P_2, . . ., P_n$ 의 하중이 이동할 때 m 점의 전단력을 알아본다.

이 경우 하중 군이 이동하더라도 하중의 일부가 보에서 벗어난다든지 또는 생각하고 있는 하중군 이외의 새로운 하중이 보에 들어오지 않은 것으로 한다.

전단력 V는 다음과 같다.

$$V_m = \frac{z}{l}\sum_{n}^{1} P - \sum_{1}^{r-1} P$$

지금 하중계 전체를 a_r 만큼 왼쪽으로 이동하였다하면, 이 때 m점의 전단력 $(V_m + \Delta V_m)$은 다음과 같다.

$$V_m + \Delta V_m = \frac{z + a_r}{l}\sum_{1}^{n} P - \sum_{1}^{r} P$$

$$\Delta V_m = \frac{a_r}{l}\sum_{1}^{n} P - P_r$$

V_m 이 $(V_m + \Delta V_m)$ 보다 크게 되기 위해서는 $\Delta V_m < 0$ 로서

$\frac{1}{l}\sum_{1}^{n} P < \frac{1}{a_r} P_r$ 가 된다.

다음 하중계 전체를 a_{r-1} 만큼 오른쪽으로 이동한다. 이 때 전단력 $(V_m + \Delta V_m)$은 다음과 같다.

$$V_m + \Delta V_m = \frac{z - a_{r-1}}{l}\sum_{1}^{n} P - \sum_{1}^{r-2} P$$

$$\Delta V_m = \frac{a_{r-1}}{l}\sum_{1}^{n} P + P_{r-1}$$

V_m이 $(V_m + \Delta V_m)$보다 크게 되기 위해서는 $\Delta V_m < 0$ 로서

$\frac{1}{a_{r-1}} P_{r-1} < \frac{1}{l}\sum_{1}^{n} P$ 가 된다.

따라서

$$\frac{1}{a_{r-1}}P_{r-1} < \frac{1}{l}\sum_{1}^{n}P < \frac{1}{a_r}P_r \qquad (5.11)$$

식 (5.11) 을 만족할 때 P_r 이 m 상에 있을 때 m점의 전단력이 최대가 된다.

2. 최대휨모멘트

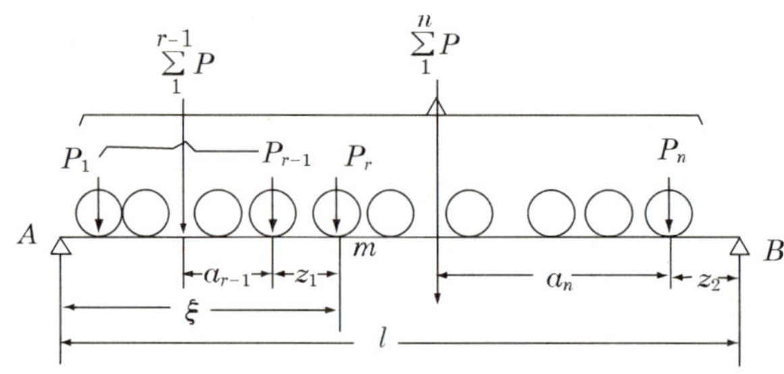

그림 5-5 휨모멘트 계산

그림 5-5에서 m점의 휨모멘트를 계산한다.

$$M_m = \frac{\xi}{l}(a_n + z_2)\sum_{1}^{n}P - (a_{r-1} + z_1)\sum_{1}^{r-1}P$$

지금 하중계 전체를Δx 만큼 왼쪽으로 이동하였다면 이때 m점의 휨모멘트는 변화하여 $(M_m + \Delta Mm)$ 이 된다.

$$M_m + \Delta M_m = \frac{\xi}{l}(a_n + z_2 + \Delta x)\sum_{1}^{n}P - (a_r + z_1 + \Delta x)\sum_{1}^{r-1}P - \Delta x P_r$$

따라서

$$\Delta M_m = \frac{\xi}{l}\Delta x\sum_{1}^{n}P - \Delta x\sum_{1}^{r-1}P - \Delta x P_r = \Delta x\left(\frac{\xi}{l}\sum_{1}^{n}P - \sum_{1}^{r-1}P - P_r\right)$$

$$= \Delta x\left(\frac{\xi}{l}\sum_{1}^{n}P - \sum_{1}^{r}P\right)$$

M_m 이 최대가 되기 위해서는 $\Delta M_m < 0$ 이어야 한다.

$$\frac{1}{l}\sum_{1}^{n}P < \frac{1}{\xi}\sum_{1}^{r}P$$

다음에 하중계 전체가 Δx 만큼 오른쪽으로 이동하면

$$M_m + \Delta M_m = \frac{\xi}{l}(a_n + z_2 - \Delta x)\sum_{1}^{n}P - (a_{n-1} + z_1 - \Delta x)\sum_{1}^{r-1}P$$

$$\Delta M_m = \frac{\xi}{l}\Delta x\sum_{1}^{n}P + \Delta x\sum_{1}^{r-1}P = \Delta x(-\frac{\xi}{l}\sum_{1}^{n}P + \sum_{1}^{r-1}P)$$

M_m이 최대가 되기 위해서는 $\Delta M_m < 0$ 이어야 한다.

$$\frac{1}{\xi}\sum_{1}^{r-1}P < \frac{1}{l}\sum_{1}^{n}P$$

따라서 다음 식을 만족하고 P 가 m점에 있을 때 최대가 된다.

$$\frac{1}{\xi}\sum_{1}^{r-1}P < \frac{1}{l}\sum_{1}^{n}P < \frac{1}{\xi}\sum_{1}^{r}P \tag{5.12}$$

3. 절대최대 휨모멘트와 절대최대 전단력

단순보의 각 점의 휨모멘트는 하중군의 위치가 위의 식 (5.12)을 만족하도록 계산할 때 최대가 된다. 각점의 최대 휨모멘트를 각각 구하여 이를 증거로 취해 그림으로 그린 것이 최대 휨모멘트도이다. 이 중에서 가장 큰 최대 휨모멘트도 값이 절대최대 휨모멘트가 되며 절대최대 휨모멘트가 일어나는 위치는 다음과 같이 구할 수 있다.

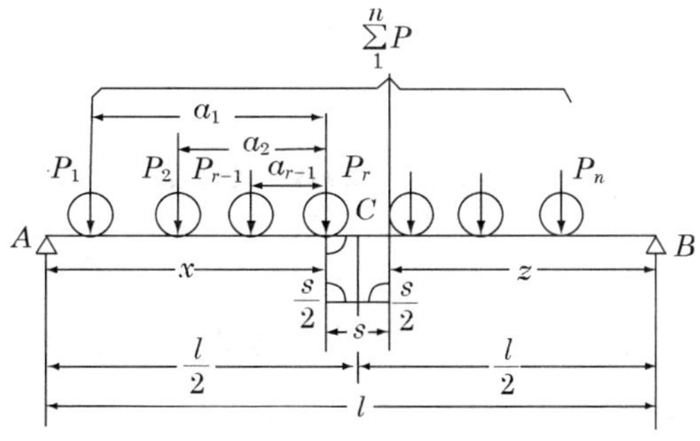

그림 5-6 절대최대 휨모멘트

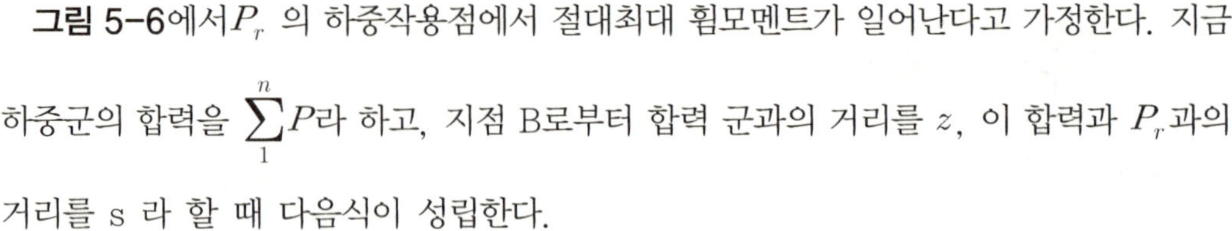

그림 5-6에서 P_r 의 하중작용점에서 절대최대 휨모멘트가 일어난다고 가정한다. 지금 하중군의 합력을 $\sum_{1}^{n}P$라 하고, 지점 B로부터 합력 군과의 거리를 z, 이 합력과 P_r과의 거리를 s 라 할 때 다음식이 성립한다.

$$R_A = \frac{z}{l}\sum_{1}^{n}P$$

여기서, $z = l - x - s$ 이다.

$$M_x = R_A.x - P_1 a_1 - P_2 a_2 . \ . \ . - P_{r-1}.a_{r-1} = \frac{z}{l}x\sum_{1}^{n}P - \sum_{1}^{r-1}P.a$$

$$= \frac{(l-x-s)x}{l}\sum_{1}^{n}P - \sum_{1}^{r-1}P.a$$

M_x 가 최대가 되는 조건은

$\frac{dM}{dx} = 0$ 에서

$\frac{dM}{dx} = \frac{(l-s-2x)}{l}\sum_{1}^{n}P = 0$ 에서

$$\therefore x = \frac{l-x}{2} \tag{5.13}$$

즉 합력 $\sum_{1}^{n}P$ 와 P_r 과의 간격을 2등분하는 선이 지간 l을 2등분하는 선과 일치하도록 재하될 때 P의 하중작용점에서 절대최대 휨모멘트가 일어난다.

또 절대최대전단력은 보의 지점에서 일어난다.

5.5 철도교 LS-하중에 대한 여러 공식

철도교를 설계할 경우 규정된 활하중에 대해 위에서 기술된 방법으로 각 조건식을 만족하도록 하중위치를 구해서 최대휨모멘트, 최대전단력, 절대최대 휨모멘트를 구하면 된다.

그러나 이 방법은 약간 복잡하고 수고가 들기 때문에 LS-하중에 대하여 모멘트표, 최대휨모멘트, 최대 전단력, 절대최대 휨모멘트에 관한 도표나 표, 기타 설계자료 등이 있으므로 이를 이용하여 구하면 쉽게 구할 수 있다.

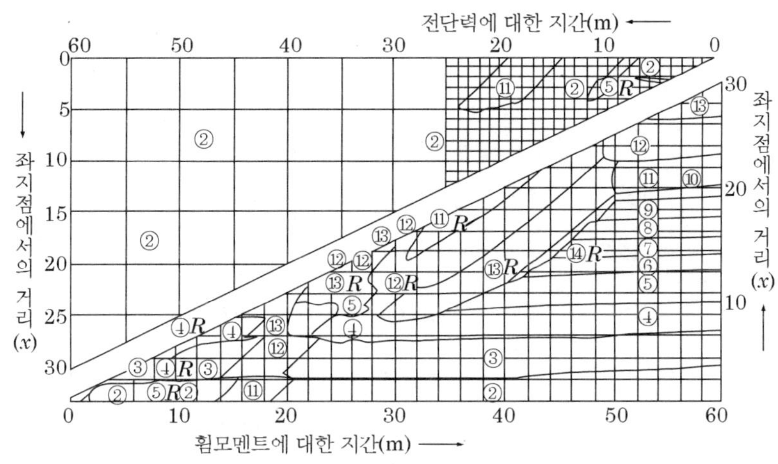

*R*자가 있는 것은 선두 차륜이 최대휨모멘트를 구하려는 점에서 먼쪽에 지점이 있는 경우이다.

그림 5-7 단순보의 최대 휨모멘트 최대 전단력이 생기는 L-하중

표 5-2 절대최대 휨모멘트에 관한 표

l : 지간(m)

x : 가까운쪽이 지점에서 절대최대 휨모멘트가 생기는 점 E까지의 거리(m)

공식이 적용되는 지간 l의 한도(m)	E점에 실는 등륜번호	x를 구하는 공식
3.375	S_1	$l/2$
5.598	3	$l/2$
8.284	3	$l/2-3/8$
10.337	3	$l/2-7/60$
10.491	4R	$l/2-3/140$
11.593	4R	$l/2-87/310$
14.459	4	$l/2-27/350$
16.093	4	$l/2-59/130$

표 5-2 절대최대 휨모멘트에 관한 표(계속)

공식이 적용되는 지간 l의 한도(m)	E점에 싣는 등륜번호	x를 구하는 공식
16.093	13	$l/2-21/430$
17.515	13	$l/2-201/470$
19.049	13	$l/2-1/34$
20.941	13	$1/3\{2(l+15.0)-\sqrt{(l+15.0)^2+333.25}\}$
22.018	13R	$1/3\{(l-34.0)+\sqrt{(l+17.0)^2+412.05}\}$
24.313	12	$1/3\{2(l+17.5)-\sqrt{(l+17.5)^2+476.85}\}$
24.940	13R	$1/3\{(l-38.0)+\sqrt{(l+19.0)^2+476.85}\}$
28.429	13	$1/3\{2(l+19.0)-\sqrt{(l+19.0)^2+476.85}\}$
29.692	12R	$1/3\{(l-47.0)+\sqrt{(l+23.5)^2+691.05}\}$
31.685	11R	$1/3\{(l-56.0)-\sqrt{(l+28.0)^2+1013.25}\}$
36.490	11R	$1/3\{(l-59.0)-\sqrt{(l+29.50)^2+1099.20}\}$
41.325	12R	$1/3\{(l-62.0)+\sqrt{(l+31.0)^2+1099.20}\}$
48.769	12	$1/3\{2(l+31.0)-\sqrt{(l+31.0)^2+1099.20}\}$
53.462	13	$1/3\{2(l+32.5)-\sqrt{(l+32.5)^2+1099.20}\}$
64.789	14	$1/3\{2(l+34.0)-\sqrt{(l+34.0)^2+1099.20}\}$
73.636	15	$1/3\{2(l+36.7)-\sqrt{(l+36.7)^2+1099.20}\}$
77.029	16	$1/3\{2(l+38.2)-\sqrt{(l+38.2)^2+1099.20}\}$
82.079	17	$1/3\{2(l+40.0)-\sqrt{(l+40.0)^2+1099.20}\}$
87.148	18	$1/3\{2(l+41.5)-\sqrt{(l+41.5)^2+1099.20}\}$
92.037	U	$1/2l\{l^2-366.4\}$

주의) 동륜번호에 R에 표시된 것은 먼 곳의 지점쪽에 기관차의 선륜이 오도록 하중을 싣는다.

표 5-3 모멘트표(레일당) 하중 L-18

	1	2	3	4	5	6	7	8	9	10	11	12	13	14	15	16	17	18	
	⑮ 2.4m	⑨ 1.5m	⑨ 1.5m	⑨ 1.5m	⑨ 2.7m	⑥ 1.5m	⑥ 1.8m	⑥ 1.5m	⑥ 2.4m	⑮ 2.4m	⑨ 1.5m	⑨ 1.5m	⑨ 1.5m	⑨ 2.7m	⑥ 1.5m	⑥ 1.8m	⑥ 1.5m	⑥ 1.5m	길이 1m에 대하여 30kN
등포하중선단	1,290 32.7 22,239.0	1245 30.3 20767.5	1155 28.8 18040.5	975 25.8 12991.5	1065 27.3 12991.5	885 23.1 10669.0	825 21.6 9283.5	765 19.8 7987.5	705 18.3 6799.5	645 15.9 5701.5	600 13.5 4996.0	510 12.0 3771.0	420 10.5 2691.0	330 9.0 1746.0	240 6.3 936.0	180 1.8 558.0	120 3.0 270.0	60 1.5 90	등분포 하중선단
18	1,290 31.2 20,304.0	1245 28.8 18900.0	1155 27.3 90.0	975 24.8 11528.0	975 24.3 11528.0	885 21.6 9342.0	825 20.1 8346.0	765 18.3 6840.0	705 16.8 5742.0	645 14.4 4734.0	600 12.0 4086.0	510 10.5 3006.0	120 9.0 2061.0	330 7.5 1251.0	240 4.8 276.0	180 3.3 90.0	120 1.5 90.0	1.5	18
17	1,230 29.7 18,450.0	1185 27.3 17122.5	1035 25.8 14565.5	1200 24.3 1005	815 22.8 10156.5	825 20.1 8104.5	765 18.6 6838.5	705 16.8 5782.5	645 15.3 4774.5	585 12.9 3856.5	540 10.5 3276.0	450 9.0 2331.0	360 7.5 1521.0	270 6.0 846.0	180 3.3 306.0	120 1.8 108.0	1200 1.5 90.0	3.0	17
16	1,170 27.9 26,363.0	1125 25.5 1507.5	1035 24.0 12802.5	945 22.5 10642.5	855 21.0 8617.5	765 18.3 6727.5	705 16.8 5629.5	645 15.0 4621.5	585 13.5 3721.5	525 11.1 2911.5	480 8.7 2412.0	390 7.2 1629.0	300 5.7 981.0	210 4.2 468.0	120 1.5 90.0	120 1.8 108.0	180 3.3 306.0	4.8	16
15	1,110 25.4 14,686.0	1065 24.0 13500.0	975 22.5 11340.0	885 21.0 9315.0	795 19.5 7425.0	705 16.8 5670.0	645 15.3 4662.0	585 13.5 3744.0	525 12.0 2934.0	465 9.6 2214.0	420 7.2 1782.0	330 5.7 1134.0	240 4.2 621.0	150 2.7 243.0	120 1.5 90.0	180 3.3 288.0	240 4.8 576.0	6.3	15
14	1,050 23.7 11,853.0	1005 21.3 10786.5	915 19.8 8869.5	825 18.3 7087.5	735 16.8 5440.5	645 14.1 3928.5	585 12.6 3082.5	525 10.8 2326.5	465 9.3 1678.5	405 6.9 1120.5	360 4.5 810.0	270 3.0 405.0	180 1.5 135.0	150 2.7 162.0	210 4.2 414.0	270 6.0 774.0	330 7.7 1224.0	9.0	14
13	960 22.2 10,113.0	915 19.8 9414.0	825 18.3 7632.0	735 16.8 5985.0	645 15.3 4473.0	555 12.6 3096.0	495 11.1 2340.0	435 9.3 1674.0	375 7.8 1116.0	315 5.4 648.0	270 3.0 405.0	180 1.5 135.0	180 1.5 135.0	240 4.2 387.0	300 5.7 729.0	360 7.5 1179.0	420 9.0 1719.0	10.5	13
12	870 20.7 9,108.0	825 18.3 8176.5	735 16.8 6529.5	645 1.53 5017.5	555 13.8 3640.5	465 11.1 2398.5	405 9.6 1732.5	345 7.8 1156.5	285 6.3 688.5	225 3.9 310.5	180 1.5 135.0	180 1.5 135.0	270 3.0 405.0	330 5.7 747.0	390 7.2 1179.0	450 9.0 1719.0	510 10.5 2349.0	12.0	12
11	780 19.2 7,938.0	735 16.8 7074.0	645 15.3 5562.0	555 13.8 4185.0	465 12.3 2943.0	375 9.6 1836.0	315 8.1 1260.0	255 6.3 774.0	195 4.8 396.0	135 2.4 108.0	180 1.5 135.0	270 3.0 405.0	360 4.5 810.0	420 7.2 1240	480 8.7 1764.0	540 10.5 2394.0	600 12.0 3114.0	13.5	11
10	690 16.8 6,282.0	645 14.4 5526.0	555 12.9 4230.0	465 11.4 3069.0	375 9.9 2043.0	285 7.2 1152.0	225 5.7 720.0	165 3.9 378.0	105 2.4 144.0	135 2.4 216.0	225 3.9 567.0	315 5.4 1053.0	405 6.9 1674.0	465 9.6 2250.0	525 11.1 2916.0	585 12.9 3690.0	645 14.4 4554.0	15.9	10
9	645 14.4 4,734.0	600 12.0 4086.0	510 10.5 3006.0	420 9.0 2061.0	330 7.5 1251.0	240 4.8 576.0	180 3.3 288.0	120 1.5 90.0	105 2.4 108.0	195 4.8 540.0	285 6.3 1107.0	375 7.8 1809.0	465 9.3 2646.0	525 12.0 3366.0	585 13.5 4176.0	645 15.3 5094.0	705 16.8 6102.0	18.3	9
8	585 12.9 3,856.5	540 10.5 3272.0	450 9.0 2331.0	360 7.5 1521.0	270 6.0 846.0	180 3.3 306.0	120 1.8 108.0	120 1.5 90.0	165 3.9 265.5	255 6.3 832.8	345 7.8 1534.5	435 9.3 2371.5	525 10.8 3343.5	585 13.5 4153.5	641.5 15.0 5053.5	705 16.8 6061.5	765 18.3 7159.5	19.8	8
7	525 11.1 2,911.5	480 8.7 2412.0	390 7.2 1629.0	300 5.7 981.0	210 4.2 468.0	120 1.5 90.0	120 1.8 108.0	180 3.3 306.0	225 5.7 562.5	315 8.1 1291.5	405 9.6 2155.5	495 11.1 3154.5	585 12.6 4288.5	645 15.3 5206.5	705 16.8 6214.5	765 18.6 7330.5	825 20.1 8536.5	21.6	7
6	465 9.6 2,214.0	420 7.2 1782.0	330 5.7 1134.0	240 4.2 621.0	150 2.7 243.0	120 1.5 90.0	180 3.3 288.0	240 4.8 576.0	285 7.2 900.0	375 9.6 1764.0	465 11.1 2763.0	555 12.6 3897.0	645 14.1 5166.0	705 16.8 6174.0	765 18.3 7272.0	825 20.1 8478.0	885 21.6 9774.0	23.1	6
5	405 6.9 1,120.5	360 4.5 810.0	270 3.0 405.0	180 1.5 135.0	150 2.7 162.0	210 4.2 414.0	270 6.0 774.0	330 7.5 1224.0	375 9.9 1669.5	465 12.3 2776.5	555 13.8 4018.5	645 15.3 5395.5	735 16.8 6907.5	795 19.5 8077.5	855 21.0 9337.5	915 22.8 10705.5	975 24.3 12163.5	25.8	5
4	315 5.4 648.0	270 3.0 405.0	180 1.5 135.0	180 1.5 135.0	240 4.2 387.0	300 5.7 729.0	360 7.5 1179.0	420 9.0 1719.0	465 11.4 2232.0	555 13.8 3474.0	645 15.3 4851.0	735 16.6 6363.0	825 18.3 8010.0	885 21.0 9270.0	945 22.5 10620.0	1005 24.3 12078.0	1065 25.8 13626.0	27.3	4
3	225 3.9 310.5	180 1.5 135.0	180 1.5 135.0	270 3.0 405.0	390 5.7 747.0	390 7.2 1179.0	340 9.0 1719.0	510 10.5 2349.0	555 12.9 2929.5	645 15.3 4306.5	735 16.8 5818.5	825 18.3 7465.5	915 19.8 9247.5	975 22.5 10597.5	1035 24.0 12037.5	1095 25.8 13585.5	1155 27.3 15223.5	28.8	3
2	135 3.4 108.0	180 1.5 135.0	270 3.0 405.0	360 4.5 810.0	420 7.2 1242.0	480 8.7 1764.0	540 10.5 2394.0	600 12.0 3114.0	645 14.4 3762.0	73.5 16.8 5274.0	825 18.3 6921.0	915 19.8 87.03.0	1005 21.3 10620.0	1065 24.0 12060.0	1125 25.5 13590.0	1185 27.3 15228.0	1245 28.8 1526.0	30.3	2
1	135 2.4 216.0	225 3.9 567.0	315 5.4 1053.0	405 6.9 1674.0	465 9.6 2250.0	525 11.1 2918.0	585 12.9 3690.0	645 14.4 4554.0	690 16.8 5310.0	780 19.2 7038.0	870 20.7 8901.0	960 22.2 10899.0	1050 23.7 13032.0	1110 26.4 14616.0	1170 27.9 16290.0	1230 29.7 18072.0	1290 31.2 19944.0	32.7	1
	1	2	3	4	5	6	7	8	9	10	11	12	13	14	15	16	17	18	

모멘트 단위 : 1kN · m, 하중단위 : 1kN, 거리단위 : 1m

표 5-4 전단력, 교각반력 및 휨모멘트표(1/2)활하중 LS −18 (1레일당)

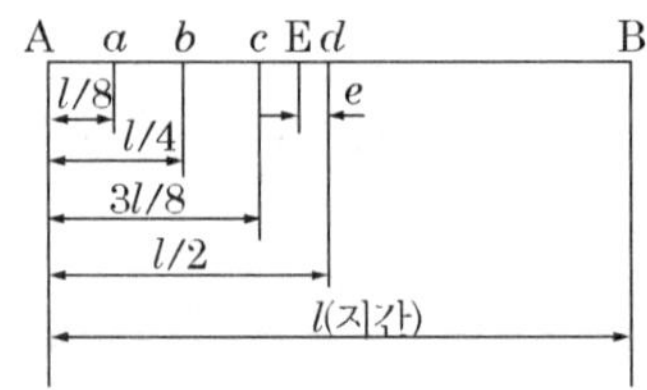

(E는 최대 휨모멘트가 생기는 점)

l(m)	전단력(kN)					교각반력 (kN)	휨모멘트(kN·m)					e(m)	l(m)
	V_A	V_a	V_b	V_c	V_d		M_a	M_b	M_c	M_d	M_E		
1.0	110.0	96.25	82.50	68.75	55.00	110.0	12.03	20.63	25.78	27.50	27.50	0	1.0
1.5	110.0	96.25	82.50	68.75	55.00	110.0	18.05	30.94	38.67	41.25	41.25	0	1.5
2.0	112.5	96.25	82.50	68.75	55.00	135.0	24.06	41.25	51.56	55.00	55.00	0	2.0
2.5	130.0	104.5	82.50	68.75	55.00	162.0	32.66	51.56	64.45	68.75	68.75	0	2.5
3.0	146.7	119.2	91.67	68.75	55.00	180.0	44.69	68.75	77.34	82.50	82.50	0	3.0
3.5	157.1	129.6	102.1	74.64	55.00	205.7	56.72	89.38	97.97	101.3	101.3	0	3.5
4.0	168.8	137.5	110.0	82.50	56.25	226.1	68.75	110.0	123.8	135.0	135.0	0	4.0
4.5	180.0	146.3	116.1	88.61	61.11	246.0	82.27	130.6	149.8	168.8	168.8	0	4.5
5.0	198.0	155.3	121.5	93.50	66.00	261.9	97.03	151.9	185.6	202.5	202.5	0	5.0
5.5	212.7	167.7	128.9	97.50	70.00	276.8	115.3	177.2	227.8	236.3	236.3	0	5.5
6.0	225.0	180.0	135.0	101.3	73.33	295.5	135.0	202.5	270.0	270.0	278.4	0.375	6.0
6.5	235.4	190.4	145.4	106.4	76.15	313.2	154.7	236.3	312.2	315.0	322.8	0.375	6.5
7.0	244.9	199.3	154.3	110.9	78.75	328.3	174.4	270.0	354.4	360.0	367.2	0.375	7.0
7.5	255.6	207.0	162.0	116.1	80.67	341.4	194.1	306.3	396.6	405.0	411.8	0.375	7.5
8.0	264.9	214.3	168.9	121.5	82.50	358.1	214.3	344.3	438.8	452.3	456.3	0.375	8.0
8.5	273.9	222.6	174.7	126.3	84.12	375.0	236.5	382.2	480.9	502.9	503.5	0.117	8.5
9.0	284.0	229.9	180.0	130.5	85.56	390.0	258.6	420.8	526.9	553.5	554.1	0.117	9.0
9.5	294.3	236.8	185.8	134.3	86.84	407.8	281.2	460.1	574.4	604.1	604.7	0.117	9.5
10.0	303.6	243.6	191.7	137.9	88.00	425.7	304.5	504.0	621.8	654.8	655.3	0.117	10.0
10.5	312.0	252.0	197.0	141.3	90.64	44.19	330.8	549.0	670.1	706.5	706.6	0.281	10.5
11.0	322.4	259.6	201.6	144.3	93.68	45.69	357.0	594.0	724.6	761.3	764.6	0.281	11.0
11.5	331.8	266.6	205.4	147.1	96.46	47.33	383.3	639.0	779.1	820.9	822.6	0.281	11.5
12.0	340.5	273.0	210.8	151.1	99.00	48.96	409.5	684.0	840.4	886.5	886.8	0.077	12.0
12.5	350.9	281.0	216.3	154.9	101.3	50.55	439.0	734.6	901.9	952.1	952.4	0.077	12.5

l(m)	전단력(kN)					교각반력 (kN)	휨모멘트(kN·m)					e(m)	l(m)
	V_A	V_a	V_b	V_c	V_d		M_a	M_b	M_c	M_d	M_E		
13.0	360.5	288.3	221.4	158.4	103.5	521.8	468.6	785.3	963.4	1,018	1,018	0.077	13.0
13.5	369.3	295.2	226.1	161.6	105.5	538.3	498.1	835.9	1,025	1,083	1,184	0.077	13.5
14.0	377.8	302.6	230.5	164.8	107.4	554.2	529.5	886.5	1,086	1,149	1,149	0.077	14.0
14.5	386.3	310.2	236.1	168.9	109.3	569.5	562.3	942.8	1,149	1,215	1,215	0.454	14.5
15.0	394.7	371.4	214.4	172.7	111.9	584.7	595.1	999.0	1,218	1,280	1,238	0.454	15.0
15.5	403.0	324.1	246.3	176.3	114.3	601.6	627.9	1,055	1,294	1,353	1,361	0.454	15.5
16.0	411.2	330.6	250.9	179.6	116.6	619.6	661.2	1,115	1,369	1,433	1,434	0.454	16.0
16.5	419.5	337.1	256.6	182.8	118.8	137.4	695.2	1,176	1,445	1,513	1,513	0.049	16.5
17.0	427.6	343.5	261.9	186.2	120.8	656.5	729.9	1,238	1,250	1,594	1,594	0.049	17.0
17.5	43.58	349.9	267.0	190.0	122.9	676.5	796.3	1,301	1,597	1,674	1,675	0.49	17.5
18.0	443.9	356.2	271.8	193.6	125.5	695.9	801.5	1,365	1,675	1,755	1,762	0.428	18.0
18.5	451.9	362.5	276.4	197.1	128.0	714.6	838.4	1,460	1,753	1,843	1,850	0.428	18.5
19.0	460.7	368.8	281.0	200.3	130.3	732.7	875.9	1,497	1,833	1,937	1,939	0.428	19.0
19.5	470.1	375.0	285.6	204.0	132.6	750.9	916.0	1,564	1,941	2,033	2,033	0.029	19.5
20.0	479.9	381.1	290.1	207.8	134.7	769.1	959.3	1,632	1,996	2,129	2,129	0.029	20.0
20.5	490.5	387.1	294.7	211.5	136.7	786.7	1,004	1,702	2,080	2,224	2,224	0.029	20.5
21.0	500.6	393.2	299.2	215.0	138.6	803.9	1,050	1,772	2,169	2,320	2,320	0.037	21.0
21.5	511.0	399.4	303.7	218.3	141.2	820.6	1,100	1,844	2,263	2,416	2,416	0.102	21.5
22.0	522.3	406.6	308.3	221.5	143.6	837.4	1,150	1,919	2,358	2,513	2,514	0.167	22.0
22.5	533.0	413.5	312.7	224.7	145.9	854.3	1,200	1,990	2,454	2,615	2,618	0.280	22.5
23.0	543.3	421.3	317.2	227.9	148.1	870.8	1,254	2,065	2,552	2,722	2,723	0.215	23.0
23.5	553.1	429.3	321.7	231.1	150.2	886.9	1,309	2,153	2,650	2,829	2,830	0.149	23.5
24.0	562.5	436.9	326.2	234.3	152.3	902.6	1,364	2,243	2,750	2,937	2,938	0.083	24.0
24.5	572.8	444.7	330.6	237.4	154.8	918.0	1,419	2,335	2,851	3,047	3,048	0.029	24.5
25.0	582.6	453.3	335.0	240.6	157.3	933.1	1,474	2,433	2,961	3,159	3,160	0.460	25.0
25.5	592.1	461.5	340.3	243.7	159.6	947.9	1,529	2,532	3,075	2,372	3,277	0.394	25.5
26.0	602.3	469.4	345.5	246.7	161.9	962.4	1,586	2,630	3,190	3,392	3,395	0.327	26.0
26.5	612.2	477.1	350.7	250.0	164.1	977.1	1,644	2,729	3,304	3,512	3,514	0.260	26.5
27.0	621.7	484.4	356.7	251.1	166.2	991.9	1,702	2,827	3,421	3,634	3,635	0.193	27.0
27.5	631.3	491.6	362.7	256.2	168.2	1,006	1,761	2,926	3,546	3,756	3,756	0.126	27.5
28.0	641.1	499.4	368.0	259.3	170.3	1,021	1,823	3,024	3,670	3,379	3,879	0.058	28.0
28.5	650.7	506.9	373.7	262.4	172.3	1,035	1,884	3,128	3,798	4,004	4,004	0.010	28.5
29.0	660.3	514.1	380.0	265.5	174.4	1,049	1,946	3,232	3,934	4,128	4,129	0.078	29.0
29.5	670.2	521.7	386.2	268.6	176.4	1,062	2,007	3,336	4,074	4,255	4,255	0.146	29.5
30.0	679.8	529.4	392.1	271.7	178.4	1,076	2,072	3,440	4,220	4,385	4,391	0.797	30.0

표 5-5 전단력, 교각반력 및 휨모멘트표(2/2) 활하중 LS-18 (1레일당)

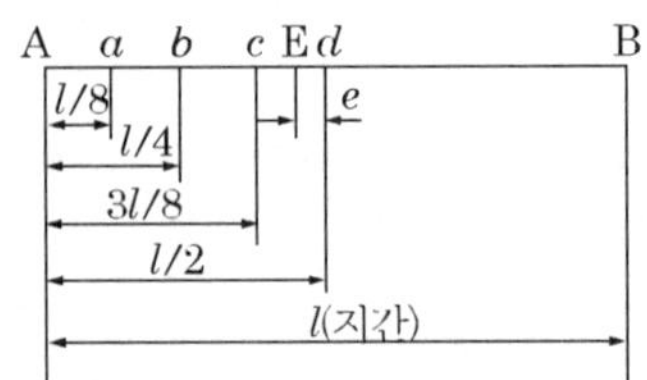

l(m)	전단력(kN)					교각반력 (kN)	휨모멘트(kN·m)					e(m)	l(m)
	V_A	V_a	V_b	V_c	V_d		M_a	M_b	M_c	M_d	M_E		
31	698.3	543.8	403.4	279.0	182.5	1,102	2,202	3,662	4,511	4,662	4,675	0.664	31
32	746.5	558.8	414.0	286.4	186.5	1,129	2,335	3,893	4,803	4,957	4,973	1.360	32
33	734.5	573.2	425.3	294.5	190.5	1,156	2,485	4,123	5,096	5,258	5,293	1.231	33
24	752.3	588.2	436.0	302.2	194.5	1,181	2,624	4,354	5,401	5,580	5,618	1.102	24
35	770.0	602.4	447.3	310.9	198.5	1,207	2,770	4,585	5,710	5,920	5,949	0.972	35
36	787.5	616.4	458.0	319.3	202.4	1,234	2,914	4,832	6,022	6,263	6,284	0.840	36
37	804.9	630.1	468.9	327.1	202.4	1,260	3,070	5,082	6,336	6,610	6,629	1.065	37
38	822.2	643.8	479.6	334.6	210.7	1,287	3,224	5,337	6,553	6,960	7,704	0.932	38
39	839.3	657.4	490.5	342.3	215.3	1,313	3,381	5,597	6,972	7,322	7,340	0.799	39
40	856.4	670.8	501.3	350.0	220.1	1,340	3,541	5,860	7,304	7,691	7,691	0.666	40
41	873.3	684.2	511.6	357.4	225.4	1,366	3,704	6,128	7,640	8,064	8,072	0.531	41
42	890.2	697.5	521.9	365.3	230.4	1,392	3,870	6,399	7,978	8,441	8,458	0.941	42
43	906.9	7107	530.2	372.7	235.5	1,419	4,038	6,675	8,318	8,822	8,834	0.804	43
44	923.6	723.8	542.1	380.1	241.1	1,445	4,210	6,956	8,661	9,212	9,224	0.666	44
45	940.2	736.8	552.1	387.8	246.4	1,472	4,384	7,240	9,007	9,611	9,619	0.528	45
46	956.8	750.1	562.0	395.1	251.5	1,499	4,562	7,529	9,356	10,010	10,020	0.389	46
47	973.2	762.7	571.9	402.8	256.3	1,527	4,742	7,822	9,707	10,420	10,420	0.249	47
48	989.7	775.5	587.7	410.3	261.0	1,555	4,925	8,130	10,060	10,830	10,830	0.108	48
49	100.6	788.3	591.4	417.4	266.1	1,582	5,110	8,447	10,430	11,250	11,250	0.033	49
50	102.2	801.1	601.1	424.6	271.0	1,610	5,299	8,767	10,810	11,660	11,660	0.174	50
51	103.9	813.8	610.7	431.6	275.6	1,638	5,491	9,092	11,220	12,090	12,090	0.316	51
52	105.5	826.4	620.3	438.6	280.7	1,666	5,688	9,422	11,640	12,510	12,520	0.459	52
53	107.1	839.6	629.9	445.6	285.6	1,694	5,890	9,755	12,060	12,950	12,950	0.620	53
54	108.7	851.6	639.4	452.6	290.3	1,722	6,095	10,090	12,500	13,390	13,390	0.212	54
55	110.3	864.1	648.9	459.5	295.1	1,750	6,303	10,430	12,950	13,840	13,840	0.357	55

l(m)	전단력(kN)					교각 반력 (kN)	휨모멘트(kN·m)					e(m)	l(m)
	V_A	V_a	V_b	V_c	V_d		M_a	M_b	M_c	M_d	M_E		
56	111.9	876.6	658.3	466.5	300.0	1,778	6,514	10,790	13,400	14,290	14,300	0.502	56
57	113.5	889.0	667.7	473.1	304.7	1,806	6,728	11,150	13,860	14,750	14,760	0.648	57
58	115.2	901.4	677.1	479.9	309.5	1,835	6,944	11,510	14,320	15,210	15,220	0.794	58
59	116.7	913.8	686.4	486.7	314.4	1,863	7,164	11,880	14,780	15,670	15,690	0.940	59
60	118.3	922.2	695.7	493.4	319.2	1,892	7,386	12,250	15,250	16,140	16,160	1.087	60
61	2,199	938.5	705.0	200.1	323.8	1,920	7,611	12,620	15,720	16,610	16,640	1.235	61
62	1,215	950.8	714.3	506.8	328.4	1,949	7,839	13,000	16,200	17,090	17,130	1.382	62
63	1,230	963.1	723.5	513.4	332.9	1,977	8,070	13,390	16,690	17,580	17,610	1.530	63
64	1,246	975.3	732.7	520.1	337.4	2,006	8,304	13,780	17,190	18,070	18,110	1.679	64
65	1,262	987.5	741.9		341.9	2,035	8,541	14,180	17,690	18,570	18,610	1.301	65
				526.7									
66	1,278	999.7	751.0	533.2	346.4	2,063	8,780	14,590	18,190	19,070	19,120	1.451	66
67	1,293	1,012	760.1	539.8	350.8	2,092	9,023	15,000	18,700	19,570	19,630	1.601	67
68	1,309	1,024	769.3	546.3	355.3	2,121	9,268	15,420	19,220	20,080	20,150	1.751	68
69	1,325	1,036	778.3	552.8	359.7	2,150	9,516	15,840,	19,740	20,590	20,670	1.901	69
70	1,341	1,048	787.4	559.3	364.0	2,179	9,767	16,260	20,260	21,120	21,200	2.052	70
71	1,356	1,060	796.5	565.8	368.4	2,207	10,020	16,690	20,790	21,660	21,740	2.203	71
72	1,372	1,073	805.5	572.3	372.8	2,236	10,280	17,120	21,320	22,000	22,270	2.355	72
73	1,387	1,085	814.5	578.7	377.2	2,265	10,540	17,560	21,860	22,750	22,820	2.506	73
74	1,403	1,097	823.5	585.1	381.4	2,294	10,800	18,010	22,410	23,310	23,370	1.719	74
75	1,419	1,109	832.5	591.6	385.7	2,323	11,070	18,470	22,970	23,880	23,940	1.872	75
76	1,434	1,121	841.5	598.0	390.0	2,352	11,330	18,920	23,530	24,550	24,510	2.025	76
77	1,450	1,133	850.5	604.3	394.3	2,381	11,610	19,380	24,090	25,020	25,080	2.178	77
78	1,465	1,145	859.4	610.7	398.6	2,410	11,880	19,850	24,660	25,600	25,670	1.950	78
79	1,481	1,157	868.4	617.1	402.8	2,440	12,170	20,320	25,230	26,190	26,270	1.966	79
80	1,496	1,169	877.3	623.4	407.0	2,463	12,450	20,790	25,810	26,790	26,870	2.121	80
81	1,512	1,181	886.2	629.8	471.3	2,498	12,740	21,290	26,390	27,390	27,470	2.275	81
82	1,527	1,193	895.1	636.1	415.5	2,527	13,030	21,780	26,980	28,000	28,080	2.430	82
83	1,543	1,205	904.0	642.4	419.7	2,556	13,320	22,280	27,570	28,620	28,700	1.963	83
84	1,558	1,216	912.9	648.7	423.9	2,585	13,620	22,790	28,170	29,240	29,320	2.119	84
85	1,574	1,228	921.7	655.0	428.1	2,615	13,920	23,300	28,780	29,870	29,960	2.274	85
86	1,589	1,240	930.6	661.3	432.2	2,644	14,220	23,820	29,400	30,500	30,590	2.430	86
87	1,604	1,252	939.4	667.5	436.4	2,673	14,520	24,350	30,020	31,140	32,230	2.585	87
88	1,620	1,264	948.3	673.8	440.5	2,702	14,580	24,890	30,640	31,790	31,890	2.226	88
89	1,635	1,276	957.1	680.0	444.7	2,732	15,140	25,430	31,270	32,450	32,540	2.382	89
90	1,651	1,288	965.9	686.3	448.8	2,261	15,450	25,450	31,000	33,120	33,210	2.538	90

l(m)	전단력(kN)					교각 반력 (kN)	휨모멘트(kN·m)					e(m)	l(m)
	V_A	V_a	V_b	V_c	V_d		M_a	M_b	M_c	M_d	M_E		
91	1,666	1,300	974.8	692.5	452.9	2,790	15,770	26,520	32,540	33,800	33,880	2.695	91
92	1,681	1,311	983.6	698.7	457.1	2,820	16,090	27,070	33,180	34,490	34,550	2.852	92
93	1,697	1,323	992.4	705.5	461.2	2,849	16,410	27,630	33,830	35,180	35,240	1.970	93
94	1,712	1,335	1,001	711.2	465.3	2,878	16,740	28,190	34,500	35,880	35,940	1.949	94
95	1,727	1,347	1,010	717.4	469.4	2,908	17,060	28,750	35,170	36,590	36,650	1.928	95
96	1,743	1,359	1,019	723.6	473.5	2,937	17,400	29,320	35,830	37,310	37,360	1.903	96
97	1,758	1,371	1,027	729.3	477.5	2,967	17,730	29,890	36,530	38,030	38,090	1.889	97
98	1,774	1,382	1,036	735.9	484.6	2,996	18,070	30,470	37,220	38,160	38,820	1.869	98
99	1,789	1,394	1,045	742.1	485.7	3,026	18,400	31,060	37,920	39,500	39,550	1.851	99
100	1,804	1,406	1,054	748.3	489.7	3,055	18,750	31,650	38,630	40,250	40,300	1.832	100

5.6 I-Beam 교의 설계

1. 설계개요

압연 I-Beam교의 설계는 비교적 간단하다. 즉 거더에 작용하는 절대최대 휨모멘트와 절대최대 전단력의 값을 구한 다음, 이 값에 대해 안전하게 저항할 수 있는 I형강의 적당한 단면을 강재 표나 자료 등에 의하여 결정하면 된다.

여기서,

M : 절대최대 휨모멘트 (kN.mm)

V : 절대최대 전단력(kN)

I : 중립축 주위의 단면2차모멘트(mm^4)

y_t : 중립축으로부터 인장 연까지의 거리(mm)

y_c : 중립축으로부터 압축련까지의 거리(mm)

t : 복부 판의 두께(mm)

A_g : 인장플랜지 총단면적(mm^2)

A_n : 인장플랜지 순단 면적(mm^2)

h : 높이(mm)

f_t : 휨모멘트에 의한 휨인장응력(Mpa)

f_c : 휨모멘트에 의한 휨압축응력(Mpa)

v : 전단응력(Mpa)

f_{ta} : 허용 휨인장응력(Mpa)

f_{ca} : 허용 휨압축응력(Mpa)

v_a : 허용전단응력(Mpa)

라 하면 다음 식을 만족해야 한다.

상부플랜지 : $f_c = \frac{M}{I} \cdot y_c \leq f_{ca}$

하부플랜지 : $f_t \leq \frac{M}{I} \cdot y_t \cdot \frac{A_g}{A_n} \leq f_{ta}$

전단력 : $v = 1.5 \frac{V}{th} \leq v_a$

또 I-Beam교에서는 처짐도 검산해 보아야 하며, 이때 허용 처짐은 **표 2-11**, **표 2-12**을 참고한다.

실재 처짐량은 근사적으로 식(2.7) 나 식(5-14) 에 의해 구해도 좋다.

$$\delta = \frac{5.5}{24} \left(\frac{f}{E}\right)\left(\frac{l}{h}\right) l \qquad (5\text{-}14)$$

2. 설계예

(1) 설계조건

하 중 : 1등교 DB-24

유효폭 : 9.2 m (3차선)

교 장 : 12 m (계산지간 11.3 m)

구조형식 : H형강을 사용한 단순지지의 비합성 거더교

허용응력 : 콘크리트 : $f_{ck} = 24$ Mpa$(n = 9)$, $f_{ca} = 0.4 \times 24 = 9.6$Mpa

철근 : SD 300 $f_{sa} = 150$ Mpa

강 재 : SS 400 (표3-10 ~표3-16)

인장연 140 Mpa , 압축연 140 Mpa

전단응력 80 Mpa , 지압응력 600 Mpa

(2) 단면의 가정

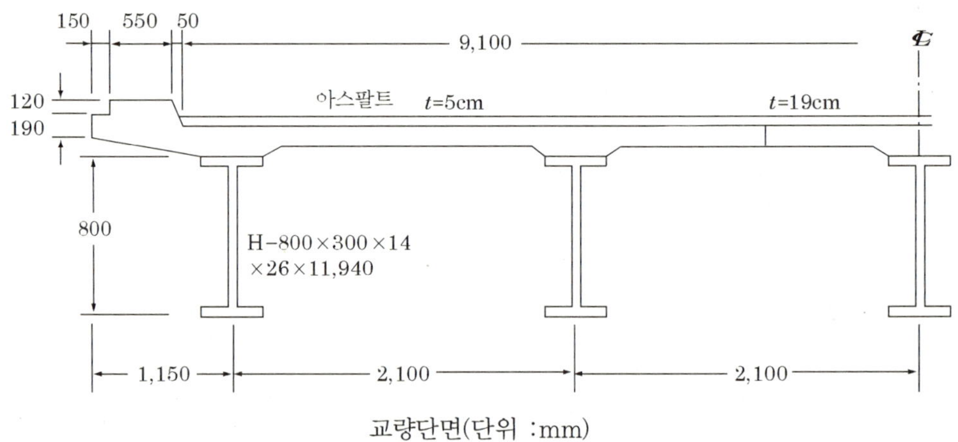

교량단면(단위 :mm)

단면은 그림과 같이 가정하고 주거 더는 H-800×300×14×26을 사용한다.

(3) 철근콘크리트 바닥판의 설계

연속부분만 계산하고 캔틸레버부분은 이에 준하기로 한다.

1) 휨모멘트와 전단력 계산

① 고정하중

포 장 :	0.05 × 2.3 = 1.15
콘크리트 슬래브 :	0.19 × 2.45 = 4.65
계	$w_d =$ 5.8kN/m

※ 바닥판의 최소두께는 도설3.6.1.5에 따라

차량진행방향에 직각이며 연속 판인 경우 :

3L+13=3(2.10−0.15)+13 = 18.85cm 이상으로 해야 되나 여기서는 19cm로 함

② 고정하중 모멘트

모멘트계수법에 의하여 계산함

$$M_d = \pm\frac{w_d L^2}{10} = \pm\frac{5.8\times 2.1^2}{10} = 2.56kN.m/m$$ (L 은 지지 보의 중심 간격)

③ 활하중에 의한 휨모멘트(식 5.1 항 참조)

주철근이 차량진행방향에 직각인 경우

$$\mathrm{M_{l+i}} = \frac{\mathrm{L}+0.6}{9.6}\mathrm{P_{24}}\times 0.8\times 1.3 = \frac{2.1+0.6}{9.6}\times 96\times 0.8\times 1.3 = 28.08\mathrm{kN.m/m}$$

$$i = \frac{15}{40+l} = \frac{15}{40+2.1} = 0.356 > \ 0.3$$

※ $i = 0.3$ 으로 함

④ 합계 휨모멘트

$$\mathrm{M} = \mathrm{M_d} + \mathrm{M_{l+i}} = 2.56 + 28.08 = 30.64\mathrm{kN.m/m}$$

⑤ 전단력

전단력에 대한 검토는 생략한다.

2) 단면의 결정

① 주철근

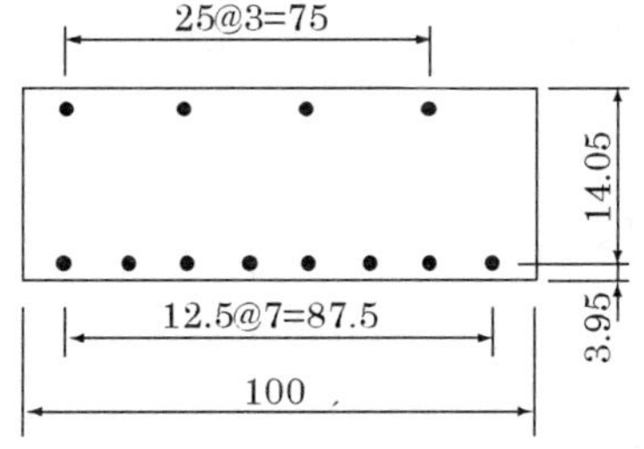

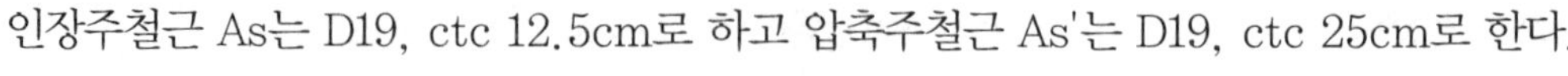

인장주철근 As는 D19, ctc 12.5cm로 하고 압축주철근 As'는 D19, ctc 25cm로 한다.

② 응력검토

$$As = 2.865 \times 100/12.5 = 22.92\,cm^2 \quad As' = \frac{1}{2} \times A_s = 11.46\ cm^2$$

$$d\ ' = 3.5 + \frac{1.9}{2} = 4.45\ cm \quad d = 19 - 4.45 = 14.55\ cm$$

$$\rho = \frac{22.92}{100 \times 14.55} = 0.01575 \quad \rho' = \frac{0.01575}{2} = 0.00788$$

$$k = \frac{x}{d} = -n(\rho + 2\rho') + \sqrt{n^2(\rho + 2\rho')^2 + 2n(\rho + 2\rho'\frac{d\ '}{d})}$$

$$= -9 \times 0.0315 + \sqrt{81(0.0315)^2 + 18 \times 0.0206} = 0.3882$$

따라서

$$x = k.d = 0.3882 \times 14.55 = 5.65\ cm$$

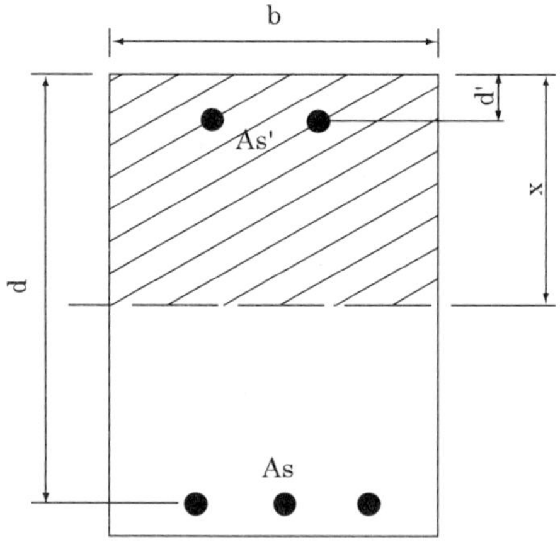

중립축의 위치

중립축에 대한 단면1차모멘트 :

$$G_i = G_c + G_s + G_s{}' = 0 \ \text{에서}$$

$$G_c = \frac{1}{2}bx^2$$

$$G_s = -nA_s(d-x)$$

$$G_s' = 2nA_s(x-d')$$

상기 값들을 대입하면

$$G_i = \frac{1}{2}bx^2 - nAs(d-x) + 2nAs'(x-d') = 0$$

x에 관하여 정리하면

$$\frac{1}{2}bx^2 + n(As+2As')x - n(2As'd' + As\,d) = 0$$

근의 공식에 의하여 x 값을 구한다.

$$x = \frac{-n(As+2s') \pm \sqrt{(nAs+2nAs')^2 - 4.\frac{1}{2}b(-nAsd - 2nAs'd')}}{2.\frac{1}{2}b}$$

+ 값만 취한다.

$$x = -\frac{n(As+2As')}{b} + \sqrt{\left(\frac{n(As+2As')}{b}\right)^2 + \frac{2n}{b}(As.d + 2As'd')}$$

$x = kd$ 에서

$$k = \frac{x}{d} = -\frac{n(As+2As')}{bd} + \sqrt{\left(\frac{n(As+2As')}{bd}\right)^2 + \frac{2n}{bd^2}(Asd + 2As'd')}$$

$$= -n(\rho+2\rho') + \sqrt{n^2(\rho+2\rho')^2 + 2n(\rho+2\rho'\frac{d'}{d})}$$

중립축에 대한 단면2차모멘트 $: I_i = I_c + I_s + I_s$ 에서

$$I_c = \frac{bx^3}{3}$$

$$I_s = nAs(d-x)^2$$

$$I_s' = 2nA_s(x-d\ ')^2$$

$$I_i = \frac{bx^2}{3} + 2nAs'(x-d\ ') + nAs(d-x)^2$$

$$= \frac{100\times 5.65^3}{100} + 18\times 11.46(5.65-4.45)^2 + 9\times 22.92(14.45-5.65)^2$$

$$= 22{,}649\ \ cm^4$$

$$\mathrm{f_c} = \frac{\mathrm{M}}{\mathrm{Ii}}.\mathrm{x} = \frac{30.64\times 10^6}{22.649\times 10^4}\times 56.5 = 7.6\mathrm{Mpa} \quad < \quad \mathrm{f_{ca}} = 9.6\,\mathrm{Mpa}$$

$$f_s = n\frac{M}{Ii}(d-x) = 9\times\frac{30.64\times 10^6}{22{,}649\times 10^4}(140.5-56.5)$$

$$= 108\ \ Mpa < \ \ f_{sa} = 150\,Mpa$$

(4) 주거더의 설계

1) 지간 및 경간

그림에서와 같이 계산지간은 11.3 m 가 된다.

고정하중에 대한 영향은 외측거더가 크고 활하중에 대한 영향은 내측거더가 커서 대개는 같은 하중을 받게 되므로 내측거더만 설계하고 외측거더는 내측거더와 같은 단면을 쓴다.

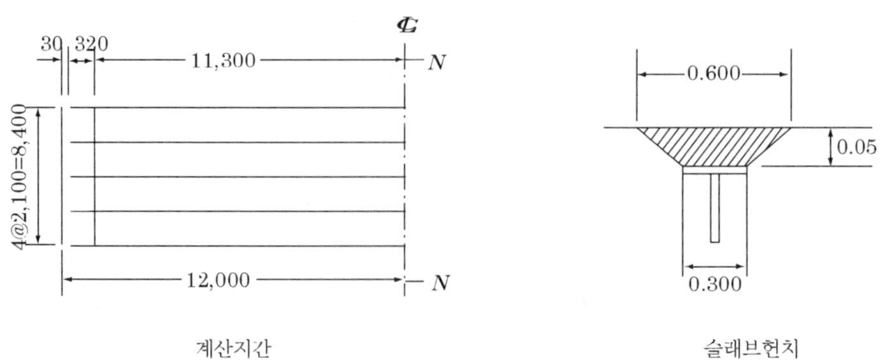

계산지간 슬래브헌치

2) 하중

① 고정하중

아스팔트 :	$0.05 \times 2.1 \times 23 = 2.42$
헌　　치 :	$\dfrac{0.3+0.6}{2} \times 0.05 \times 24.5 = 0.55$
콘크리트슬래브 :	$0.19 \times 2.1 \times 24.5 = 9.78$
강 재(H-빔, 기타) :	$= 2.25$
계	15.0 kN/m

② 활하중 및 충격하중

3차선이므로(도설 제3장 3.7.2)

$P = \dfrac{L}{1.65} P\ (1+i\ )$ 에서 (1.65 은 하중분배계수)

$$i = \frac{15}{40+l} = \frac{15}{40+11.3} = 0.292\ ,\ \mathrm{P} = 96\mathrm{kN}\quad \mathrm{L} = 2.1\ \mathrm{m}$$

후륜 : $P = \dfrac{2.1}{1.65} \times 96 \times (1+0.292) = 157.9kN$

전륜 : $P = \dfrac{2.1}{1.65} \times 24 \times 1.292 = 39.5kN$

3) 휨모멘트 및 전단력

① 고정하중

$$\mathrm{M_d} = \frac{\mathrm{wl}^2}{8} = \frac{15 \times 11.3^2}{8} = 239.4\mathrm{kN}\ \text{(중앙점)}$$

$$\mathrm{V_d} = \frac{\mathrm{wl}^2}{2} = \frac{1.5 \times 11.3^2}{2} = 84.8\mathrm{kN}\quad \text{(지점)}$$

② 활하중 및 충격

활하중이 통과시 절대최대휨모멘트는 지간중앙에서 0.7 m 점에서 발생한다.

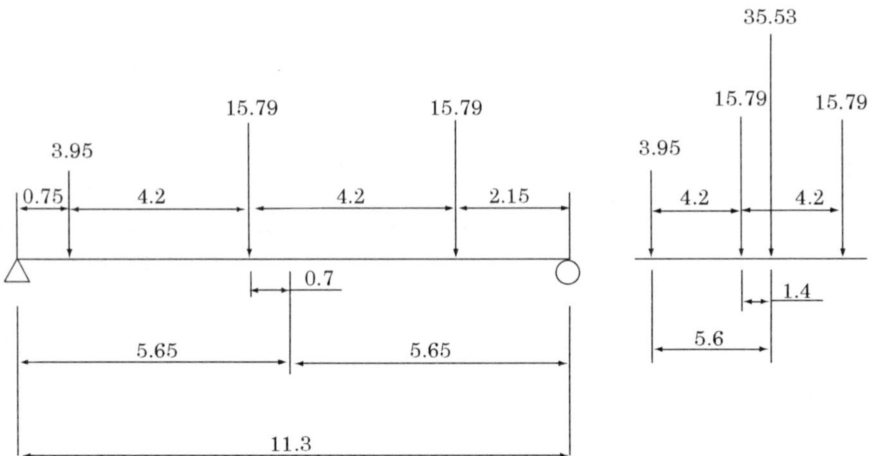

그러나 고정하중 휨모멘트와의 합은 대개 지간중앙점에서 최대가 되므로 활하중도 그림과 같이 재하 시켜 설계휨모멘트를 계산한다.

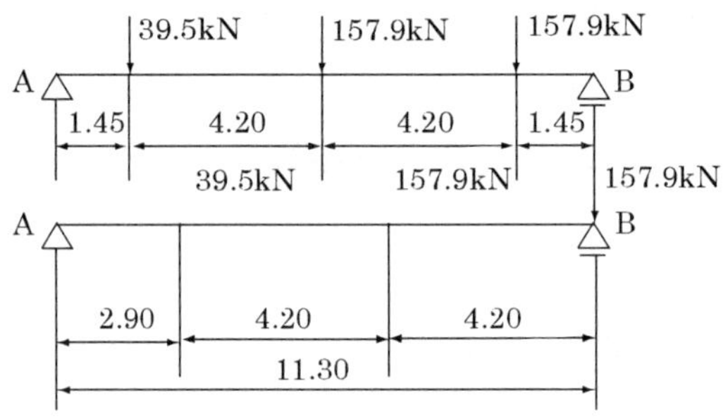

최대 휨모멘트 및 전단력의 재하상태

$$Rb = \frac{157.9 \times 9.85 + 157.9 \times 5.65 + 39.5 \times 1.45}{11.3} = 221.7\text{kN}$$

$$M_{l+i} = 221.7 \times 5.65 - 157.9 \times 4.2 = 589.4\text{kN}$$

$$V_{l+i} = R_B = \frac{153.9 \times 7.1 + 39.5 \times 2.9}{11.3} = 267.3\text{kN}$$

③ 합계휨모멘트 및 전단력

$$M = M_d + M_{l+i} = 239.4 + 589.4 = 828.8\text{kN}$$

$$V = V_d + V_{l+i} = 84.8 + 267.3 = 352.1\,kN$$

4) 단면결정

주거더로 H-빔 800×300×14×26을 쓰면 $I = 292{,}000\,cm^4$ (부록Ⅵ H형강)이므로 휨응력 및 전단응력은

$$f_t = \frac{M}{I}y = \frac{828.8\times10^6}{292{,}000\times10^4}\times400 = 113.5\,Mpa < \ f_{ta} = 140\,Mpa$$

$$v = \frac{3}{2}\times\frac{352{,}100}{14\times300} = 47.2\,Mopa < \ v_a = 80\,Mpa$$

(5) 기타부의 설계

1) 가로보 연결을 위한 수직보강재

강판의 돌 출각 (도설 제3장 강교3.8.5.2)

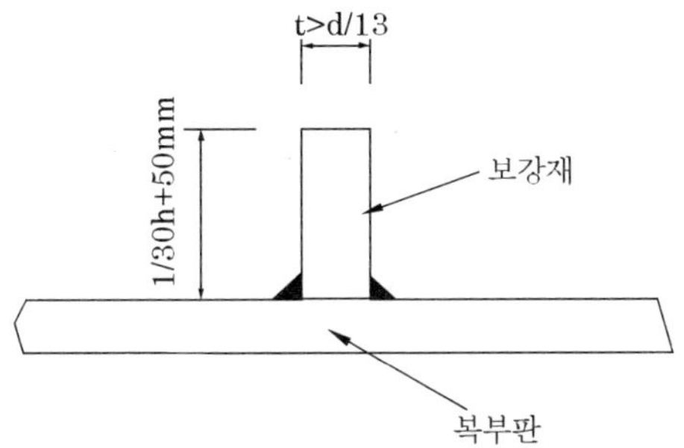

수직보강재의 돌출각 폭은 복부 판 높이의$\frac{1}{30}$ 에 50mm을 더한 값보다 크게 하는 것이 좋다.

돌출각의 두께는 그 폭의 $\frac{1}{13}$ 이상이 되어야 한다.

$$L = \frac{1}{30}h + 50 = \frac{800}{30} + 50 = 77\ mm$$

그러므로 $pl100\times14$ 은 복부 판 양쪽에 붙인다.

2) 가로보의 설계

풍압에 저항할 수 있는 강도 이상의 단면으로 설계한다.

① 유효 연직투사면적

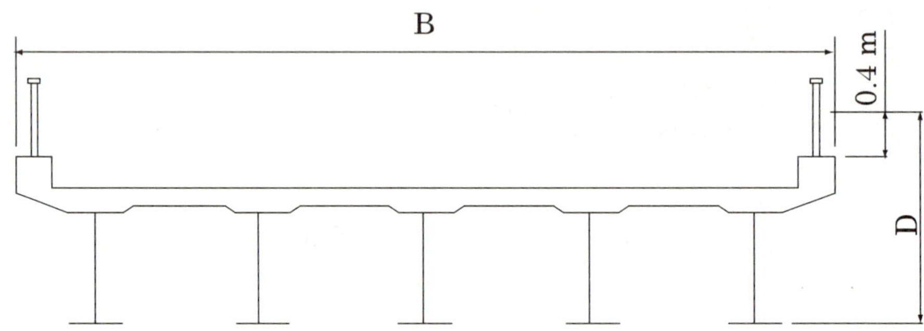

총높이 : D = 0.8 + 0.19 + 0.12 + 0.4 = 1.51 m

총 폭 : B = (0.15 + 0.55 + 0.05) ×2 + 9.2 = 10.70 m

② 풍압계산 (도설 제2장 2.1.11 또는 표 2-5 참조)

B/D = 10.7/1.51 = 7.1

1 〈 B/D 〈 8 이므로

$p = [4.0 - 0.2(B/D)]D \geqq 6 \quad (= [4.0 - 0.2 \times 7.1] \times 1.51 = 3.9 kN/m \quad)$

따라서 $p = 6 kN/m$

풍압에 의한 반력

$$R = \frac{pl}{2} = \frac{6.0 \times 12}{2} = 36 \ kN$$

③ 가로보의 설계

$300 \times 90 \times 9 \times 13 \times 2{,}036$을 사용하면$(A = 48.57 \ cm^2, r = 2.59 \ cm)$

$$\lambda = \frac{l}{r} \frac{= 203.6}{2.59} = 78.6$$

허용압축응력(표 3-12 참조)

$$f_{ca} = 140 - 0.84(\frac{l}{r} - 20) = 140 - 0.84(78.6 - 20) = 90.8 Mpa$$

소요단면 $A = \frac{R}{f_{ca}} = \frac{36,000}{90.8} = 396\ mm^2 <$ 사용 $A = 48.57\ cm^2$

너무 큰 것 같으나 비틀림 등을 고려해서 안전하게 그대로 사용하기로 한다.

(6) 주거더의 처짐

활하중 만에 의한 주거더의 휨모멘트 M_l 은 사용하중만으로 계산

$$M_l = M_{l+i} \times \frac{1}{(1+i)} = 589.4 \times \frac{1}{1.292} = 456.2\,kN$$

$$f_l = \frac{M_i}{I}.y = \frac{456.2 \times 10^6}{292,000 \times 10^4} \times 400 = 62.5\,Mpa$$

$$※ \quad \delta = \frac{5wl^4}{384EI} = \frac{5}{24E}.\frac{wl^2h}{16I}.\frac{l^2}{h}$$

$$= \frac{5}{24}.(\frac{f}{E}).(\frac{l}{h}).l$$

$$≒ \frac{5.5}{24}(\frac{f}{E})(\frac{l}{h}).l$$

$$= \frac{5.5}{24}(\frac{62.5}{2.1 \times 10^5})(\frac{11,300}{800}) \times 11,300 = 10.9\ mm$$

허용 처짐은 **표 2-11**에 의해 구하면 다음과 같다.

$$\delta_a = \frac{L(mm)}{20,000/L(m)} = \frac{11,300}{20,000/11.3} = 6.4mm$$

계산 처짐은 허용 처짐을 넘으나 강도상으로 안전하고 I 값은 주거더와 슬래브가 거의 일체로 된 단면으로 작용하기 때문에 실제 처짐은 계산 처짐보다 훨씬 적을 것으로 본다. 따라서 그대로 사용한다.

Chapter ⋙ 6

용접플레이트 거더교

6.1 일반사항 및 특징

I형 단면은 매우 경제적인 거더 단 면형으로써 널리 이용되고 있다. I형 단면에는 크게 압연I형강(壓延I形鋼)과 용접I형(鎔接I形), 플레이트거더교(板形)가 이용되는데, 압연I형강은 국내에서 제작되는 최대치수가 높이 900mm, 플랜지 폭 300mm로 제한되어 있어 교량용 거더로는 지간에 제한을 받는다. 반면에 용접플레이트거더교는 필요한 단면의 크기를 강판을 이용하여 제작하여 사용하므로 단면 크기의 제한을 적게 받는다. 일반적으로 국내에서 생산되는 강판의 최대 폭은 4,500mm에 이루고 길이는 최대 25m에 이른다. 두께는 폭과 길이에 따라 차이가 있으나 50mm 이상까지도 생산되고 있다.

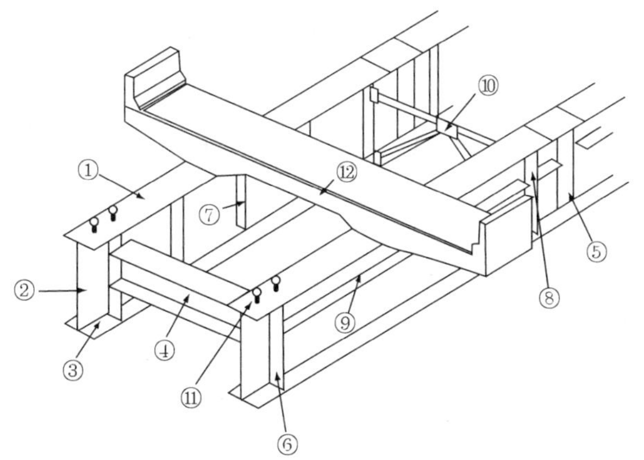

① 상부플랜지
② 복부판
③ 하부플랜지
④ 가로보
⑤ 주형이음
⑥ 지점부 수직보강재
⑦ 중간 수직보강재
⑧ 하부 집중점보강재
⑨ 수평보강재
⑩ 수직브레이싱
⑪ 전달연결재
⑫ 바닥판

그림 6-1 플레이트거더교의 일반적인 형상

플레이트거더교의 일반적인 형상과 각 부분의 명칭을 **그림 6-1**과 같이 나타내었다. 플랜지는 주로 휨모멘트에, 복부 판은 전단력에 저항한다. 보강재는 복부 판의 좌굴을 방지하기 위하여 사용하며, 거더의 중간에 설치하는 수직보강재(transverse stiffener)를

중간보강재(intermediate stiffener), 받침부위에 설치하는 것을 단보강재(stiffener)라고 한다. 수평보강재(longitudinal stiffener)는 필요에 따라 복부 판의 압축 측에 사용한다. 인접거더 사이에는 수평브레이싱과 수직브레이싱을 설치한다.

1. 구조형식 및 특징

플레이트거더교의 구조는 얇은 강판을 조립·용접 등에 의하여 연결한 형식을 가진다. 지간이 10~25m 정도의 형교에는 단일 성형된 압연I형강을 이용한다. 그러나 지간이 커지면 이러한 단일부재로서는 일반적으로 완전히 저항할 수 없게 된다. 그래서 적당한 치수의 강판을 조합한 플레이트거더교가 이용된다. 이러한 형태는 I형단면, Ⅱ형단면, 상자형단면이 있으며 I형단면이 기본적으로 단순플레이트거더교에 사용된다.

I형단면 단순플레이트거더교의 특징은 다음과 같다.

① 단면을 구성하는 부재의 수가 적기 때문에 구조가 단순하다. 따라서 단면의 응력상태를 명확하게 알 수 있다.

② 구조가 단순하기 때문에 유지관리가 용이하다.

③ 외관이 좋다.

④ 부재의 수가 적으므로 제작이 쉽다.

⑤ 용접구조가 최적으로 쓰일 수 있다. 구조물의 중량에 비하여 용접 량을 줄일 수 있고 또한 자동용접이 적용 가능하여 제작의 자동화가 가능하다.

⑥ 구조계 전체의 붕괴를 제외하면 파괴가 단계적으로 진행되므로 순간적인 파괴가 일어나지 않아 높은 안전율을 확보할 수 있다.

그러나 이점이 있는 반면 다음과 같은 단점이 있다.

① 복부 판의 경우 얇은 판으로 구성되어 있으므로 판의 변형 특히 좌굴에 대한 주의가 필요하다. 따라서 복부 판에는 보강재로 보강을 할 필요가 있다.

② 비교적 큰 블록으로 제작하기 때문에 운반과 가설 상에 제약을 받은 경우가 있다.

플레이트거더교는 주형의 지지상태에 따라 단순형교, 연속형교, 게르버형교 등으로 분류되며 주형의 형상 및 배치에 따른 분류 예가 **그림 6-2**에 나타낸다.

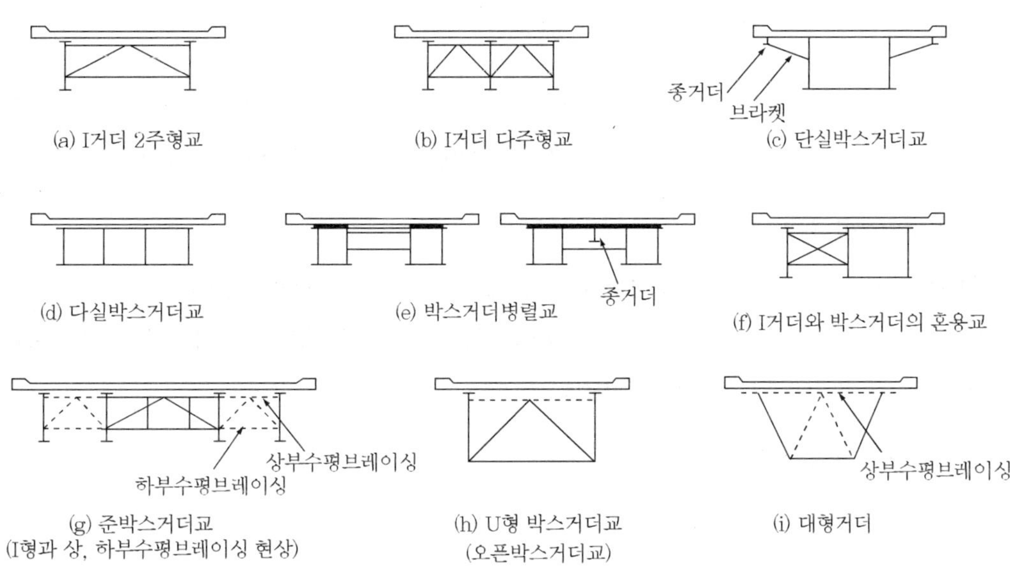

그림 6-2 주형의 형상 및 배치에 따른 판형교의 분류

주형간격은 철근콘크리트 바닥판의 지간이 되는 경우가 많다. 주형간격을 크게 하면 철근콘크리트 바닥판이 두꺼워져 바닥판에 의한 자중이 커진다. 또 주형간격을 작게 하여 주형의 개수를 늘리면 강중이 커져 비경제적이다. 따라서 주형간격과 바닥판의 관계에 대한 분석을 통해 경제적인 간격과 단면을 결정하여야 한다.

철근콘크리트 바닥판과 강거더 와의 연결 상태에 따라 비합성거더와 합성거더로 구분한다.

6.2 설계일반

교량의 지간, 폭, 등급, 형식, 강재종류 등 교량가설위치의 입지적 여건과 경제성 및 시공성 등을 고려하여 설계조건을 정한다. 이들 조건에 의하여 강재의 허용응력 및 단위체적당 중량 등의 설계요소를 결정하도록 한다.

① 바닥판의 설계

바닥판은 직접하중이 접속하는 부재로 차륜하중과 고정하중에 대하여 설계한다. 이 설계에서는 바닥판의 두께와 철근 량의 결정이 이루어진다.

② 주형의 설계

주형은 바닥판에서 받은 하중을 지점에 전달하는 구조로 활하중(DB-하중 또는 DL-하중)을 고정하중과 함께 검토하여, 주행단면, 이음, 보강재의 설계를 수행한다.

③ 수직브레이싱의 설계

수직브레이싱에도 교량 양단의 단브레이싱과 중간부의 중간브레이싱이 있다. 수직브레이싱은 교량의 입체적인 구조를 유지할 수 있도록 한다. 일반적으로 트러스로서 설계하고 부재로는 ㄷ형강 또는 L형강을 사용한다.

④ 수평브레이싱의 설계

수평브레이싱은 풍하중과 같은 활하중에 저항하도록 설치한다. 일반적으로 L형강을 사용한다.

⑤ 받침의 설계

받침은 교량의 고정하중과 활하중을 교대 또는 교각으로 전달하는 기구로서 지점반력에 의하여 설계한다.

1. 주거더의 높이와 처짐

용접 플레이트거더에서 주거더의 높이는 상하플랜지 배면 사이의 높이를 말하며, 지간을 l이라 할 때 보통 도로교에서는 $\frac{l}{15} \sim \frac{l}{17}$, 철도교에서는 $\frac{l}{10} \sim \frac{l}{15}$ 정도로 하는데 이것은 가설지점에서 다리밑 공간(clearance), 처짐의 제한 및 경제적인 높이 등을 고려하여 정한다.

※ 식의 유도

$\delta_{\max} = \frac{5wl^4}{384EI}$ 에서

$f = \frac{M}{I}y = \frac{M}{I} \times \frac{h}{2} = \frac{1}{I} \times \frac{wl^2}{8} \times \frac{h}{2} = \frac{wl^2 h}{16I}$ $\left(M = \frac{wl^2}{8}\right)$ 에서

$\therefore \frac{f}{h} = \frac{wl^2}{16I}$

$$\delta = \frac{5l^2}{24E}(\frac{wl^2}{16I}) = \frac{5l^2}{24E}(\frac{f}{h}) \text{ 에서 } \quad \frac{\delta}{l} = \frac{5}{24}.\frac{f}{E}.\frac{l}{h}$$

$$\therefore \frac{h}{l} = \frac{5}{24} \cdot \frac{f}{E} \cdot \frac{l}{\delta}$$

여기서

① $\frac{l}{\delta} = 1000, \quad f = 1000 \ kg/cm^2,, \quad E = 2.1 \times 10^6 \ kg/cm^2$

$$\frac{h}{l} = \frac{5}{24} \times \frac{1000}{2.1 \times 10^6} \times 1000 = \frac{1}{10}$$

② $\frac{l}{\delta} = 600, \quad f = 1000 \ kg/cm^2, \quad E = 2.1 \times 10^6 \ kg/cm^2$

$$\frac{h}{l} = \frac{5}{24} \times \frac{1000}{2.1 \times 10^6} \times 600 = \frac{1}{15}$$

③ $\frac{l}{\delta} = 500, \quad f = 1000 \ kg/cm^2, \quad E = 2.1 \times 10^6 \ kg/cm^2$

$$\frac{h}{l} = \frac{5}{24} \times \frac{1000}{2.1 \times 10^6} \times 500 = \frac{1}{20}$$

경제적인 주거더의 높이는 이론적으로 강의 무게를 최소로 하는 높이로서 다음 식으로 구한다.

거더의 경제적인 높이 ; $h = 1.1\sqrt{\frac{M}{f \cdot t}}$ (6.1)

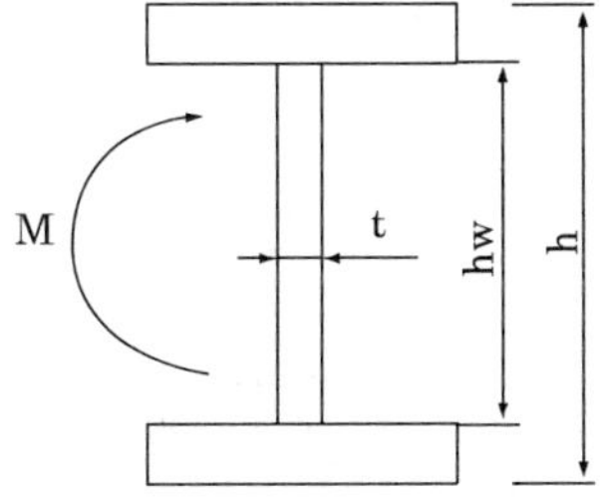

그림 6-3 거더에 작용하는 휨모멘트

상기식의 유도

$$I=\frac{t.h_w^3}{12}+2.A_f(\frac{h}{2})^2=\frac{h^2}{2}(\frac{t.h}{6}+A_f)$$ 여기서 $h \fallingdotseq h_w$

$$f=\frac{M}{I}.y=\frac{M}{I}\times\frac{h}{2}=\frac{Mh}{2I}=\frac{Mh}{2}\times\frac{2}{h^2(\frac{t.h}{6}+A_f)}=\frac{M}{h(A_f+\frac{A_w}{6})}$$

여기서 $t.h=A_w$

$$f.h(A_f+\frac{A_w}{6})=M$$ 에서 $A_f=\frac{M}{f.h}-\frac{A_w}{6}$

리벳트공을 공제한 웨브의 단면적은 4 % 감소시킨다.

$$\therefore\ A_f=\frac{M}{f.h}-\frac{A_w}{8} \tag{6.2}$$

여기서 M 은 중앙부 최대휨모멘트 평균단면적은 80 % 로 보아 판형 전 중량은

$$W=2(\frac{M}{f.h}\times 0.8-\frac{A_w}{8})w.l+(1+0.6)A_w.w.l$$

웨브는 보강재 및 리벳 등으로 50 ~70 % 중량 증가(60 % 증가를 보았다.)

w : 강의 단위중량

$$W=(1.6\frac{M}{f.h}-\frac{h.t}{4})w.l+1.6t.h.w.l$$

경제적인 높이는 : $\frac{\partial\ W}{\partial\ h}=0$

$$\frac{\partial\ W}{\partial\ h}=[\frac{1.6Mf}{(f.h)^2}-\frac{t}{4}]w.l+1.6w.l=0$$

$$-1.6\frac{M}{f.h^2}-\frac{t}{4}+1.6t=0\ \rightarrow\ \frac{1.6M}{f.h^2}=\frac{5.4t}{4}$$ 에서

$$h^2=\frac{6.4M}{5.4f\ t}$$ 이므로

$$h = 1.088\sqrt{\frac{M}{f.t}} \fallingdotseq 1.1\sqrt{\frac{M}{f.t}}$$

처짐에 대해서는 단순보에 등분포하중이 재하될 때 중앙지점에서 최대이며 그 값은 다음과 같다.

$$\delta = \frac{5}{384}\cdot\frac{wl^4}{EI} = \frac{5}{24}\cdot\frac{l^2}{h}\cdot\frac{f}{E} \tag{6.3}$$

여기서,

$$f = \frac{M}{I}.y = \frac{wl^2}{8l}.\frac{h}{2} = \frac{wl^2h}{16l}$$

플랜지 단면은 어느 단면에서도 응력이 같게 일어나도록 이상적으로 변화시킨 경우 δ의 값은 다음과 같이 표시된다.

$$\delta = \frac{5.5}{24}\left(\frac{f}{E}\right)\frac{(l}{h})l \tag{6.4}$$

2. 플레이트 거더의 휨응력

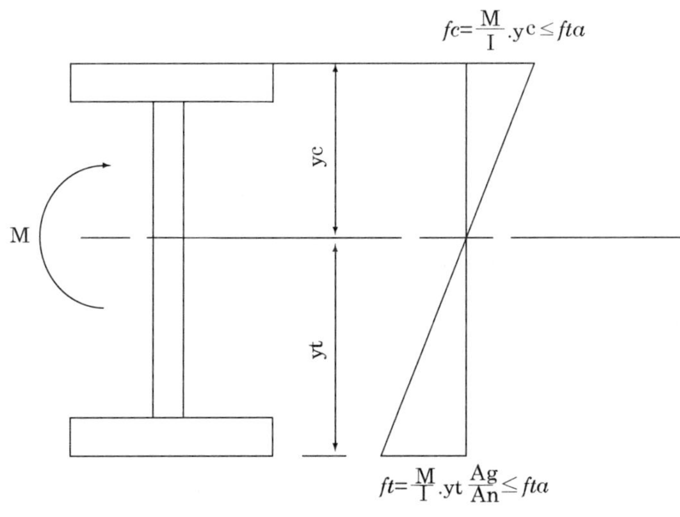

그림 6-4 거더의 휨응력

$$f_c = \frac{M}{I} y_c \leqq f_{ca} \qquad (6.5)$$

$$f_t = \frac{M}{I} y_t \frac{A_g}{A_n} \leqq f_{ta}$$

여기서

f_c : 압축연응력

f_t : 인장연응력

M : 휨모멘트

I : 총단면의 중립축에서 2차모멘트

y_c : 중립축에서 압축연까지의 거리 y_t : 중립축에서 인장연 까지의 거리

A_g : 인장플랜지의 총단면적 A_n : 인장플랜지의 순단면적

3. 복부 판

복부 판은 주로 전단력에 저항한다.

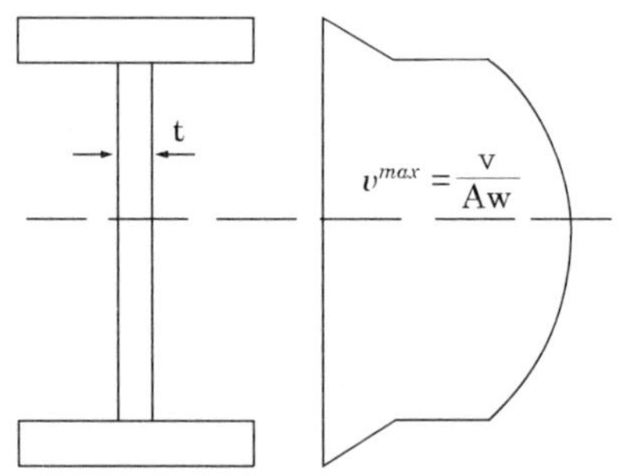

그림 6-5 복부 판의 전단응력

$$v_b = \frac{V}{A_w} \qquad (6.6)$$

여기서

v_b : 휨모멘트에 따르는 전단응력

V : 휨모멘트에 따른 전단력

A : 복부 판의 총단면적

복부 판의 두께는 전단력이나 휨모멘트에 의하여 좌굴될 염려가 있으므로 도로교 및 철도교에서는 수직 및 수평브레이싱을 두어 다음과 같아 제한한다.

(1) 도로교

표 6-1 최소 복부 판 두께 (도설 3.8.4)

	SS 400 SM 400 SMA 41	SM 490	SM 490Y SM 520 SMA 50	SM 570 SMA 58
수평보강재가 없을때	$\frac{b}{152}$	$\frac{b}{130}$	$\frac{b}{123}$	$\frac{b}{110}$
수평보강재 1단을 사용할 때	$\frac{b}{256}$	$\frac{b}{220}$	$\frac{b}{209}$	$\frac{b}{188}$
수평보강재 2단을 사용할 때	$\frac{b}{310}$	$\frac{b}{310}$	$\frac{b}{294}$	$\frac{b}{262}$

여기서 b : 상, 하 양플랜지의 순간격

(2) 철도교

표 6-2 중간수직보강제가 있는 경우 복부 판의 최소두께(철설, 제 2 편 5.3.1)

	최대폭 두께비(D/t)	
	수평보강재가 없는 경우	수평보강재가 1개 있는 경우
SS 400, SM 400 ,SMA 41	145	250
SM 490	125	250
SM 490Y, SM 520, SMA 50	120	250
SM 570, SMA 58	105	250

여기서

t : 복부 판의 두께 (cm)

D : 복부 판의 높이 (cm)

f : 복부 판의 연압축응력 (kg/cm^2)

f_{cao} : $\frac{l}{r}=0$ 일 때의 허용압축응력

표 6-3 중간수직보강재가 없을때 복부판의 최소 두께(철설 제2편 5.3.2)

	최대폭 두께비 (D/t)	
	플랜지에서 직접 침목을 받은 부재의 복부판	플랜지에서 재하하지 않은 부재의 복부판
SS 400, SM 400, SMA 41	70	$\frac{630}{\sqrt{v}}$ 다만, 110 이하
SM 490	60	
SM 490Y, SM 520, SMA 50	55	$\frac{630}{\sqrt{v}}$ 다만,100이하
SM 570, SMA 58	50	

여기서 v : 전단응력 (Mpa)

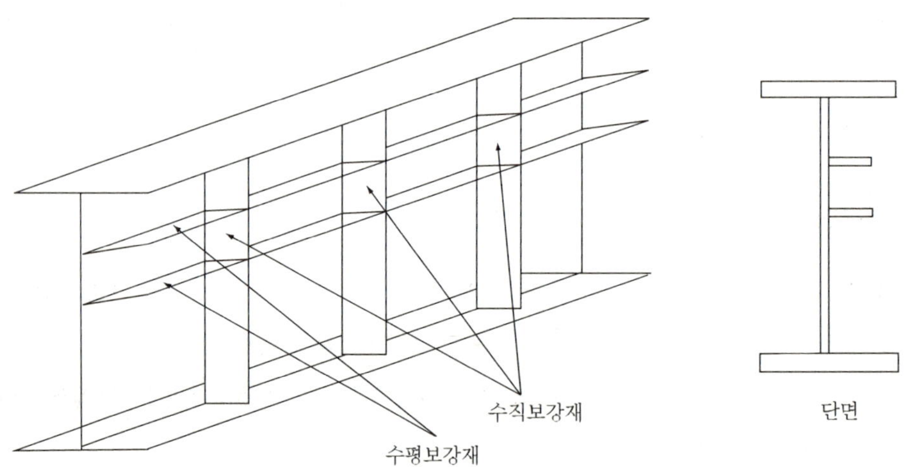

그림 6-6 수평 및 수직브레이싱

4. 플랜지

(1) 플랜지의 단면적

주거더의 높이를 정하고 플랜지 단면을 구하려면 **그림 6-7**에서 플랜지 중심간 거리를 h라 한다. 용접플레이트거더의 설계에서 휨모멘트에 의한 플랜지의 허용응력은 일반적으

로 인장연과 압축 연에서 다르기 때문에 이것들을 각각 f_t, f_c라하고, 단면적은 복부 판이 $h.t$, 압축플랜지는 A_c, 인장플랜지는 A_t, 작용모멘트를 M 이라 하면 그림에서

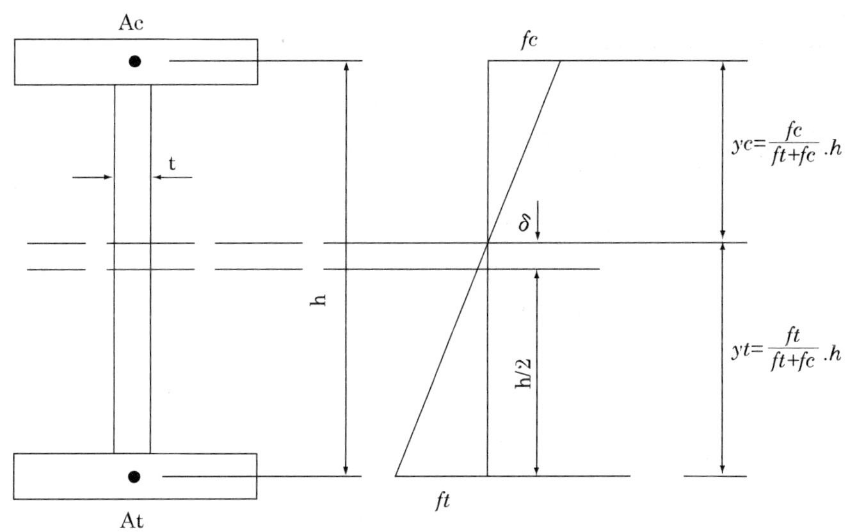

그림 6-7 플랜지 응력

① 도심축의 위치

$(f_c+f_t): f_c=h: y_c$에서

$$\therefore\ y_c=\frac{f_c}{f_c+f_t}.h$$

$(f_c+f_t): f_t=h: y_t$에서

$$\therefore\ y_t=\frac{f_t}{f_c+f_t}.h$$

② 편심량의 위치

$$\delta=y_t-\frac{h}{2}=y_t-\frac{1}{2}(y_c+y_t)=\frac{1}{2}(y_t-y_c)=\frac{1}{2}\left(\frac{f_t.h}{f_c+f_t}-\frac{f_c.h}{f_c+f_t}\right)=\frac{f_t-f_c}{f_c+f_t}.\frac{h}{2}$$

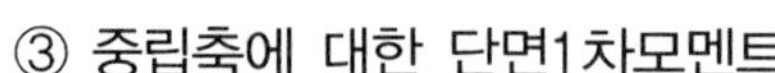

③ 중립축에 대한 단면1차모멘트

$$A_t \cdot y_t + h.t.\delta - A_c \cdot y_c = 0 \tag{6.7}$$

④ 중립축에 대한 저항모멘트

$$A_t \cdot f_t \cdot y_t + \frac{1}{2} \cdot f_t \cdot y_t \cdot t \cdot \frac{2}{3} \cdot y_t + \frac{1}{2} \cdot f_c \cdot y_c \cdot t \cdot \frac{2}{3} \cdot y_c + A_c \cdot f_c \cdot y_c = M \tag{6.8}$$

(6.7), (6.8) 식을 A_c ,A_t 관하여 정리하면

$$A_c = \frac{M}{f_c \cdot h} - \frac{h.t}{6} \cdot \frac{2f_c - f_t}{f_c} \tag{6.9}$$

$$A_t = \frac{M}{f_t \cdot h} - \frac{h.t}{6} \cdot \frac{2f_t - f_c}{f_t}$$

(2) 플랜지판의 최소두께

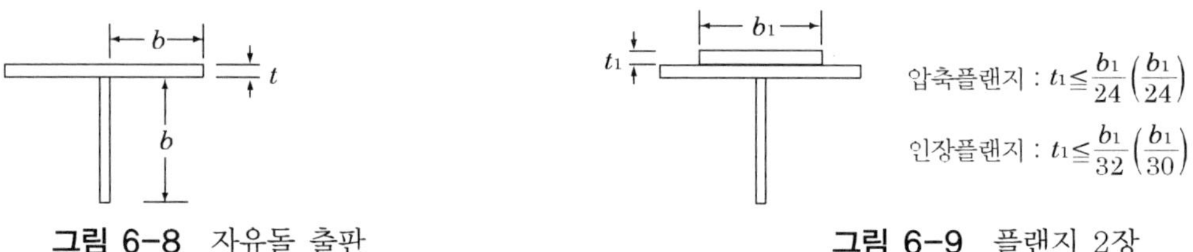

그림 6-8 자유돌 출판

그림 6-9 플랜지 2장

① 압축을 받은 플랜지의 자유 돌출부의 판 두께는 자유 돌출부의 1/16 이상으로하고 인장력을 받은 플랜지의 자유 돌출부의 판의 두께는 강재종류에 관계없이 플랜지 자유돌출폭의 1/16 이상으로 한다.

② 플랜지는 1장 또는 2장으로 만드는 것을 원칙으로 한다.

③ 외측 플랜지판의 두께는 내측플랜지판 두께의 1.5배 이하라야 하고 압축플랜지에서는 외측플랜지 폭의 1/24 이상, 인장플랜지에서는 외측 플랜지판 폭의 1/32 이상으로 하여야 한다.

④ 자유 돌출부의 국부좌굴에 대한 허용응력은 다음과 같다.

이 값은 판 두께 40mm 이하에 대한 값이고 40 mm 나 다른 강재종류에 대해서는

도로교시방서 (제3장 3.4.2.2)

표 6-4 자유 돌출 판의 국부좌굴에 대한 허용응력(도설 제3장 3.4.2.2)

강재의 종류	국부좌굴에 대한 허용응력(kg/cm²)		
SS 400 , SM 400	1,400	:	b/13.1 ≤ t
SMA 41	240,000 (t/b)2	:	b/16 ≤ t 〈 b/31.1

5. 덮개판

플레이트거더의 플랜지 단면은 휨모멘트에 대하여 덮개 판의 매수를 가감하여 변화시키며 덮개 판의 길이를 구하는 방법에는 이론적인 방법과 도해적인 방법이 있다.

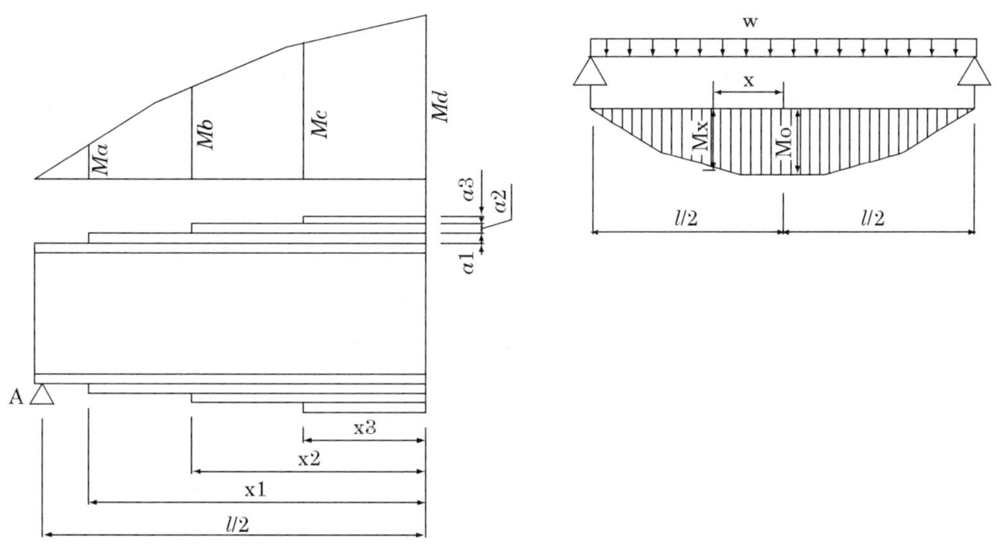

그림 6-10 저항모멘트에 의한 덮개 판의 길이

(1) 이론적인 방법

등분포하중이 작용시 중앙 점의 최대모멘트를 Mo 라면 중앙 점에서 x 인 위치에서 모멘트 Mx 는 $M_x = Mo(1-\frac{4x^2}{l^2})$ 이다.

$$Mo-Mx=Mo-Mo(1-\frac{4x^2}{l^{\ 2}})=\frac{4x^2}{l^2}Mo$$

상기 식을 양변에 Mo 로 나누면

$\frac{Mo-Mx}{Mo}=\frac{4x^2}{l^2}$ 이다.

위식에서 $x=\frac{l}{2}\sqrt{\frac{Mo-Mx}{Mo}}$

(6.2)식엣 플랜지의 단면적은 $A_f=\frac{M}{f.h}-\frac{A_w}{6}$ 을 대입하면

$M=f.h(A_f+\frac{A_w}{6})$ 이므로

x의 위치에서 값을 대입하면 다음과 같다.

$$x_1=\frac{l}{2}\sqrt{\frac{Md-Mc}{Md}}=\frac{l}{2}\sqrt{\frac{f.h(A_{f\ 3}+\frac{A_w}{6})-f.h(A_{f\ 2}+\frac{A_w}{6})}{f.h(A_{f\ 3}+\frac{A_w}{6})}} \quad (6.7)$$

$$=\frac{l}{2}\sqrt{\frac{A_{f\ 3}-A_{f\ 2}}{A_{f\ 3}+\frac{A_w}{6}}}=\frac{l}{2}\sqrt{\frac{a_3}{A_{f\ 3}+\frac{A_w}{6}}}$$

$$x_2=\frac{l}{2}\sqrt{\frac{Md-Mb}{Md}}=\frac{l}{2}\sqrt{\frac{f.h(A_{f\ 3}+\frac{A_w}{6})-f.h(A_{f\ 1}+\frac{A_w}{6})}{f.h(A_{f\ 3}+\frac{A_w}{6})}} \quad (6.8)$$

$$=\frac{l}{2}\sqrt{\frac{A_{f\ 3}-A_{f\ 1}}{A_{f\ 3}+\frac{A_w}{6}}}=\frac{l}{2}\sqrt{\frac{a_3+a_2}{A_{f\ 3}+\frac{A_w}{6}}}$$

$$x_3 = \frac{l}{2}\sqrt{\frac{Md - Ma}{Md}} = \frac{l}{2}\sqrt{\frac{f.h(A_{f\ 3} + \frac{A_w}{6}) - f.h(A_{f\ o} + \frac{A_w}{6})}{f.h(A_{f\ 3} + \frac{A_w}{6})}} \tag{6.9}$$

$$= \frac{l}{2}\sqrt{\frac{A_{f\ 3} - A_{f\ o}}{A_{f\ 3} + \frac{A_w}{6}}} = \frac{l}{2}\sqrt{\frac{a_3 + a_2 + a_1}{A_{f\ 3} + \frac{A_w}{6}}}$$

(2) 도해적인 방법

① 지간을 등분하여(보통8등분) 등분한 각점의 최대휨모멘트를 구한다.

그림에서 a , b , c , d 각점의 최대휨모멘트 Ma, Mb , Mc , Md 은 구한다.

② 각단 면에 대한 저항모멘트을 압축플랜지를 기준으로 할 때 $R.M_c$ 인장플랜지를 기준으로 할 때 $R.M_t$ 은 구한다.

$f_c = \frac{M}{I}y_c$ 에서 $M_c = \frac{I}{y_c}f_c$ 이고

$f_t = \frac{M}{I}y_t$ 에서 $M_t = \frac{I}{y_t}f_t$ 이므로

$$\left.\begin{aligned} R.M_c &= \frac{I}{y_c}\cdot f_{ca} \\ R.M_t &= \frac{I}{y_t}\cdot f_{ta} \times \frac{A_n}{A_g} \end{aligned}\right\} \tag{6.10}$$

이 갑중 작은 값이 저항모멘트가 된다.

③ 단면의 급격한 변화를 막기 위하여 이것보다 30cm 이상 외측 플랜지 폭의 1.5배 이상 여유길이를 둔다.

(3) 용접 플레이트거더의 플랜지판의 판 두께는 제한이 없고 판 두께가 너무 크면 재질적으로 특별한 고려가 필요하고 또 용접기술에도 예열의 문제 등이 있으므로 덮개 판을 쓰는 것이 유리할 때가 있다.

(4) 덮개 판의 단부에서 강도의 저하를 막기 위하여 부등치수의 연속필렛용접을 사용하여 응력의 흐름이 매끄럽게 전달되도록 해야 한다.

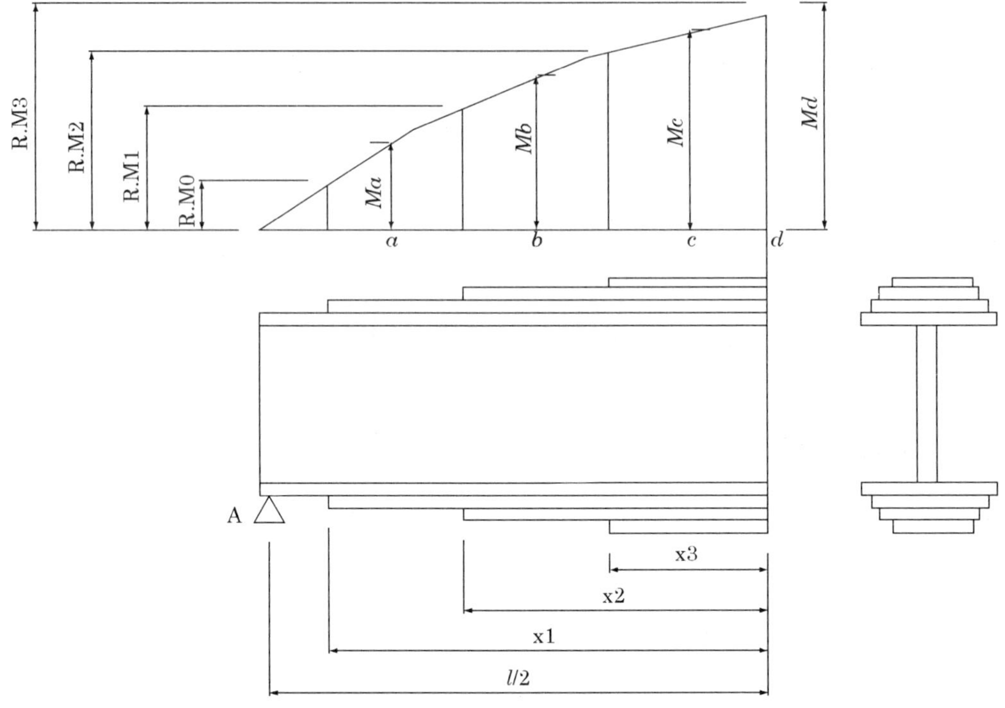

그림 6-11 이론식에 의한 덮개 판의 길이

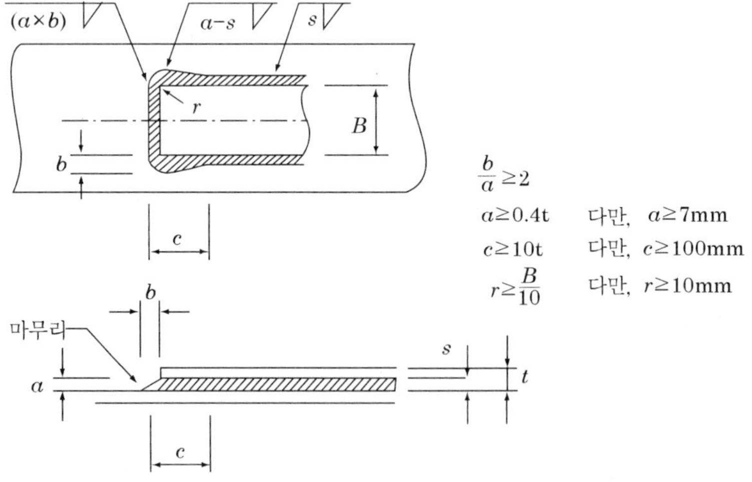

그림 6-12 부등치수의 연속 필렛용접

6. 보강재(stiffener)

복부 판의 좌굴을 막기 위해 보강재 설치함.

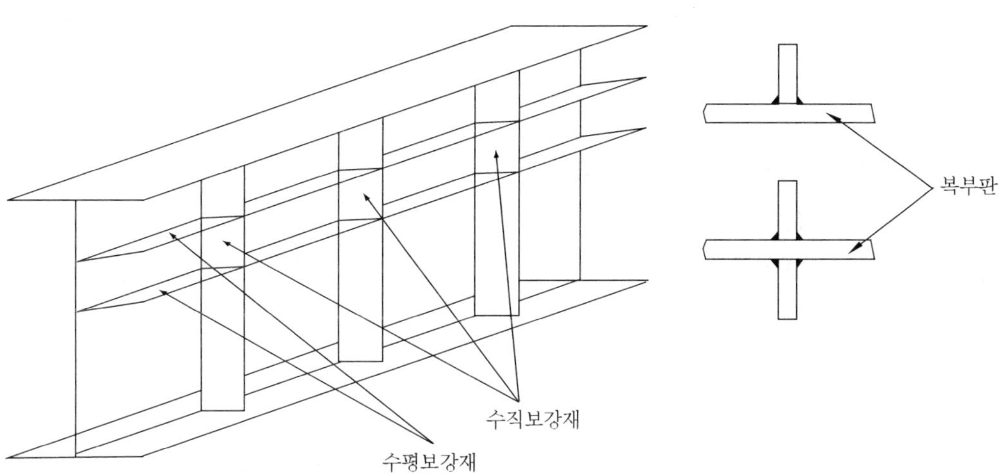

그림 6-13 수직 및 수평보강재

(1) 중간 수직보강재

수직보강재의 간격은 다음 식의 관계를 만족하도록 결정해야한다.
다만, 지점부에서는 a/b ≤ 1.5 로 하고 그밖에는 a/b ≤ 3.0 으로 한다.

① 수평보강재를 사용하지 않을 경우

$$\frac{a}{b} > 1, (\frac{b}{100t})^4[(\frac{f}{365})^2 + (\frac{v}{81+61(b/a)^2})^2] \leqq 1 \tag{6.11}$$

$$\frac{a}{b} \leqq 1, (\frac{b}{100t})^4[(\frac{f}{365})^2 + (\frac{v}{61+81(b/a)^2})^2] \leqq 1 \tag{6.12}$$

② 수평보강재를 1단으로 사용할 경우

$$\frac{a}{b} > 0.8, (\frac{b}{100t})^4[(\frac{f}{950})^2 + (\frac{v}{127+61(b/a)^2})^2] \leqq 1 \tag{6.13}$$

$$\frac{a}{b} \leq 0.8,\ (\frac{b}{100t})^4[(\frac{f}{950})^2+(\frac{v}{95+81(b/a)^2})^2] \leq 1 \tag{6.14}$$

여기서

a : 수직보강재의 간격 (mm)

b : 상하 플랜지의 순간격 (mm)

t : 복부 판의 두께 (cm)

f : 복부 판 연 섬유의 압축응력 (Mpa)

v : 복부 판의 전단응력 (Mpa)

만약, 상 하 양플랜지의 순간 격이 아래 **표 6-5** 값 이하 일 때는 수직보강재를 설치하지 않아도 된다.

표 6-5

강 종	SS 400 SM 400 SMA 41	SM 490	SM 490Y SM 520 SMA 53	SM 570 SMA 58
상하 양플랜지의 순간격	70t	60t	57t	50t

③ 수직보강재의 강도는 실제 계산된 보강재의 단면2차모멘트 I 가 $\frac{bt^3}{10.92}r$ 보다 커야 한다.

여기서, 수직보강재의 소요강비 $r=8.0(\frac{b}{a})^2$

보강재가 복부 판의 한쪽에만 있는 경우에는 보강재 쪽의 복부 판 표면에 관한 I, 양쪽에 있는 경우에는 복부 판의 중립면에 관한 I를 취한다.

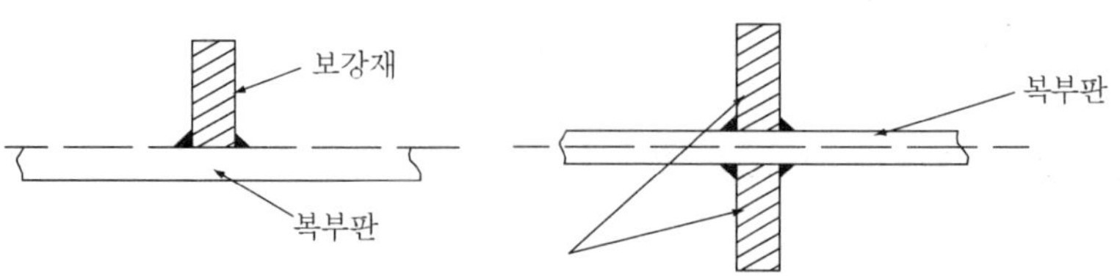

그림 6-14 보강재

④ 수직보강재의 돌 출각 폭은 복부 판 높이의 1/30 에 50 mm를 더한 값보다 크게 잡는 것이 좋으며 이때 돌출각의 두께는 그 폭의 1/13 이상 되어야 한다.

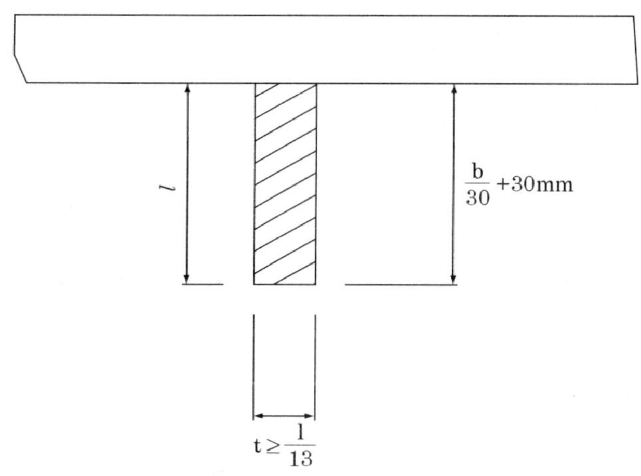

그림 6-15 보강재의 돌출폭

⑤ 전단력과 휨모멘트를 받은 부재에서 중간보강재의 간격은

수평보강재가 없는 경우

$$d \leqq 940 \frac{t}{\sqrt{v}}$$

수평보강재를 압축플랜지측에서 0.2b 부근에 1단 배치하는 경우

$$d = 850 \frac{t}{\sqrt{v}}$$

여기서 v 은 복부 판에 작용하는 평균전단응력

(2) 수평보강재

① 수평보강재 1단을 사용할 경우에는 0.20b부근, 2단을 사용할 경우에는 0.14b 와 0.36b 부근으로 정하는 것이 원칙이다.

② 실제 계산한 수평보강재의 단면 2차모멘트 I 는 $\frac{bt^3}{10.92}r$ 보다 커야 한다.

여기서 $r = 30.0 \frac{a}{b}$

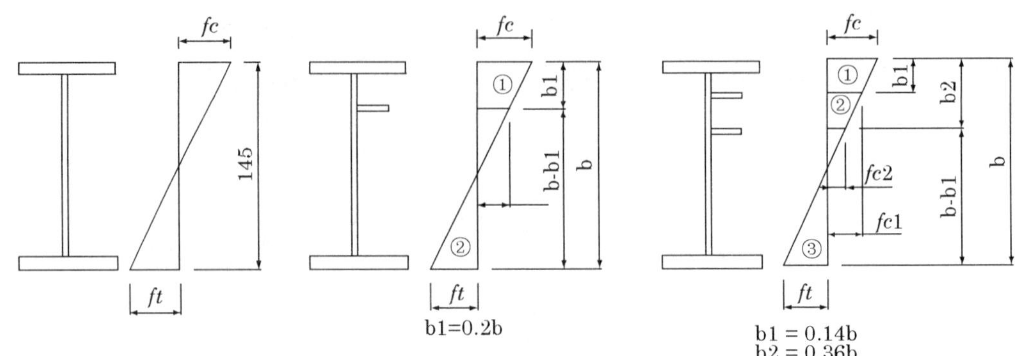

그림 6-16 복부 판의 응력과 수평보강재의 위치

(3) 하중작용점의 보강재

① 지점 및 가로보, 세로보, 수직브레이싱 등의 연결부와 같이 하중이 집중되는 점에서는 보강재를 설치하고 그 보강재는 기둥으로 설계하여야 한다.

② 이 때 기둥으로 고려하는 단면은 그림에서 표시한 바와 같이 보강재 설치부로부터 복부 판 두께의 12배 까지의 복부 판을 유효하다고 본다.

단, 전체 유효단면은 보강재 단면의 1.7배 까지로 한다.

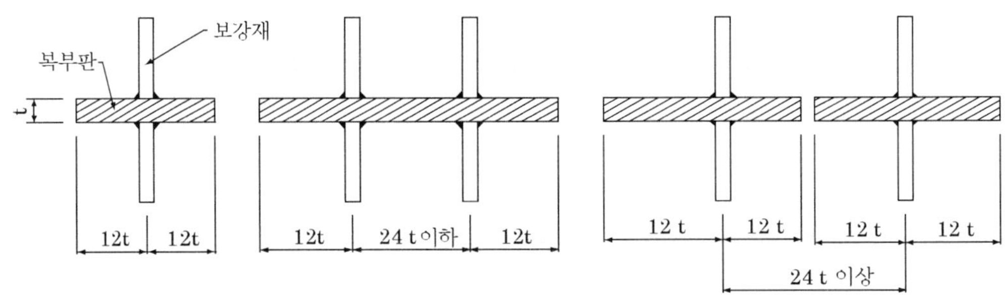

그림 6-17 하중 집중점 보강재의 유효단면적

7. 플레이트 거더의 이음

(1) 플랜지와 복부 판의 용접부의 응력

플랜지와 복부판과의 용접부에 작용하는 휨응력 및 전단응력은 다음 식으로 계산한다.

$$\left.\begin{aligned} f &= \frac{M}{I}y \leq f_a \times \frac{y}{y_e}(\text{공장}) \leq f_a \times 0.9 \times \frac{y}{y_e}(\text{현장}) \\ v &= \frac{V.Q}{I\sum a} \leq v_a(\text{공장}) \leq v_a \times 0.9(\text{현장}) \end{aligned}\right\} \qquad (6.15)$$

여기서

f : 용접부에서의 휨응력 (Mpa)

M : 이음부의 휨모멘트 (N.mm)

V : 이음부의 전단응력(N)

v : 용접부의 전단응력 (Mpa)

Q : 용접선 밖에 있는 1 플랜지 단면의 중립축 둘레의 단면1차모멘트 (mm^3)

I : 보 총단면의 중립축 둘레의 단면2차모멘트 (mm^4)

$\sum a$: 목두께의 합계 (mm)

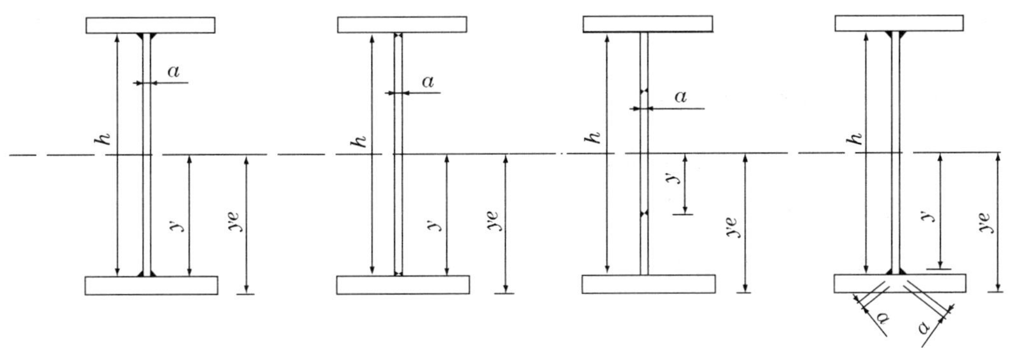

그림 6-18 플랜지 와 웨브의 용접

(2) 복부 판의 맞대기 용접부의 응력

복부 판에서 축에 수직한 맞이음 에서도 일반적으로 휨모멘트와 전단력이 작용하는데 이때 휨응력 및 전단응력은 앞의 식에 의해 구하고 , 또 이에 대하여 다음의 검산을 해야 한다.

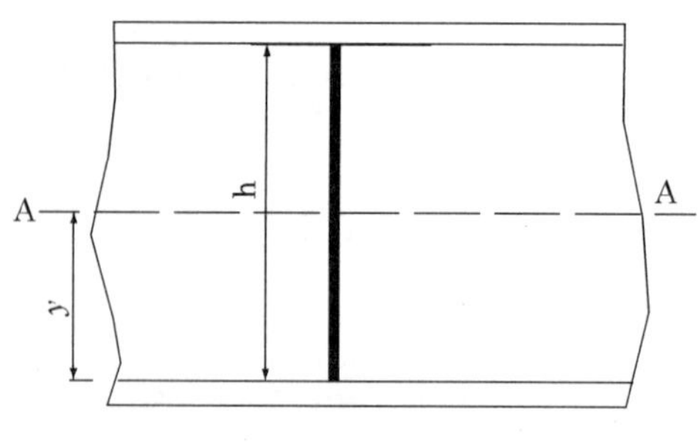

단면 A-A

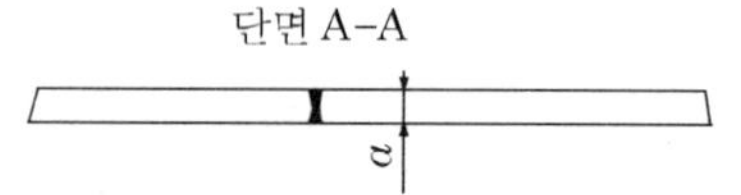

그림 6-19 복부 판의 용접

$$\left.\begin{aligned} &(\frac{f}{f_a})^2 + (\frac{v}{v_a})^2 \leqq 1.2 \\ &f < f_a, \; v \leqq v_a \end{aligned}\right\} \tag{6.16}$$

여기서

f : 복부 판의 연단응력 (Mpa)

v : 복부 판의 평균전단응력 (Mpa)

f_a : 용접부의 허용인장응력 (Mpa)

v_a : 용접부의 허용전단응력 (Mpa)

(3) 복부 판의 볼트이음

볼트의 수가 적은 경우에는 복부 판에 일정한 행렬로 배치하지만 (**그림 6-20**(b)) 볼트의 수가 많으면 (**그림 6-20**(b))과 같이 A판 모멘트판 B판 전단 판으로 하여 현장이음한다.

볼트는 휨모멘트에 의한 수평력과 전단력에 의한 수직력이 작용한다.

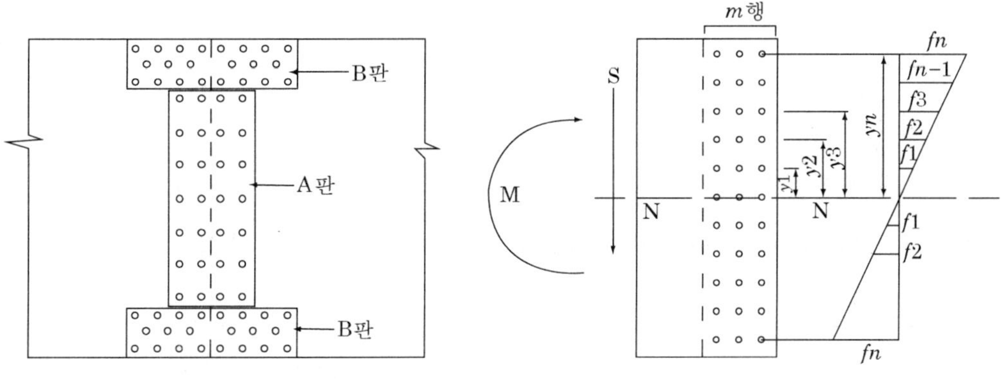

(a) 볼트수가 많은 경우

(b) 볼트수가 적은 경우

그림 6-20 복부 판의 볼트이음

① 휨모멘트에 의한 볼트의 수평응력

복부 판에 작용하는 휨모멘트는 볼트에 의한 저항모멘트 M_w 와 같다.

볼트의 줄 수를 m 이라 하면

$$M_w = 2m(f_1 y_1 + f_2 y_2 + \ldots + f_n y_n)$$

f와 y는 비례하는 것으로 하면

$$f_1 = f_n \times \frac{y_1}{y_n},\ f_2 = f_n \times \frac{y_2}{y_n},\ \quad . \quad . \quad . \quad f_n = f_n \times \frac{y_n}{y_n}$$

$$\therefore\ M_w = 2m.\frac{f_n}{y_n}(y_1^2 + y_2^2 + . . . + y_n^2) \tag{6.17}$$

따라서 $f_n = M_w \dfrac{y_n}{2m\ (\ y_1^2 + y_2^2 + . . . + y_n^2)}$ (6.18)

여기서 $M_w = M \times \dfrac{I_w}{I}$

M : 주거더 전단면의 저항모멘트

I : 주거더 전단면의 단면2차모멘트

I_w : 복부 판의 단면2차모멘트

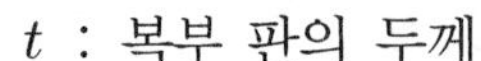

t : 복부 판의 두께

h_w : 복부 판의 두께

h_s : 이음 판의 높이

t_s : 이음 판의 두께

이음 판의 단면계수는 복부 판의 단면계수 보다 작아서는 안 된다.

$\frac{2t_s.h_s^2}{6} \geqq \frac{t.h_w^2}{6}$ 에서

$$\therefore\ t_s \geqq \frac{t}{2}(\frac{h_s}{h_s})^2 \qquad (6.19)$$

모멘트 판이 있는 경우 모멘트 판의 거더 중립축에 대한 단면2차모멘트 I_m 와 I_w 사이에는 다음식이 성립되어야 한다.

$$I_m \geqq I_w$$

② 전단력에 의한 볼트의 수직응력

V을 복부이음판 한쪽에 있는 볼트총수에 작용하는 전단력이라 하면

볼트 1 개에 작용하는 평균 수직응력은 : $v_v = \frac{V}{n}$

리벳 1개에 작용하는 최대전단력 : $\rho_c = \sqrt{f_n^2 + v_v^2} \leqq \rho_a$

ρ_a : 볼트 1개의 허용력 (kN)

8. 수평브레이싱 및 수직브레이싱

주거더의 상호간의 위치를 확보하고 풍력과 횡력에 저항하며 비틀림을 막기 위해 플렌지면에는 수평브레이싱(lateral bracing) 을 또 단면의 연결에는 수직브레이싱(sway bracing)을 설치한다.

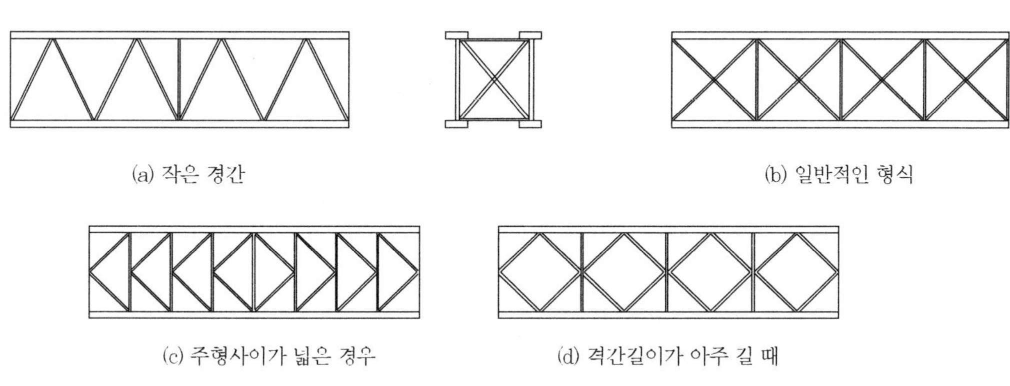

(a) 작은 경간 (b) 일반적인 형식

(c) 주형사이가 넓은 경우 (d) 격간길이가 아주 길 때

그림 6-21 브레이싱

(1) 수평브레이싱

① 플레이트거더에서 강상판 또는 철근콘크리트 바닥판과 주거더가 결합되어 있어 횡방향좌굴등에 견딜 수 있는 경우 상부 수평브레이싱은 생략할 수 있다.

② 지간이 25m 이하이면서 튼튼한 수직브레이싱이 있을 경우에는 하부수평브레이싱도 생략할 수 있다.

③ 수평브레이싱의 설계는 트러스부재의 사재부재력을 계산하는 방법과 같으며 이때 하중은 풍하중과 횡하중을 기준해서 계산하며 대개의 경우 최대세장비에 지배되는 경우가 많다.

(2) 수직브레이싱

① 플레이트 거더교의 지점에는 각 주거더간에 단부수직브레이싱을 반드시 설치하고 또 6m이내이고 플랜지폭의 30 배를 넘지 않은 간격으로 중간 수직브레이싱을 설치해야 한다.

② 단부 수직브레이싱은 지간에 작용하는 횡력을 받침에 전달하는 역할을 하며 부재력 계산은 다음 식으로 한다.

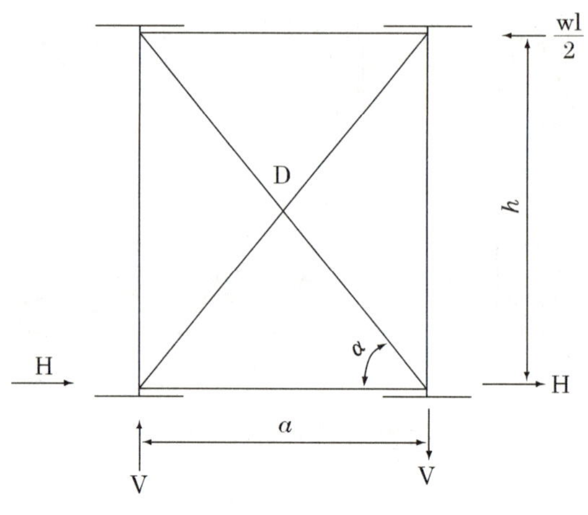

그림 6-22 수직브레이싱

$$D=\frac{w\ l}{2}\cdot\sec\alpha \text{ 또는 } D=\pm\frac{w\ l}{4}\cdot\sec\alpha$$

$$V=\frac{wl}{2}\cdot\frac{h}{a}$$

$$H=\frac{wl}{4}$$

9. 받침의 구조

주거더의 지점에는 받침을 놓는다.

한단은 고정받침, 타단은 가동받침으로 하고, 응력에 의한 하부플랜지의 늘음이나 온도 변화에 따른 신축에 해를 주지 않는 구조로 한다.

받침에는 평면받침과 선받침이 있는데 **그림 6-23**은 평면받침의 한 예를 나타낸 것이다

이것은 지간이 작은 경우에 쓰인다. 소울판(sole plate)과 받침판(base plate)의 두께는 원칙으로 22mm 이상을 쓰고 앵커볼트(anchor bolt)는 지름의 10배 이상의 길이를 하부구조속에 고정시키고 최소지름은 25mm로 한다.

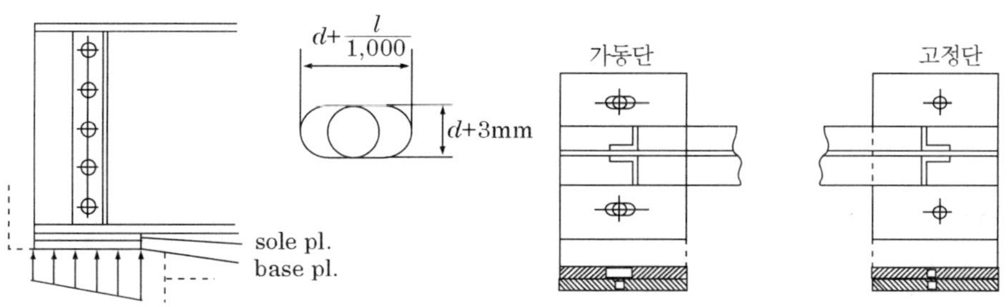

그림 6-23 평면받침

지간이 30~40m 이하의 플레이트거더교에서는 주강 또는 주철의 주물 슈(shoe)가 쓰이며 선 받침의 구조로 한다. 그림 6-24는 주물 슈받침의 일례로서 기동 단에서는 규정량만큼 신축할 수 있도록 되어 있다.

지간이 30~40m을 넘을 경우에는 고정 단에서는 슈나 판 받침을 사용하고, 기동 단에서는 롤러(roller)나 로커(rocker) 받침을 사용한다.

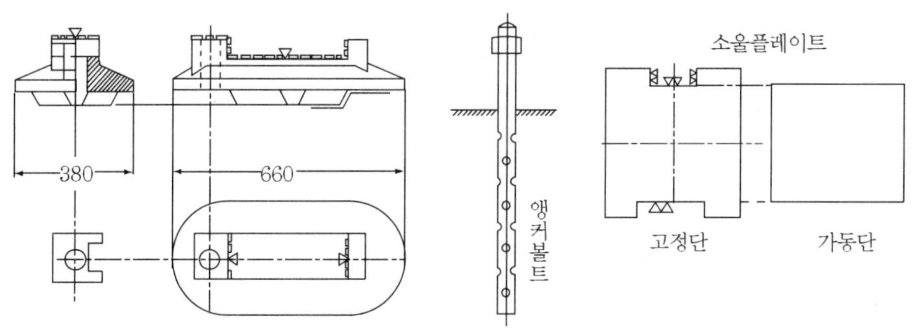

그림 9-24 주물 슈받침

6.3 용접 플레이트거더 철도교 설계예

1. 설계조건

형 식 : 용접플레이트 거더교 (철도교)

지 간 : 16 m

하 중 : LS-18 (3급선)

주거더의 간격 : 1.7 m (단선표준궤간)

강 재 : SM400

2. 주거더 단 면력

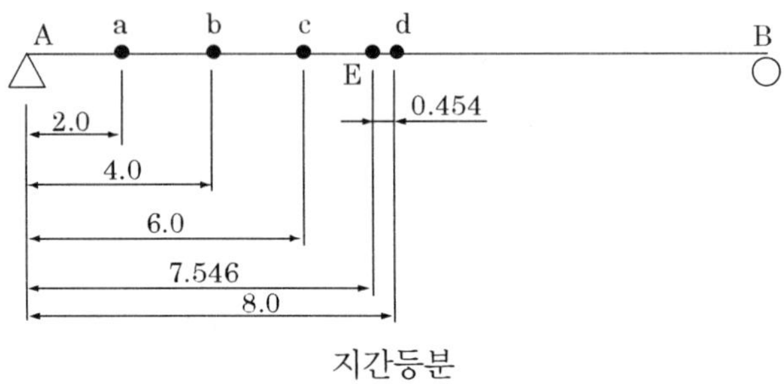

지간등분

지간을 8등분하여 이들 점들을 a, b, c, d라 하고 사하중 및 활하중에 의한 최대휨모멘트 및 최대전단력 절대최대휨모멘트와 절대최대휨모멘트가 발생되는 위치를 **표 5-2**, **표 5-4**에 의해 구한다.

1) 사하중

플레이트 거더의 무게 L=16 m 일 때 140 kN 이 된다.

주거더의 무게	:	140,000 / 32 = 4,375 N/m
궤도의 무게	:	3,000 N/m
계	:	w_d = 7375 N/m ≒ 7,400 N/m

(1) 휨모멘트계산

① 사하중에 의한 휨모멘트

$$M_x = \frac{w_d}{2}.x.(l-x) \text{ 에서}$$

$$M_a = \frac{7,400}{2} \times 2(16-2) = 103,600 \ N.m = 103.6kN$$

$$M_b = \frac{7,400}{4} \times 4(16-4) = 177,600 \ \ N.m = 177.6kN$$

$$M_c = \frac{7,400}{2} \times 6(16-6) = 222,000 \ \ N.m = 222.0kN$$

$$M_d = \frac{7,400 \times 16^2}{8} = 236,800 \ \ N.m = 236.8kN$$

$$M_E = \frac{7,400}{2} \times 7.546(16-7.546) = 236,000N.m = 236.0kN$$

② 활하중 휨모멘트

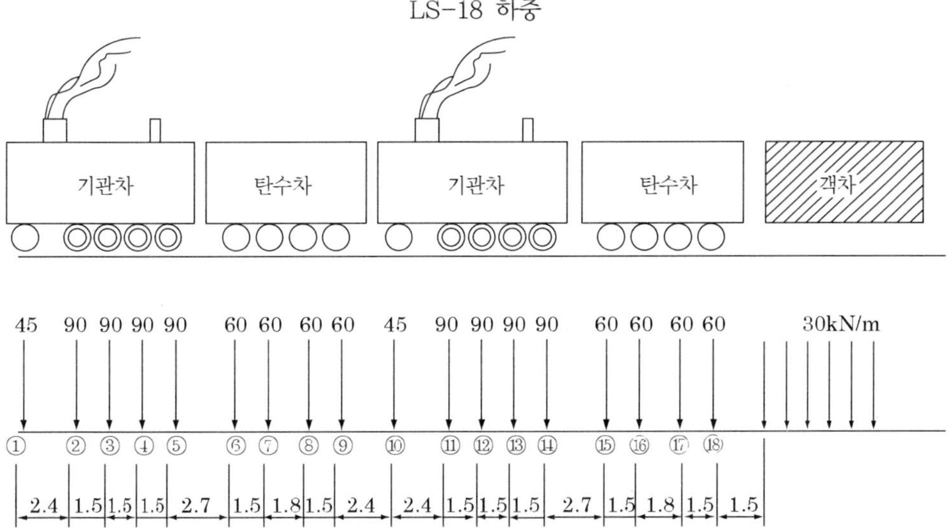

철도교의 활하중은 각국마다 약간 다르지만 우리나라 철도에서는 미국 주요철도에서 사용하고 있는 코퍼(Coppere)가 1894년에 제안한 E하중을 kN 과 meter로 환산하여 LS하중이라 하고 표준하중으로 사용하고 있다.

이중 L하중은 기관차(탄수차를 포함) 두 대를 연결한 후에 객화차에 상당하는 등분포하중을 연행한 것이다.

등분포하중의 길이에는 제한이 없고 부재의 응력이 최대가 되도록 재하 한다.

절대최대 휨모멘트가 발생하는 위치 E 점 및 하중재하 상태는 LS-18 하중상태에서 구한다(제5장 **표 5-2**).

$$x = \frac{L}{2} - \frac{59}{130} = \frac{16}{2} - 0.454 = 7.546\ m$$

절대최대휨모멘트은 **표 5-2**에서 윤하중 ④ 가 E점에 재하 될 때이다.

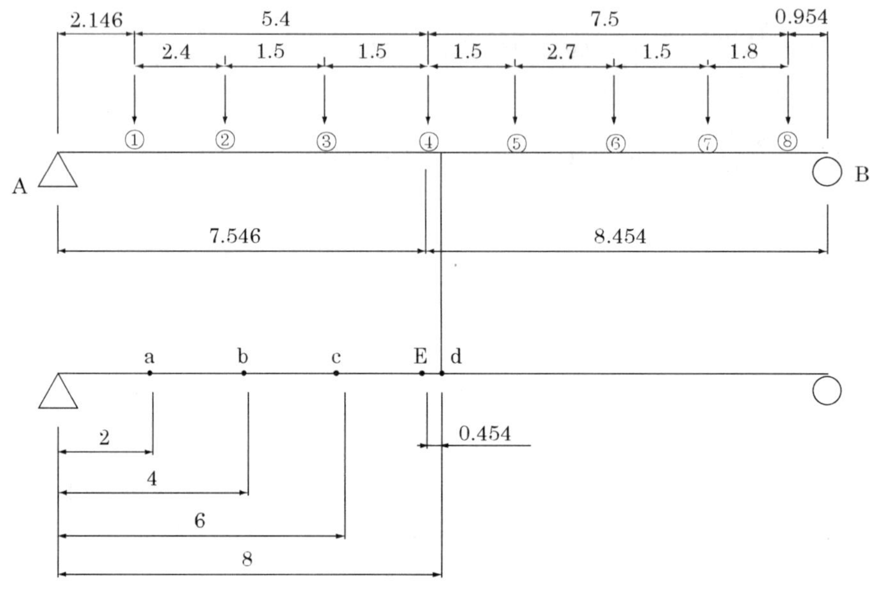

절대 최대휨모멘트

$\Sigma M_B = 0$ 에서

$$R_A \times 16 - M_{①-⑧} - \sum_{①}^{⑧} P_i \times 0.954 = 0$$

$$R_A = \frac{1}{16}[M_{①-⑧} + \sum_{①}^{⑧} P_i \times 0.954] = \frac{1}{16}[3{,}856.5 + 585 \times 0.954] = 275.91\,\text{kN}$$

여기서 $M_{①-⑧}$ 및 $\sum_{①}^{⑧} P_i$ 은 **표 5-3**에서 구함

$M_E = R_A \times 7.546 - M_{①-④}$ 이므로

$M_{①-④}$ 은 **표 5-3**에서 구함

따라서

$$M_E = 275.91 \times 7.546 - 648 = 1434\,kN.m$$

a, b, c, d, 점에 대한 최대휨모멘트는 **표 5-4**에 의하여 구한다.

$$M_a = 661.2\ \ kN.m \qquad M_b = 1114.9\ \ kN.m$$

$$M_c = 1369.1\ \ kN.m \qquad M_d = 1432.5\,kN.m$$

각 점에서 L-하중에 의한 최대휨모멘트가 발생하기 위한 상태는 제5장 **그림 5-7** (단순보의최대휨모멘트 최대전단력이 생기는 L-하중) 에 의해 구하면 다음과 같다.

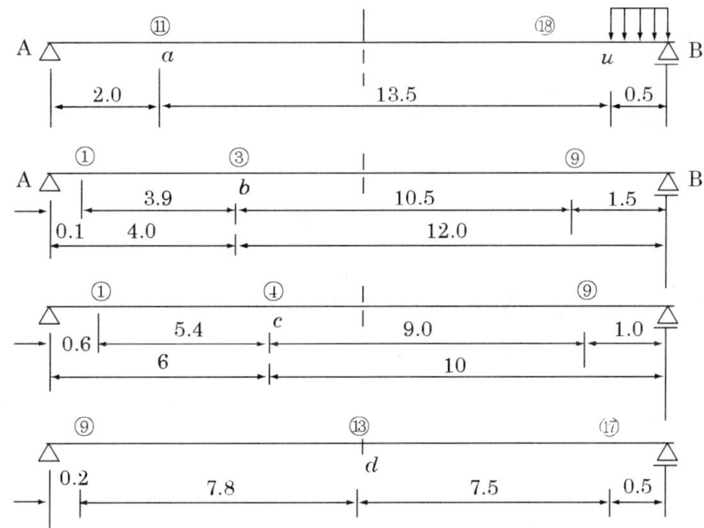

각점의 최대모멘트

a점의 최대휨모멘트

⑪번 하중이 a점에 제하될 때이다.

$\sum M_B = 0$에서

$$R_A \times 16 - M_{⑪\sim⑱} - \sum_{⑪}^{⑱} P_i \times 0.5 - \frac{u \times 0.5^2}{2} = 0$$

$$R_A = \frac{1}{16}[M_{⑪\sim⑱} + \sum_{⑪}^{⑱} P_i \times 0.5 + \frac{u \times 0.5^2}{2}]$$

$$M_a = R_A \times 2.0 = \frac{2}{16}[M_{⑪\sim⑱} + \sum_{⑪}^{⑱} P_i \times 0.5 + \frac{30 \times 0.5^2}{2}]$$
$$= \frac{2}{16}[4986 + 600 \times 0.5 + \frac{30 \times 0.5^2}{2}] = 661.2kN.m$$

b점의 최대휨모멘트

$\sum M_B = 0$ 에서

$$R_A \times 16 - M_{①\sim⑨} - \sum_{①}^{⑨} P_i \times 1.5 = 0$$

$$R_A = \frac{1}{16}[M_{①\sim⑨} + \sum_{①}^{⑨} P_i \times 1.5]$$

$$M_b = R_A \times 4 - M_{①\sim③}$$

$$= \frac{4}{16}[M_{①\sim⑨} + \sum_{①}^{⑨} P_i \times 1.5] - M_{①\sim③}$$

$$= \frac{4}{16}[4,734 + 645 \times 1.5] - 310.5 = 1,114.9kN.m$$

c점의 최대휨모멘트

$\sum M_B = 0$ 에서

$$R_A \times 16 - M_{①\sim⑨} - \sum_{①}^{⑨} P_i \times 1.0 = 0$$

$$R_A = \frac{1}{16}[M_{①\sim⑨} + \sum_{①}^{⑨} P_i \times 1.0]$$

$$M_c = R_A \times 6 - M_{①\sim④}$$

$$= \frac{6}{16}[M_{①\sim⑨} + \sum_{①}^{⑨} P_i \times 1] - M_{①\sim④}$$

$$= \frac{6}{16}[4734 + 645 \times 1] - 648 = 1369.1kN.m$$

d점의 최대휨모멘트

$\sum M_B = 0$ 에서

$$R_A \times 16 - M_{⑨ \sim ⑰} - \sum_{⑨}^{⑰} P_i \times 0.5 = 0$$

$$R_A = \frac{1}{16}[M_{⑨ \sim ⑰} + \sum_{⑨}^{⑰} P_i \times 0.5]$$

$$M_d = R_A \times 8 - M_{⑨ \sim ⑬} = \frac{8}{16}[M_{⑨ \sim ⑰} + \sum_{⑨}^{⑰} P_i \times 0.5] - M_{⑨ \sim ⑬}$$

$$= \frac{8}{16}[4774.5 + 645 \times 0.5] - 1,116 = 1,432.5kN.m$$

③ 충격 휨모멘트

$$i = 70 - \frac{l^{\ 2}}{45} = 70 - \frac{16^2}{45} = 64\%$$

$$M_a = 661.6 \times 0.64 = 423.2\,kN.m$$

$$M_b = 1,114.9 \times 0.64 = 713.5\,kN.m$$

$$M_{c=}1,369.1 \times 0.64 = 876.2\,kN.m$$

$$M_d = 1,432.5 \times 0.64 = 916.8\,kN.m$$

$$M_e = 1,434.0 \times 0.64 = 917.8\,kN.m$$

(2) 주거더의 전단력

① 고정하중 전단력

$$V_a = R_A = \frac{w_d \cdot l}{2} = \frac{7,400 \times 16}{2} = 59,200\ \ N = 59.2kN$$

$$V_a = R_A - w_d \times 2 = 59,200 - 7,400 \times 2 = 44,400\,N = 44.4kN$$

$$V_b = 59,200 - 7,400 \times 4 = 29,600\ \ N = 29.6kN$$

$$V_c = 59,200 - 7,400 \times 6 = 14,800\,N = 14.8kN$$

$$V_d = 59,200 - 7,400 \times 8 = 0$$

$$V_e = 59,200 - 7,400 \times 7.546 = 3,360\,N = 3.36kN$$

② 활하중 전단력

L-18 하중이 A-B 보를 통과시 각점 a ,b, c, d, e 점의 최대전단력은 **표 5-4** 에서 구한다.

$$V_A = 411.2kN,\ \ V_a = 330.6kN,\ \ V_b = 250.9kN,\ \ V_c = 179.6kN,\ \ V_d = 116.6kN$$

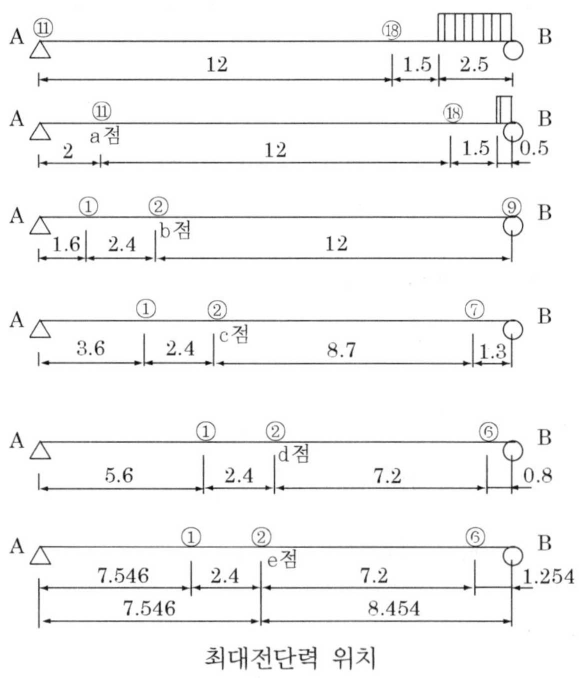

최대전단력 위치

일반적인 경우를 해석하기 위해서는 **표 5-3**을 사용하여 구해본다.

각점의 최대전단력이 발생하기 위해서는 **그림 5-7**(단순보의 최대휨모멘트 최대전단력이 생기는 L-하중)에 의해 구하면 다음과 같다.

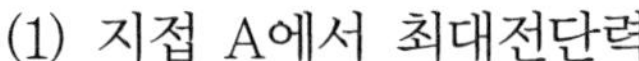
(1) 지점 A에서 최대전단력

$\sum M_B = 0$ 에서

$$R_A \times 16 - M_{\text{⑪} \sim \text{⑱}} - \sum_{\text{⑪}}^{\text{⑱}} P_i \times 2.5 - 3 \times \frac{2.5^2}{2} = 0$$

$$R_A = \frac{1}{16}[M_{\text{⑪} \sim \text{⑱}} + \sum_{\text{⑪}}^{\text{⑱}} P_i \times 2.5 - 9.375] = \frac{1}{16}[4986 + 600 \times 2.5 + 9.375] = 411.2kN$$

$$S_A = R_A = 411.2\,kN$$

(2) a점(L=2m)에서 최대전단력

$\Sigma M_B = 0$ 에서

$$R_A \times 16 - M_{\text{⑪} \sim \text{⑱}} - \sum_{\text{⑪}}^{\text{⑱}} P_i \times 0.5 - \frac{3 \times 0.5^2}{2} = 0$$

$$R_A = \frac{1}{16}[M_{\text{⑪} \sim \text{⑱}} + \sum_{\text{⑪}}^{\text{⑱}} P_i \times 0.5 + \frac{3 \times 0.5^2}{2}]$$

$$R_A = \frac{1}{16}[4986 + 600 \times 0.5 + 0.375] = 330.6\,kN$$

$$S_{2m} = R_A = 330.6\,kN$$

(3) b점(L=4m)에서 최대전단력

$\Sigma M_B = 0$ 에서 ① ⑨

$$R_A \times 16 - M_{\text{①} \sim \text{⑨}} = 0$$

$$R_A = \frac{1}{16}[M_{\text{①} \sim \text{⑨}}] = \frac{1}{16}[4734] = 295.9 \;\; kN$$

$$S_3 = R_A - 45 = 295.9 - 45 = 250.9 \;\; kN$$

(4) c점(L=6m)에서 최대전단력

$\Sigma M_B = 0$ 에서

$$R_A \times 16 - M_{\text{①} \sim \text{⑦}} + \sum_{\text{①}}^{\text{⑦}} P_i \times 1.3 = 0$$

$$R_A = \frac{1}{16}[M_{①\sim⑦} + \sum_{①}^{⑦} P_i \times 1.3] = \frac{1}{16}[2911.5 + 525 \times 1.3] = 224.6\ kN$$

$$S_c = R_A - 45 = 224.6 - 45 = 179.6\,kN$$

(5) d점 (L= 8m) 에서 최대전단력

$$\sum M_B = 0 \text{ 에서 } \quad R_A \times 16 - M_{①\sim⑥} + \sum_{①}^{⑥} P_i \times 0.8 = 0$$

$$R_A = \frac{1}{16}[M_{①\sim⑥} + \sum_{①}^{⑥} P_i \times 0.8] = \frac{1}{16}[2214.0 + 465 \times 0.8] = 161.6\ kN$$

$$S_d = R_A - 45 = 161.6 - 45 = 116.6\,kN$$

(6) L = 7.546 m 에서 최대전단력

$\sum M_B = 0$ 에서

$$R_A \times 16 - M_{①\sim⑥} + \sum_{①}^{⑥} P_i \times 1.254 = 0$$

$$R_A = \frac{1}{16}[M_{①\sim⑥} + \sum_{①}^{⑥} P_i \times 1.254] = \frac{1}{16}[2214.0 + 465 \times 1.254] = 174.8\ kN$$

$$S_e = R_A - 45 = 174.8 - 45 = 129.8\ kN$$

③ 충격 전단력

$V_A = 0.64 \times 411.2 = 263.2\,kN$ $\quad V_a = 0.64 \times 330.6 = 211.6\,kN$

$V_b = 0.64 \times 250.9 = 160.6\,kN$ $\quad V_c = 0.64 \times 179.6 = 114.9\,kN$

$V_d = 0.64 \times 116.6 = 74.6\,kN$ $\quad V_e = 0.64 \times 129.8 = 83.07\,kN$

(3) 보강재 위치에서 최대 단 면력

[1] 활하중에 의한 단면력

① 최대 휨모멘트

보강재 위치는 1m, 2.4m, 3.8m 위치에서그림 5-7을 이용하여 최대휨모멘트가 발생되는 하중의 재하상태를 정한다.

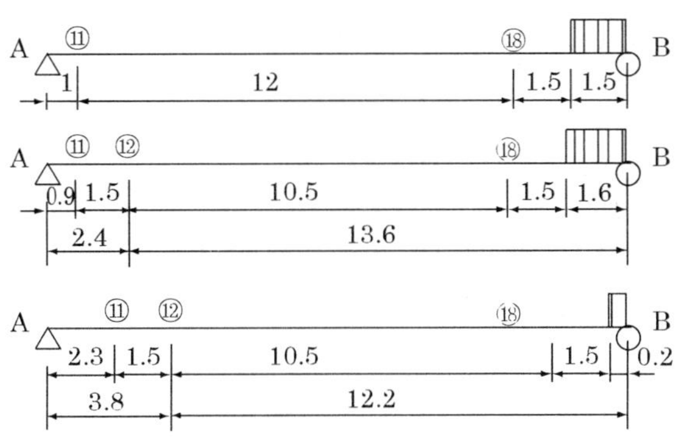

각점에서의 최대휨모멘트 발생 시 재하상태

(1) L=1m 위치에서 최대휨모멘트(그림참조)

$\sum M_B = 0$ 에서

$$R_A \times 16 - M_{⑪-⑱} - \sum_{⑪}^{⑱} P_i \times 1.5 - \frac{30 \times 1.5^2}{2} = 0$$

$$R_A = \frac{1}{16}(M_{⑪-⑱} + \sum_{⑪}^{⑱} P_i \times 1.5 + \frac{30 \times 1.5^2}{2}) = \frac{1}{16}[4986 + 600 \times 1.5 + \frac{30 \times 1.5^2}{2}]$$

$$= 369.98\, kN$$

$$M_{1m} = R_A \times 1 = 369.98\, kN.m$$

(2) L = 2.4 m 에서 최대휨모멘트(**그림 5-7**에 의하여 윤하중 재하상태 찾음)

$\sum M_B = 0$ 에서

$$R_A \times 16 - M_{⑪\sim⑱} - \sum_{⑪}^{⑱} P_i \times 1.6 - \frac{3 \times 1.6^2}{2} = 0$$

$$R_A = \frac{1}{16}[M_{⑪\sim⑱} + \sum_{⑪}^{⑱} P_i \times 1.6 + \frac{3 \times 1.6^2}{2}]$$

$$R_A = \frac{1}{16}[4986 + 600 \times 1.6 + 3.84] = 374.0\ \ kN$$

$$M_{2.4} = R_A \times 2.4 - 90 \times 1.5 = 762.7\, kN.m$$

(3) L = 3.8 m 에서 최대휨모멘트(**그림 5-7**에 의하여 윤하중 재하상태 찾음)

$\sum M_B = 0$ 에서

$$R_A \times 16 - M_{⑪\sim⑱} - \sum_{⑪}^{⑱} P_i \times 0.2 - \frac{3\times 0.2^2}{2}$$

$$R_A = \frac{1}{16}[M_{⑪\sim⑱} + \sum_{⑪}^{⑱} P_i \times 0.2 + \frac{3\times 0.2^2}{2}]$$

$$R_A = \frac{1}{16}[4986 + 600\times 0.2 + 0.06] = 319.2 \ kN$$

$$M_{3.8} = R_A \times 3.8 - 90\times 1.5 = 1077.8 \ kN$$

3. 최대전단력

보강재 위치는 1m, 2.4m, 3.8m 위치에서 **그림 5-7**을 이용하여 최대전단력이 발생되는 하중의 재하상태를 정한다

(1) L=1m에서 최대전단력(**그림 5-7**에 의하여 윤하중 재하상태 찾음)

$\sum M_B = 0$ 에서

$$R_A \times 16 - M_{⑪-⑱} - \sum_{⑪}^{⑱} P_i \times 1.5 - \frac{30\times 1.5^2}{2} = 0$$

$$R_A = \frac{1}{16}(M_{⑪-⑱} + \sum_{⑪}^{⑱} P_i \times 1.5 + \frac{30\times 1.5^2}{2}) = \frac{1}{16}[4986 + 600\times 1.5 + \frac{30\times 1.5^2}{2}]$$

$$= 369.98 \ kN$$

$$S_A = R_A = 369.98\,kN$$

(2) L = 2.4 m에서 최대전단력(**그림 5-7**에 의하여 윤하중 재하상태 찾음)

$\Sigma M_B = 0$ 에서

$$R_A \times 16 - M_{①\sim⑨} - \sum_{①}^{⑨} P_i \times 1.6 = 0$$

$$R_A = \frac{1}{16}[M_{①\sim⑨} + \sum_{①}^{⑨} P_i \times 1.6] = \frac{1}{16}[4734 + 645 \times 1.6] = 360.4\ kN$$

$$V_{2.4} = R_A - P_1 = 360.4 - 45 = 315.4\,kN$$

(3) L = 3.8 m에서 최대전단력(**그림 5-7**에 의하여 윤하중 재하상태 찾음)

$\Sigma M_B = 0$ 에서

$$R_A \times 16 - M_{①\sim⑨} - \sum_{①}^{⑨} \times 0.2 = 0$$

$$R_A = \frac{1}{16}[M_{①\sim⑨} + \sum_{①}^{⑨} P_i \times 0.2] = \frac{1}{16}[4734 + 645 \times 0.2] = 303.9\ kN$$

$$V_{3.8} = R_A - P_1 = 303.9 - 45 = 258.9\,kN$$

[2] 사하중에 의한 단 면력

① 휨모멘트

$l = 1m$ 위치

$$M_1 = \frac{7,400}{2} \times 1 \times (16-1) = 55,500\,N.m = 55.5\,kN.m$$

l =2.4 m 위치

$$M_{2.4} = \frac{7,400}{2} \times 2.4 \times (16-2.4) = 120.768 N.m = 120.768\ kN.m$$

l = 3.8 m 위치

$$M_{3.8} = \frac{7,400}{2} \times 3.8 \times (16-3.8) = 171,532 N.m = 171.53 kN.m$$

② 전단력

$l = 1m$ 위치

$V_1 = R_A - w_d \times 1 = 59,200 - 7,400 \times 1 = 51,800\,N = 51.8\,kN$

l = 2.4 m 위치

$V_{2.4} = R_A - w_d \times 2.4 = 59,200 - 7,400 \times 2.4 = 40,440N = 49.44kN$

l= 3.8 m 위치

$V_{3.2} = R_A - w_d \times 3.8 = 59,200 - 7,400 \times 3.8 = 31,080N = 31.08kN$

[3] 충격에 의한 단 면력

① 휨모멘트

$l = 1m$ 위치 : 0.640.64 $\times 55.5 = 35.52\,kN.m$

l = 2.4 m 위치 : $0.64 \times 762.7 = 488.128kN.m$

l = 3.2m 위치 : $0.64 \times 1077.8 = 689.8kN.m$

② 전단력

$l = 1m$ 위치 : $0.64 \times 369.98 = 236.79\,kN$

l =2.4 m 위치 : $0.64 \times 315.4 = 201.86kN$

l = 3.8 m 위치 ; $0.64 \times 258.9 = 165.7kN$

최대휨모멘트 자료

구 분	사하중	활하중	충격	계
0 m	0	0	0	0
1m	55.5	369.98	236.79	662.27
2 m	103.6	661.2	423.2	1188
2.4 m	124.32	762.7	488.1	1375.1
3.8 m	171.53	1077.8	689.8	1939.12
4 m	177.6	1114.8	713.5	2006
6 m	222.0	1369.0	876.2	2467.2
7.645 m(E)	236.0	1434.0	917.8	2587.8
8 m	236.8	1432.5	916.8	2586.1

최대휨모멘트도 다이아그램

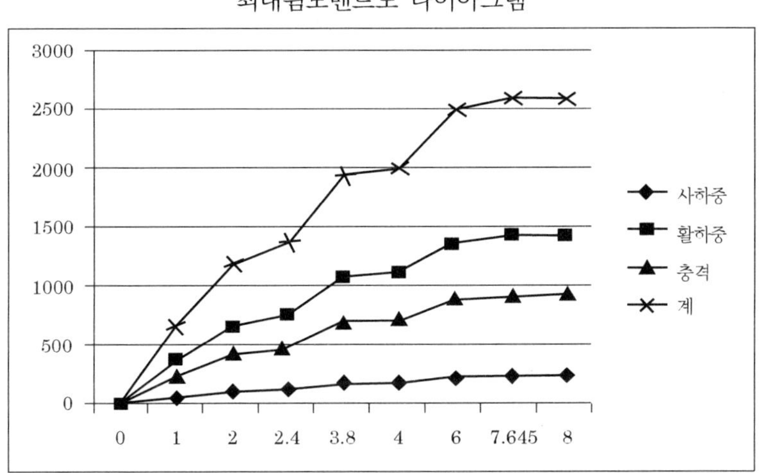

최대전단력도자료

구 분	사하중	활하중	충격	계
0m	59.2	411.2	263.2	733.6
1m	51.8	369.98	236.79	658.57
2m	44.4	330.6	211.6	586.6
2.4m	49.4	315.4	201.9	566.7
3.8m	31. 08	258.9	165.7	455.68
4m	29.6	250.9	160.6	441.0
6m	14.8	179.6	114.9	309.3
7.645m(E점)	3.36	129.8	83.07	216.3
8m	0	116.6	74.6	191.2

최대전단력도 다이아그램

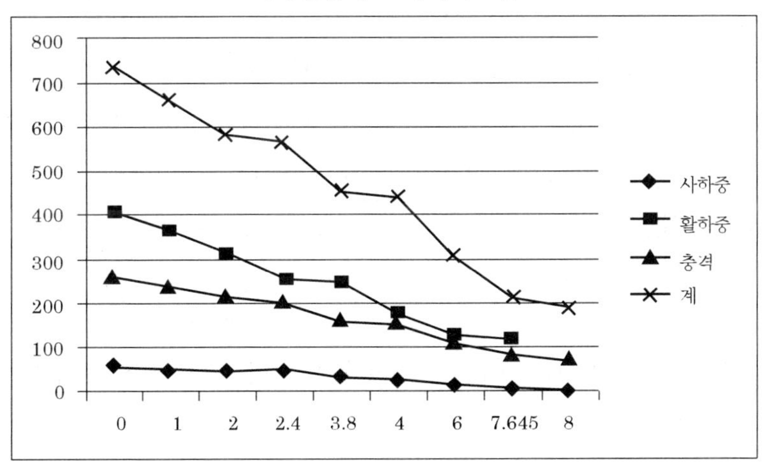

4. 주거더의 단면 설계

1) 복부 판의 높이

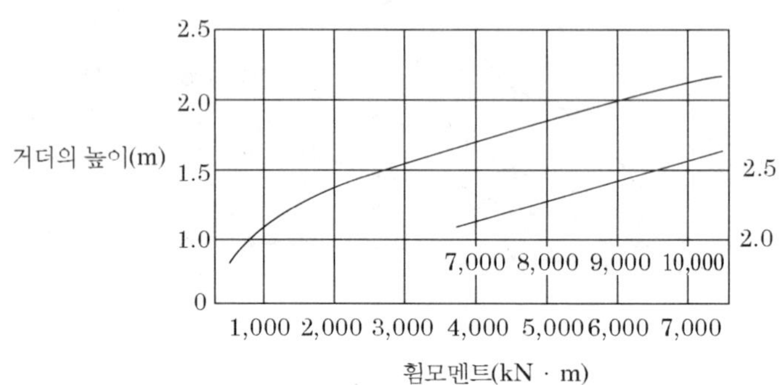

그림 6-25 플레이트거더의 경제적 높이(설계도표)

주거더의 높이는 최대모멘트가 주어지면 **그림 6-25** 설계도표에 의해 가정할 수 있다.

최대모멘트가 2,587.8 kN.m 이므로 설계도표에 의한 거더의 높이는 h= 150 cm 이다.

철도교 : $\frac{l}{10} \sim \frac{l}{15} = \frac{1600}{10} \sim \frac{1600}{15} = 160 \sim 106$ 이므로

$h_w = 150 cm$ 은 적당하다.

SM 400 강재 사용 시 복부 판의 두께 $t \geq \frac{D}{145} = \frac{1500}{145} = 10.3\ mm \fallingdotseq 11\ mm$

(철설 5,3.1)

① 침목을 깔기 쉽게 하기 위하여 상플랜지 상면을 간지런히 한다.

② 플랜지폭은 상부플랜지 36 cm 하부플랜지 40 cm 로 일치시킨다.

③ 단면변화는 상부 플랜지는 침목을 깔기 쉽게 하기 위하여 플랜지의 하부에 붙이도록 설계하여 복부 판의 높이는 상부플랜지의 두께변화에 따라 변한다.

④ 복부 판의 높이는 지간중앙부 1500 mm 이고 단면변하부에서는 상부플랜지의 두께에 따라 복부의 높이가 변한다.

단면변화의 위치는 지점부터 3.5 m , 5.3m 위치에서 복부의 높이로 상부플랜지의 상면을 간지런히 한다.

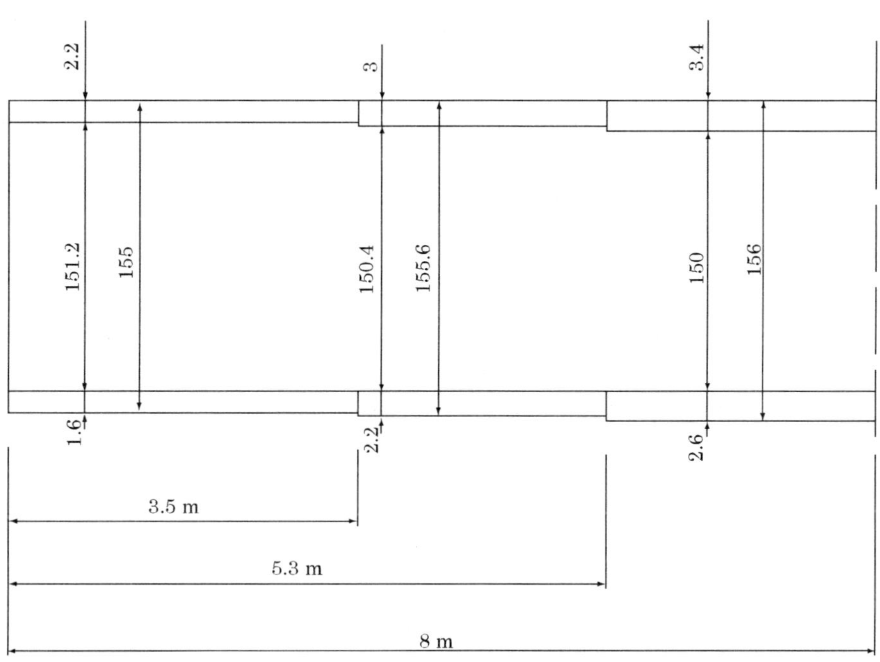

2) 주거더의 중앙단면

주거더의 중앙단면 치수를 다음과 같이 가정한다.

구 분	단면적	도 심	단면1차모멘트	단면2차모멘트
상부플랜지	122.4	76.7	9,368	720,070
복 부	165.0	0	0	309,380
하부플랜지	104.0	−76.3	−7,935	605,460
계	391.4		1,453	1,634,910

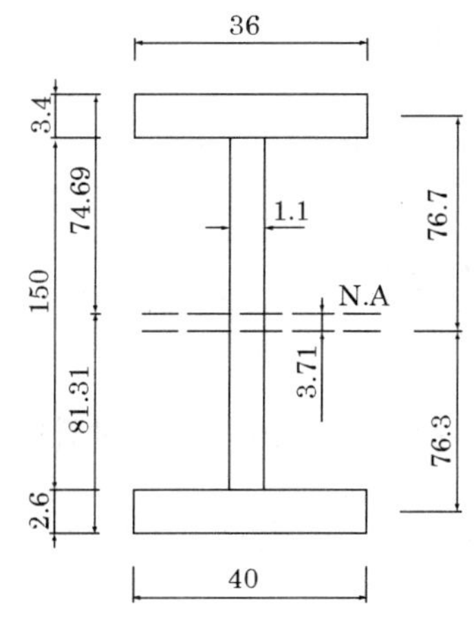

$$I_x = I_{xo} + A \times y^2$$

$$\delta = \frac{G_x}{A} = \frac{1453}{391.4} = 3.71\,cm$$

$$I_{NA} = 1,634,910 - 391.4 \times 3.71^2 = 1,629,520\,cm^4$$

$$y_c = 75.0 + 3.4 - 3.71 = 74.69\,cm \qquad y_t = 75.0 + 2.6 + 3.71 \equiv 81.31\ cm$$

좌굴 허용응력 계산 (철설 2.2.2)

등가세장비에 의하여 허용응력 계산 ($\lambda = (\frac{l}{r})_e = F(\frac{l}{b})$)

$$F = \sqrt{12 + 2\frac{\beta}{\alpha}}$$ 에서

$$\alpha = \frac{t_f(\text{플랜지의두께})}{t_w(\text{복부의두께})} = \frac{34}{11} = 3.09 \quad \beta = \frac{h(\text{복부의높이})}{b(\text{플랜지의폭})} = \frac{1500}{360} = 4.17$$

$$F = \sqrt{12 + 2 \times \frac{4.17}{3.09}} = 3.83$$

등가세장비 : $(\frac{l}{r})_e = F(\frac{l}{b}) = 3.83(\frac{280}{36}) = 29.79$

(l 은 고정점간 거리 즉 수직 브레이싱 간의 거리 2800mm 을 취한다.)

6 < $\frac{l}{r}$ < 130 사이 ($\frac{l}{r}$ 대신에 $(\frac{l}{r})_e$ 사용) (**표 3-21**)

$$f_{ca} = 140 - 0.78(\frac{l}{r} - 6) = 140 - 0.78(29.79 - 6) = 121\,Mpa$$

$f_{ta} = 140 Mpa$(SM 400 강재)

$$f_c = \frac{M}{I}y_c = \frac{2,588.6 \times 10^6}{1,629,520 \times 10^4} \times 746.9 = 118.7\ Mpa < \ f_{ca} = 121 Mpa$$

$$f_t = \frac{M}{I}y_t \times \frac{b_g}{b_n} = \frac{2,588,6 \times 10^6}{1,629,520 \times 10^4} \times 813.1 \times \frac{400}{375} = 137.8\ Mpa < \ f_{ta} = 140\ Mpa$$

$\frac{b_g}{b_n}$ 은 수평브레이싱 연결판(gusset plate) 의 붙임용 고장력 볼트을 고려한 것임

복부 판의 응력 (V_A = 733.6 kN) (지점)

$$v = \frac{V}{A_w} = \frac{733,600}{16,500} = 44.46\ Mpa < \ 80\ Mpa$$(SM 400의 허용전단응력 **표 3-17**)

중앙단면의 저항모멘트 $f_a = \frac{M_r}{I} y$ 에서

$$M_{rc} = f_{ca} \frac{I}{y_c} = 121 \times \frac{1629520 \times 10^4}{746.9} = 263,987 \times 10^4 N.mm = 2640 kN.m$$

$$M_{rt} = f_{ta} \frac{I}{y_t} = 140 \times \frac{1629520 \times 10^4}{813.1} = 280571 \times 10^4 N.mm = 2,805.71 kN.m$$

따라서 저항모멘트 : $M_r = M_{rc} = 2,640\ kN.m$

3) 단면변화 구간 (3.5m~5.3m 위치)

구 분	단면적	도 심	단면1차모멘트	단면2차모멘트
상부플랜지	108	76.7	8284	635350
복 부	165.4	0	0	311860
하부플랜지	88	−76.3	−6714	512310
계	361.4		1570	1459520

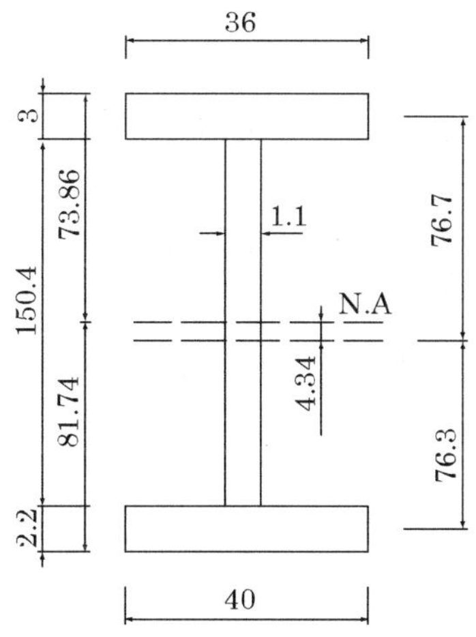

$$\delta = \frac{G_x}{A} = \frac{1570}{361.4} = 4.34$$

$y_c = 75.2 + 3 - 4.34 = 73.86\ cm$ $\quad y_t = 75.2 + 2.2 + 4.34 = 81.74 cm$

$$I_{NA} = 1459520 - 361.4 \times 4.34^2 = 1452710 \ \ cm^4$$

허용응력

$$\alpha = \frac{3}{1.1} = 2.73 \quad \beta = \frac{150.4}{36} = 4.18 \text{ 이므로}$$

$$F = \sqrt{12 + 2 \times \frac{4.18}{2.73}} = 3,88$$

등가 세장비

$$(\frac{l}{r})_e = F(\frac{l}{b}) = 3.88 \times \frac{280}{36} = 30.2$$

$$9 \ < \ \frac{l}{r} < \ 130 \text{ 이므로 허용응력은}$$

$$f_{ca} = 140 - 0.78(\frac{l}{r} - 6) = 140 - 0.78(30.2 - 6) = 121 \ \ Mpa$$

$$f_{ta} = 140 \times \frac{b_n}{b_g} = 140 \times \frac{375}{400} = 131 \, Mpa$$

저항모멘트 : $f_a = \frac{M_r}{I} y$ 에서

$$M_{rc} = f_{ca} \frac{I}{y_c} = 121 \times \frac{1452710 \times 10^4}{738.6} = 237987637 \, N.mm = 2380 kN.m$$

$$M_{rt} = f_{ta} \frac{I}{y_t} = 131 \times \frac{1452710 \times 10^4}{817.4} = 232817 \times 10^4 N.mm = 2328 \quad kN.m$$

따라서 저항모멘트는 : $M_r = Mrt = 2328 \quad kN.m$

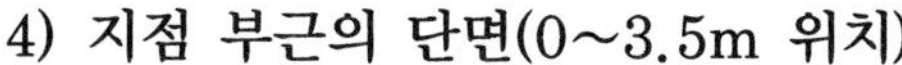

4) 지점 부근의 단면(0~3.5m 위치)

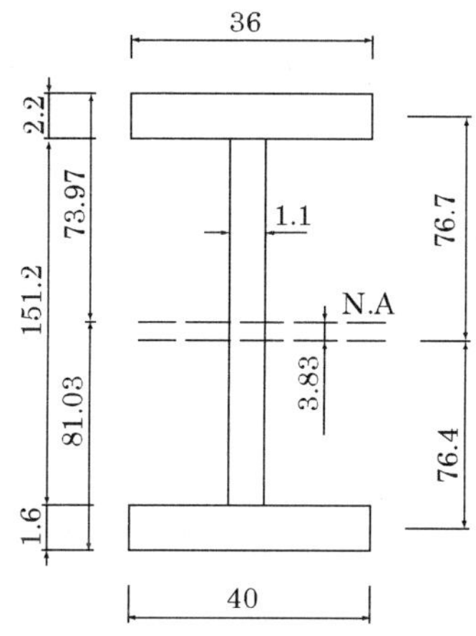

구 분	단면적	도 심	단면1차모멘트	단면2차모멘트
상부플랜지	79.2	76.7	6075	465930
복　　부	166.3	0	0	316860
하부플랜지	64	−76.4	−4890	373579
계	309.5		1185	1156360

$$\delta = \frac{G_x}{A} = \frac{1185}{309.5} = 3.83$$

$$y_c = 75.6 + 2.2 - 3.83 = 73.97\ cm \qquad y_t = 75.6 + 1.6 + 3.83 = 81.03\,cm$$

$$I_{NA} = 1156360 - 309.5 \times 3.83^2 = 1151820\ cm^4$$

허용응력

$\alpha = \dfrac{2.2}{1.1} = 2 \quad \beta = \dfrac{151.2}{36} = 4.2$ 이므로

$$F = \sqrt{12 + 2 \times \frac{4.2}{2}} = 4.02$$

등가 세장비

$$(\frac{l}{r})_e = F(\frac{l}{b}) = 4.02 \times \frac{280}{36} = 31.3$$

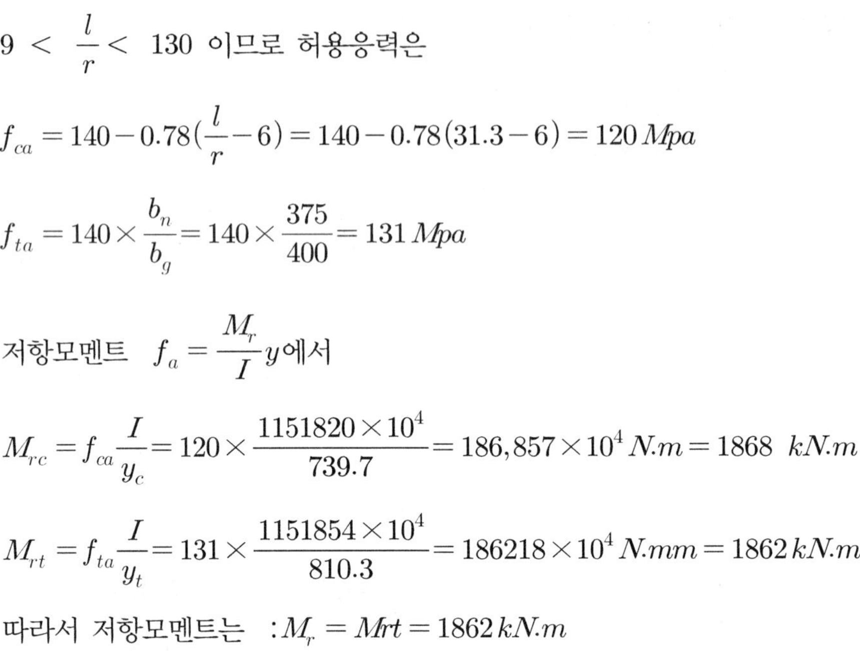

$9 < \dfrac{l}{r} < 130$ 이므로 허용응력은

$$f_{ca} = 140 - 0.78\left(\frac{l}{r} - 6\right) = 140 - 0.78(31.3 - 6) = 120\,Mpa$$

$$f_{ta} = 140 \times \frac{b_n}{b_g} = 140 \times \frac{375}{400} = 131\,Mpa$$

저항모멘트 $f_a = \dfrac{M_r}{I} y$에서

$$M_{rc} = f_{ca}\frac{I}{y_c} = 120 \times \frac{1151820 \times 10^4}{739.7} = 186,857 \times 10^4\,N.m = 1868\ \ kN.m$$

$$M_{rt} = f_{ta}\frac{I}{y_t} = 131 \times \frac{1151854 \times 10^4}{810.3} = 186218 \times 10^4\,N.mm = 1862\,kN.m$$

따라서 저항모멘트는 $: M_r = Mrt = 1862\,kN.m$

4. 단면변화의 위치

① 중앙단면, 점검단면, 지점단면의 저항모멘트를 덮어 그려주면 단면변화의 위치를 구할 수 있다.

② 실제는 단면변화부의 응력구배를 완화하기 위하여 이 값보다 30 cm 이상 외측 플랜지폭의 1.5배 이상 여유길이를 갖도록 한다.

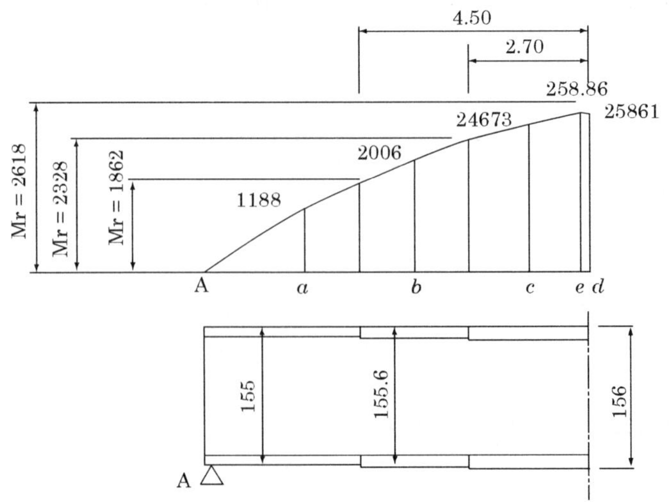

5. 주거더의 이음

① 이음위치는 응력도가 최대로 발생하는 중앙에서 어느 정도 떨어진 위치에서 두는 것이 일반적이나 본 교량에서는 지간의 중앙부에서 현장볼트 이음을 한다.

② 플레이트거더의 현장이음은 리벳이나 고장력 볼트이음을 사용하고 용접이음은 잘 사용하지 않는다.

③ 근래에는 고장력볼트이음을 주로 사용한다.

④ 플레이트거더의 고장력 볼트이음은 상부플랜지 이음, 하부플랜지이음, 복부판이음으로 나눌 수 있다. 플랜지 이음은 주로 축방향력에 의해 설계되며 복부판이음은 모멘트와 전단력에 대해 설계 한다.

(1) 상부 플렌지 이음

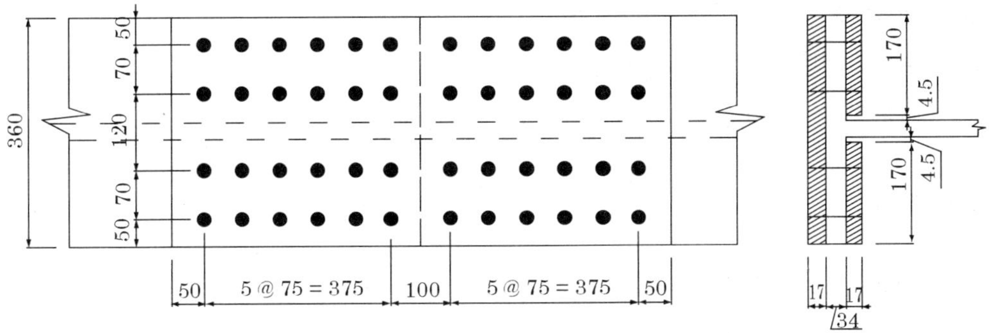

① 모재 단면 : $1PL\ \ 360 \times 34 = 122.4\ cm^2$

필요한 단면적 : $A_f \times \dfrac{f_c}{f_{ca}} = 122.4 \times \dfrac{118.7}{140} = 103.8\ cm^2$

② 이 음판 : $1\,PL360 \times 17 = 61.2\ cm^2$

$2\,PL170 \times 17 \times 2 = 57.8\ cm^2$

계 : $119\ cm^2 > 103.8\ cm^2$

③ 리벳수

M22 , F8T 고장력 볼트 1 마찰면당 허용력 : $\rho_a = 39kN$

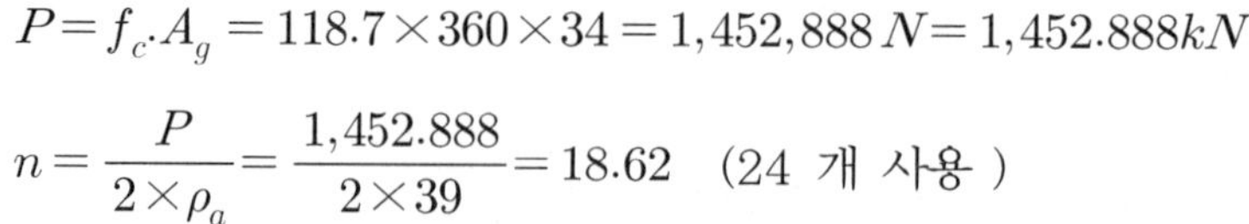

$$P = f_c \cdot A_g = 118.7 \times 360 \times 34 = 1,452,888\,N = 1,452.888kN$$

$$n = \frac{P}{2 \times \rho_a} = \frac{1,452.888}{2 \times 39} = 18.62 \quad (24\ 개\ 사용\ )$$

(2) 하부플랜지 이음

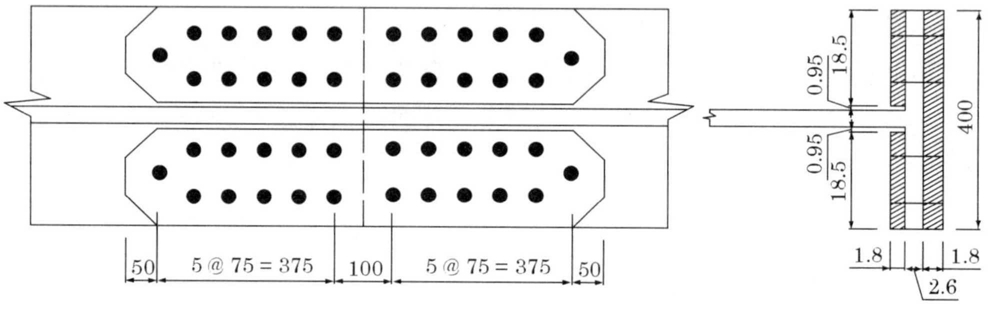

① 모재 단면 : $1PL\ \ 400 \times 26 = 104\ \ cm^2$

M22 볼트 구멍 : 22+3 = 25mm

순단 면적 : $400 \times 26 - 4 \times 25 \times 26 = 7800\ \ mmm^2 = 78cm^2$

필요한 단면적 : $A_f = A_n \times \dfrac{f_t}{f_{ta}} = 78 \times \dfrac{137.8}{140} = 76.78\,cm^2 < \ 78\ \ cm^2$

② 이 음판 : $1\,PL400 \times 18 - 4 \times 2.5 \times 1.8 = 54\,cm^2$

$2\,PL185 \times 18 \times 2 - 4 \times 2.5 \times 1.8 = 48.6\,cm^2$

계 : $102.6\,cm^2 > \ 78\ \ cm^2$

③ 리벳수

M22 F8T 고장력 볼트 1마찰면당 허용력 : $\rho_a = 39kN$

$$P = f_t \cdot A_f = 137.8 \times 7,800 \times 10^2 = 1,074,840\ \ N = 1,074.84\,kN$$

$$n = \frac{P}{2 \times \rho_a} = \frac{1,074.84}{39 \times 2} = 13.78 \quad (22\ 개\ 사용\ )$$

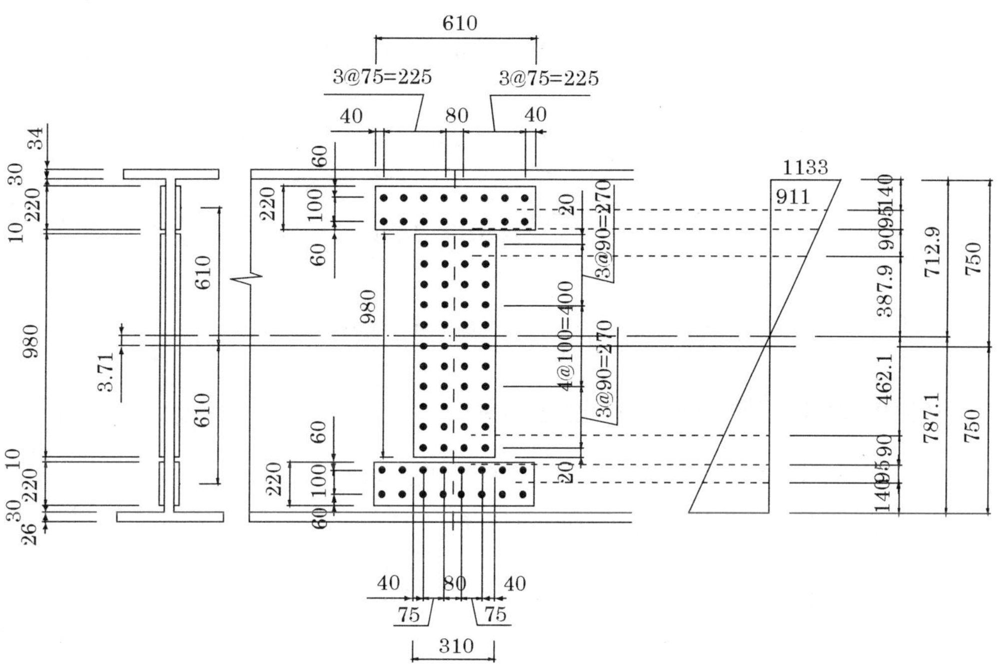

(3) 복부 판 이음

① 복부 판 단부의 응력

flange 상부응력 : $f_c = 118.7\,Mpa = 1187\ kg/cm^2$

상 연 $f_{co} = 1187 \times \dfrac{74.69 - 3.4}{74.69} = 1133\ kg/cm^2$= 113.3 Mpa (복부상연)

$$f_{c1} = 1133 \times \frac{71.29 - 14}{71.29} = 911\ kg/cm^2 = 91.1\ \text{Mpa}$$

$$f_{c2} = 1133 \times \frac{71.29 - 14 - 9.5}{71.29} = 760\ kg/cm^2 = 76\ \text{Mpa}$$

$$f_{c3} = 1133 \times \frac{71.29 - 14 - 9.5 - 9}{71.29} = 616\ kg/cm^2 = 61.6\ \text{Mpa}$$

하연

하부플랜지단의 최대응력 :

$$f_{\max} = \frac{M}{I} y = \frac{258{,}780{,}000 \times 81.31}{1{,}629{,}520} = 12{,}912\,N/cm^2 = 129.1 N/mm^2 = 129.1 Mpa$$

$$f_{t_o} = 129.1 \times \frac{81.31 - 2.6}{81.31} = 125.1 \ Mpa \ (\text{복부하연})$$

$$f_{t\ 1} = 125.1 \times \frac{78.71 - 14}{78.71} = 102.8 \ Mpa$$

$$f_{t\ 2} = 125.1 \times \frac{78.71 - 14 - 9.5}{78.71} = 87.7 \ Mpa$$

$$f_{t\ 3} = 125.1 \times \frac{78.71 - 14 - 9.5 - 9}{78.71} = 73.4 \ Mpa$$

② 고장력 볼트의 작용력에 의한 안전 검토

ⓐ 응력이 큰 하부플랜지의 제1열에서 볼트 1개에 작용하는 힘

○ 휨응력에 의한 볼트 1개에 작용하는 힘

$$P_1 = (125.1 + 102.8) \times \frac{1}{2} \times 140 \times 11 = 175,480 \ N$$

볼트1개당 힘 $R_1 = 175,480 \times \frac{1}{4} = 43,870 \ N$

○ 전단력에 의한 볼트 1개에 작용하는 힘

중앙단면의 최대전단력 : 19.12 ton = 191.2 kN

볼트 1 개가 받은 힘은 : $\frac{191,200}{38(\text{개})} = 5,030 N$ (1면 총볼트수 n =38개)

○ 전단력과 휨모멘트에 의한 고장력 볼트 1개의 작용력

$$R_2 = \sqrt{5,030^2 + 43,870^2} = 44,160 N < \ 39,000 \times 2 = 78,000 N$$

(M22 F8T 고장력볼트 1 마찰면당 허용력 $\rho_a = 39 kN$)

ⓑ 제2열에서 볼트 1개에 작용하는 힘

○ 휨응력에 의한 볼트 1개에 작용하는 힘

$$P_2 = (102.8 + 87.7) \times \frac{1}{2} \times 95 \times 11 = 99,540 \ N$$ = 99540 N

볼트1개당 힘 $R_1 = 99,540 \times \frac{1}{4} = 24,880 \ N$

○ 전단력과 휨모멘트에 의한 고장력 볼트 1개의 작용력

$$R_2 = \sqrt{5,030^2 + 24,880^2} = 25,380 N < \ 39,000 \times 2 = 78,000 N$$

ⓒ 제3열에서 볼트 1개에 작용하는 힘

○ 휨응력에 의한 볼트 1개에 작용하는 힘

$$P_3 = (87.7 + 73.4) \times \frac{1}{2} \times 90 \times 11 = 79{,}750 \ N$$

볼트1개당 힘 $R_1 = 79{,}750 \times \frac{1}{2} = 39{,}870 \ N$

○ 전단력과 휨모멘트에 의한 고장력 볼트 1개의 작용력

$$R_2 = \sqrt{5{,}030^2 + 39{,}870^2} = 40{,}200 N < \ 39{,}000 \times 2 = 78{,}000 \ N$$

③ 이 음판

이 음판 면적은 복부 판 면적 이상이 되어야 하고 8 mm 이상이므로 다음과 같은 단면을 사용한다.

모멘트 판 : 4 - PL 220×13 = 114.4 cm^2

전 단 판 : 2 - PL 980×13 = 254.8 cm^2

계 369.2 cm^2 〉 $A_w = 150 \times 1.1 = 165 cm^2$

○ 이 음판 응력도 검산

복부에 작용하는 모멘트

$$M_w = M\frac{I_w}{I} = 2587.8 \times \frac{309{,}380 + 165 \times 3.71^2}{1{,}629{,}520}$$

$$= 495 \ kN.m = 49.50 \times 10^7 N.mm^4$$

이 음판 단면2차 모멘트

$$I_s = \frac{22^3 \times 1.3}{12} \times 4 + \frac{98^3 \times 1.3}{12} \times 2 + 4 \times 28.6 \times 61^2 = 634{,}220 \, cm^4$$

모멘트 판의 연 응력

$$f = \frac{M}{I}y = \frac{4{,}950{,}000}{634{,}220} \times 72 = 562 \ kg/cm^2 = 56.2 Mpa < \ f_{ca} = 140 \, Mpa$$

따라서 충분한 단면이다.

여기서 y 값은 모멘트 판의 연단까지의 거리 $y = 750 - 30 = 720 \ mm$

6. 단보강재

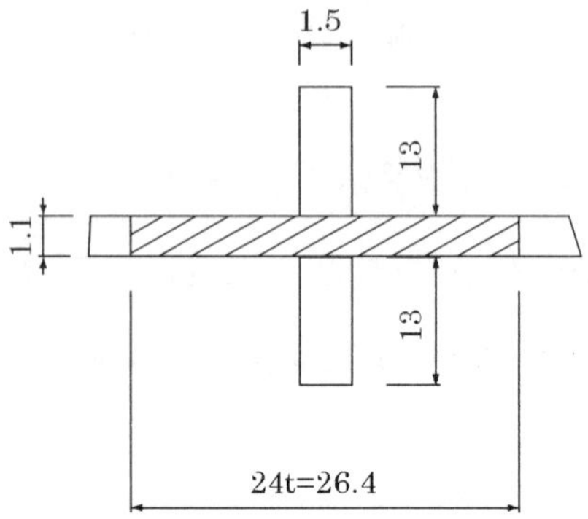

단보강재는 거더높이의 1/2 의 높이의 압축재로 하여 계산한다.

지점반력 $R_a = 733.6\,kN = 73360\ kg$

2 PL　$130 \times 15 \times 2 = 39.0$

1 web　$264 \times 11 = 29.04$

계　$68.04\ cm^2$

$$I = \frac{1.5 \times (13 \times 2 \times 1.1)^3}{12} = 2488\ cm^4$$

$$r = \sqrt{\frac{I}{A}} = \sqrt{\frac{2488}{68.04}} = 6.0$$

세장비 : $\dfrac{l}{r} = \dfrac{75.6}{6.0} = 12.6$ (l 은 지점부근의 높이의 1/2 : $151.2 \times \dfrac{1}{2} = 75.6$)

이 값은 $9 < \dfrac{l}{r} < 130$ 사이므로

$$f_{ca} = 140 - 0.78(\frac{l}{r} - 6)$$

$$f_{ca} = 140 - 0.78(12.6 - 6) = 134.8\,Mpa$$

$$f_c = \frac{Ra}{A} = \frac{733.6 \times 10^3}{6804} = 107.8\ Mpa < 134.8\,Mpa$$

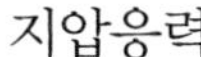

지압응력

$$A = (13 \times 2 + 1.1) \times 1.5 = 40.65\,cm^2 = 4{,}065mm^2$$

$$f_b = \frac{733{,}600}{4{,}065} = 180.5\ \ Mpa < \ f_{ba} = 210\ \ Mpa$$ (**표 3-17**) (OK)

7. 중간 보강재

(1) 보강재의 간격

① 지점에서 1.0 m 까지의 구간 (단보강재 간격 d = 1.0 m)

평균전단력 : $(733.6 + 586.6) \times \frac{1}{2} = 660.1\ \ kN = 660{,}100\ \ N$

평균 휨모멘트 : $(0 + 660.27) \times \frac{1}{2} = 331.1\ \ kN.m = 331.6 \times 10^6\ N.mm$

$$f_c = \frac{M}{I} y = \frac{331.6 \times 10^6}{1{,}151{,}820 \times 10^4} \times (739.7 - 22) = 20.6Mp < 65\ \ Mpa$$

수평보강재가 없는 경우 고정 선에 있는 복부판 휨압축응력 : 65 Mpa

따라서 f와 v가 동시에 작용하는 보강재 간격을 고려할 필요는 없다.

$v = \frac{S}{A_w} = \frac{660{,}100}{166.3 \times 10^2} = 39.69Mpa$ (A_w : 중앙단면의 복부 단면적)

수평보강재가 없는 경우 수직보강재 간격은 (교재 5.3.14 식 p133)

$$d = 940 \frac{t}{\sqrt{v}} = 940 \frac{11}{\sqrt{39.69}} = 1641\ \ mm > \ \ 1000\,mm$$ (OK)

② 지점에서 1.0 ~ 2.4 m 구간 (d = 1.4 m)

평균전단력 : $(658.57 + 566.74) \times \frac{1}{2} = 612.655\,kN = 612{,}655\,N$

평균 휨모멘트 : $(662.27 + 1{,}375.1) \times \frac{1}{2} = 1{,}018.6\,kN.m = 1{,}018.6 \times 10^6\,N.mm$

$$f_c = \frac{M}{I}y = \frac{1{,}018.6 \times 10^6}{1{,}151{,}820 \times 10^4} \times (739.7 - 22) = 63.46\,Mpa < \ 65\ \ Mpa$$

$$v = \frac{S}{A_w} = \frac{612{,}655}{166.3 \times 10^2} = 36.84\,Mpa$$

수평보강재가 없는 경우 수직보강재 간격은

$$d = 940\frac{t}{\sqrt{v}} = 940\frac{11}{\sqrt{36.84}} = 1714\ \ mm > \ \ 1400\,mm \quad (\ \mathrm{OK}\ )$$

③ 지점에서 2.4~3.8 m 구간 (d = 1.4 m)

평균전단력 : $(566.74 + 455.68) \times \frac{1}{2} = 511.21\,kN = 511.21 \times 10^3\,N$

평균 휨모멘트 : $(1{,}375.1 + 1{,}939.12) \times \frac{1}{2} = 1{,}657.11\ kN.m = 1{,}657.11 \times 10^6\,N.mm$

$$f_c = \frac{M}{I}y = \frac{1{,}657.11 \times 10^6}{1{,}452{,}710 \times 10^4} \times (738.6 - 30) = 80\ \ Mpa$$

$$v = \frac{S}{A_w} = \frac{511.21 \times 10^3}{165.4 \times 10^2} = 30.9\,Mpa$$

수평보강재가 없는 경우 수직보강재 간격은

$$d = 940\frac{t}{\sqrt{v}} = 940\frac{11}{\sqrt{30.9}} = 1860\,mm > \ \ 1400\,mm \quad (\ \mathrm{OK}\ )$$

보강재의 좌굴에 안전하기 위한 간격은 다음 식을 만족해야 한다. (철시 5.3.3 (2))

$\frac{d}{D} \leqq 1$ 인 경우

$$(\frac{D}{100t})^4[(\frac{f}{3250})^2 + [\frac{v}{540 + 720(\frac{D}{d})^2}]^2] \leqq \ 1$$

지점에서 2.4 m~ 3.80 m 구간

D = 150.4 cm , t = 1.1 cm , d = 140 cm 이므로

$$(\frac{150.4}{100\times1.1})^4[(\frac{807}{3250})^2+(\frac{307}{540+810(\frac{150.4}{140})^2})^2]=0.363<\ 1\quad (\text{ OK })$$

같은 방법으로 지점에서 3.80 m~5.20 m구간 (d = 1.4 m), 5.20 m~6.60 m 구간 (d= 1.4 m) 및 6.60~8.0 m 에 대해서도 상기 방법으로 검사하면 모두 안전함을 알 수 있기 때문에 보강재 간격은 좌굴에 대하여 충분히 안전하다.

(2) 보강재 단면

철시 5.3.5에서 중간수직보강재의 소요단면2차모멘트 I 는 다음 식에 의해 산출된 값 이상 이여야 한다.

$I=\frac{5}{22}d_s.t^3.\gamma$ 여기서 d_s 은 보강재의 간격

γ 은 다음 식에 의해 산출한다.

$\gamma=25(\frac{D}{d_s})^2-20$ 단 $\gamma\geq5$ 이상 이여야 한다.

점검단면 및 중앙단면에서 상기 값을 계산하면 다음 표 와 같다.

구 분	d_s	D	t	γ	I
점검단면	140	150.4	1.1	8.85	374.79
중앙단면	140	150	1.1	8.69	368

사용단면

1PL 130 × 10

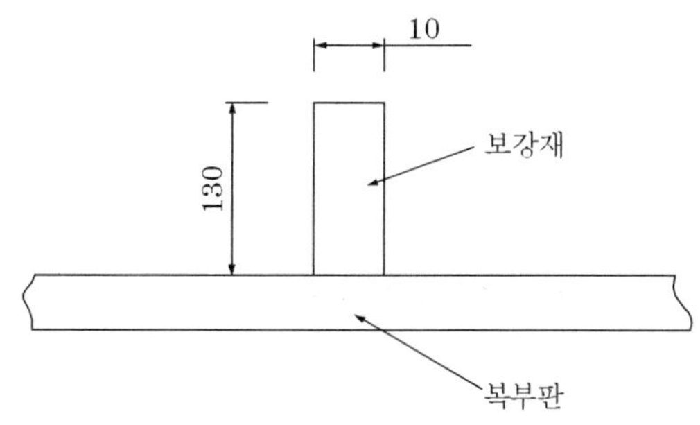

$$I=\frac{bh^3}{3}=\frac{1\times 13^3}{3}=732\ cm^4>\ 374.79\ cm^4$$

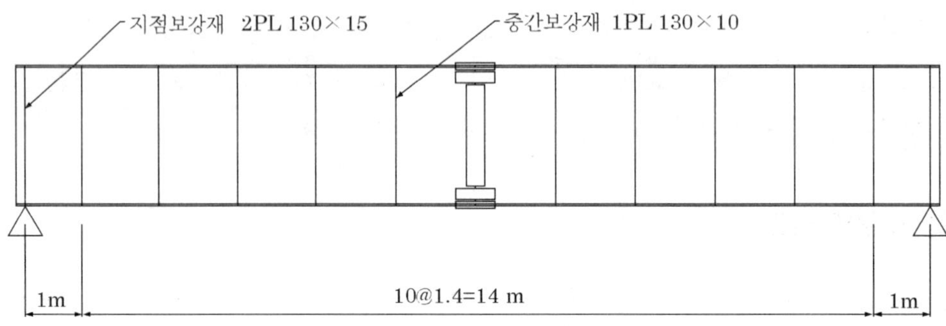

보강재 및 이음 위치

8. 수평브레이싱

상부 수평브레이싱만 설치하여 풍하중과 기관차의 횡하중에 대한 부재력에 저항하게 한다.

트러스의 복부부재에 해당한다.

(1) 풍하중에 의한 사재부재력

철설 제1편 2.14 규정에서

열차가 통과 하지 않을 때 풍압(p)

$$p=3.0\times(\frac{1.60}{2}+0.36)=3.48kN/m$$

열차가 통과 할 때

$$p=1.5\times(\frac{1.60}{2}+0.36+4)=7.74kN$$

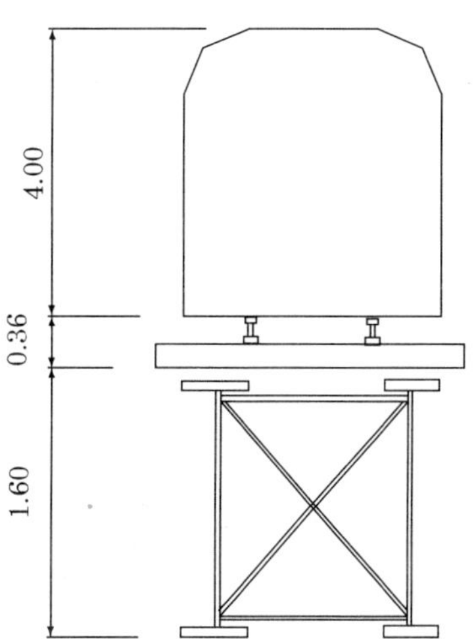

부재력 계산은 영향선도에서 구함

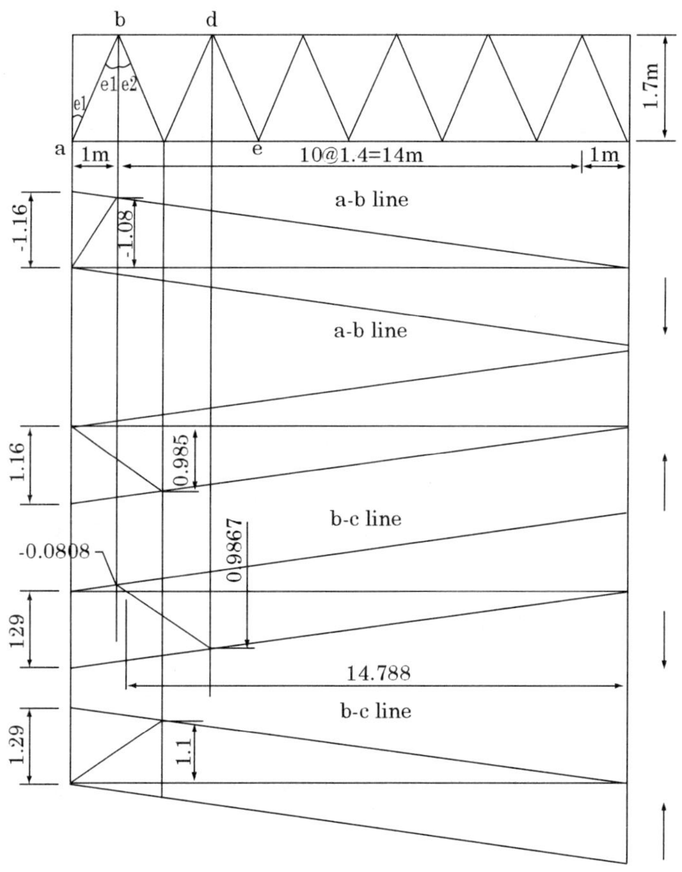

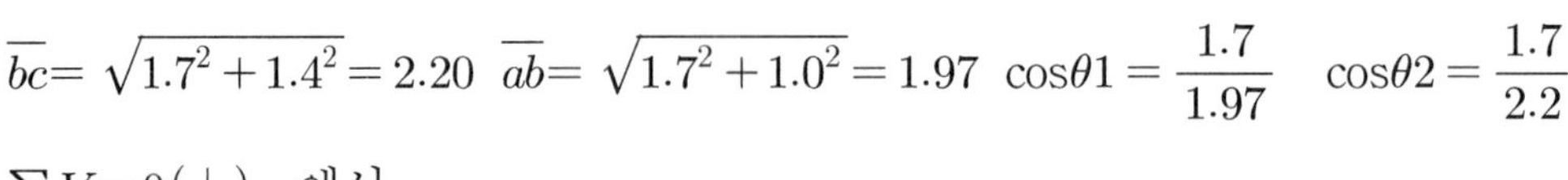

$\overline{bc}= \sqrt{1.7^2+1.4^2}=2.20$ $\overline{ab}= \sqrt{1.7^2+1.0^2}=1.97$ $\cos\theta 1=\frac{1.7}{1.97}$ $\cos\theta 2=\frac{1.7}{2.2}$

$\sum V=0(\downarrow)$ 에서

$$R_A+abcos\theta_1=0 \quad ab=-\frac{R_A}{\cos\theta_1}=\frac{-1.97}{1.7}R_A=-1.16$$

$\sum V=0(\uparrow)$ 에서

$$-R_A+ab\cos\theta_1=0 \quad ab=\frac{R_A}{\cos\theta_1}=\frac{1.97}{1.7}R_A=1.16$$

$\sum V=0\ (\downarrow)$ 에서

$$R_A-bc\cos\theta_2=0 \quad bc=\frac{R_A}{\cos\theta_2}=\frac{2.2}{1.7}R_A=1.294$$

$\sum V=0\ (\uparrow)$ 에서

$$-R_A-bccos\theta_2=0 \quad bc=-\frac{R_A}{\cos\theta_2}=-\frac{2.2}{1.7}R_A=-1.29$$

$0.0808:\ x\ =\ 0.9867:\ (2.8-x)$ 에서 $x=\frac{2.8\times0.0808}{0.9867+0.0808}=0.212$

$$l=15-0.212=14.788\,m$$

부재력

ab 부재력 :

$-7.74\times\frac{1}{2}\times1.08\times16=-66.87\,kN$ (압축)

$7.74\times\frac{1}{2}\times0.985\times16=60.99\ kN$ (인장)

bc 부재력

$-7.74\times\frac{1}{2}\times0.0808\times1.212+774\times\frac{1}{2}\times0.9867\times14.788=56.08\ kN$ (인장)

$-7.74\times\frac{1}{2}\times1.1\times16=-68.11\,kN$ (압축)

이중 큰 값을 적용한다.

이와 같은 방법으로 c - d , d - e , e - f , f - g 의 부재력을 구할 수 있으나 위의 값보다 작기 때문에 위와 같은 단면의 L 형강을 쓴다.

(2) 횡하중에 의한 사재부재력 (철설 제1편 2.12)

활하중은 그림과 같이 연행하중으로 보며 그 크기는 L-하중 1동륜축 중의 15 % 로 본다.

$q = 18 \times 0.15 = 2.7$ Q = 180 ×0.15 = 27 kN

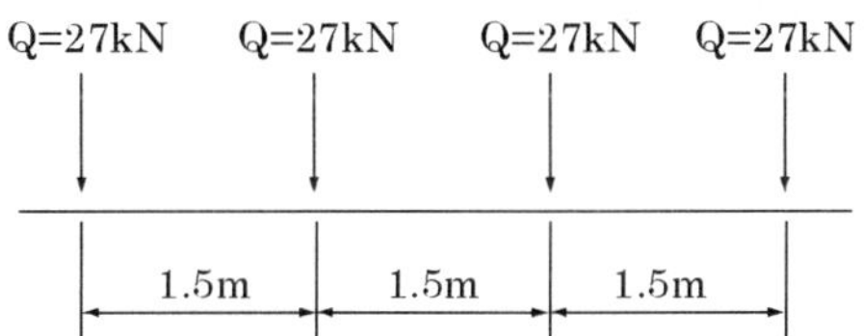

횡하중에 의한 사재최대부재력의 재하상태는 그림과 같다.

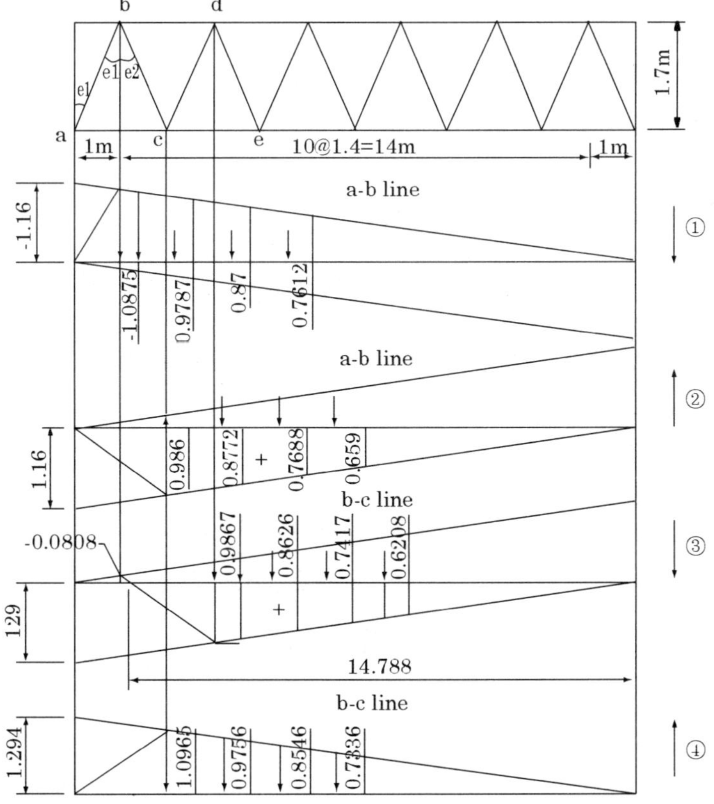

ab 부재력

① 상태 : $-27.00(1.0875+0.9787+0.87+0.7612)=-99.83kN$ (압축)

② 상태 : $27(0.986+0.8772+0.7685+0.6597)=88.86\ kN$(인장)

bc 부재력

③ 상태 : 27(0.9836 + 0.8626 + 0.7417 + 0.6208) = 86.63 kN (인장)

④ 상태 : −27(1.0965 + 0.9755 + 0.8546 + 0.7336) = −98.82 kN (압축)

이중 큰 값을 사용한다.

(3) 합계부재력(풍하중 및 횡하중)

ab 부재력 :

압축 : - 66.87 - 99.83 = −166.7 kN

인장 : 60.99 + 88.86 = 149.85 kN

bc 부재력 :

압축 : 68.11 + 98.82 = 166.93 kN

인장 : 56.08 + 86.63 = 142.72 kN

(4) 사용단면 : 1- L90 ×90 ×10

도로교 설계규정 (3.4.6)에 의해 축방향 인장력을 받은 L형강의 유효단면적은 거세트에 연결한 변의 순단 면적에 연결되지 않은 변의 순단 면적 $\frac{1}{2}$을 더한 것으로 한다.

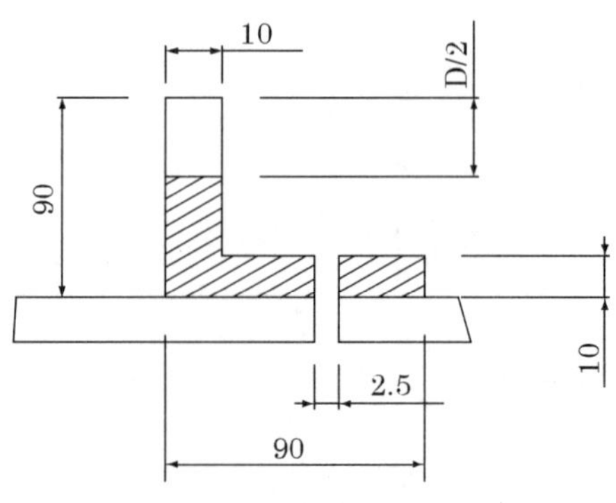

총단면적 : $A_g = 17\ cm^2$

순단 면적

$$A_n = 17 - \frac{90}{2} \times 1 - 2.5 \times 1 = 10\ cm^2$$

최소회전반지름 :$r_{\min} = 1.74\ cm$

회전반지름 :$r_x = r_y = 2.71\,cm$

사재 길이 $l = 1.75\ m$ 노한다.

주요하지 않은 부재이므로$r_{\min}$ 대신에 r_x 로 써도 무방하다

세장비 $\lambda = \frac{l}{r} = \frac{175}{2.71} = 64.6 < \ 120$

$9 < \ \frac{l}{r} < \ 130$ 일 때

$$f_{ca} = 140 - 0.78(\frac{l}{r} - 6) = 140 - 0.78(64.6 - 6) = 94.3\ Mpa$$

풍하중과 횡하중의 조합에 대하여 허용응력의 증가 계수 1.25 이므로

$$f_{ca} = 94.3 \times 1.25 = 117.87\,Mpa$$

$$f_{ta} = 140 \times 1.25 = 175\,Mpa$$

압축재로서의 강도

$$P_c = 117.9 \times 1700 = 2004\,kN > \ 166.9\,kN$$

$$P_t = 175 \times 1{,}000 = 175{,}000\,N = 175kN > \ 149.85\,kN \quad (\text{ OK })$$

9. 수직 브레이싱

① 교량의 강성을 증가시키기 위하여 주형의 길이 방향에 4~5 m 간격으로 배치함

② 수평재는 수직재가 됨으로서 사재 두 개만 따로 설치하면 된다.

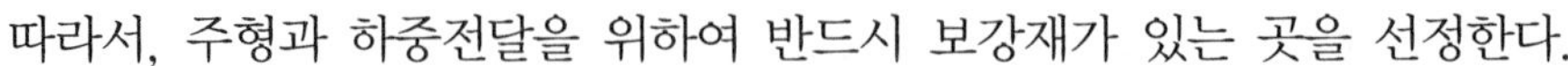
따라서, 주형과 하중전달을 위하여 반드시 보강재가 있는 곳을 선정한다.

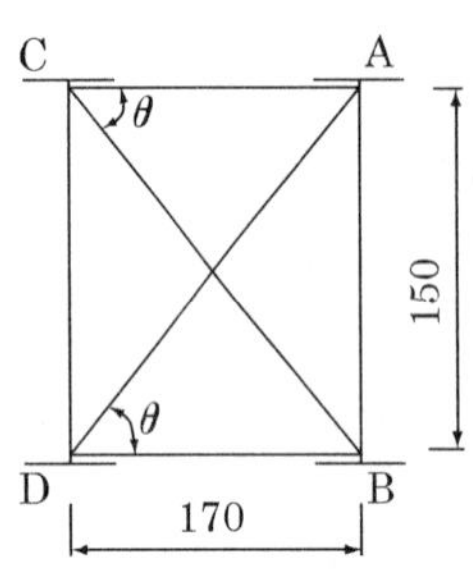

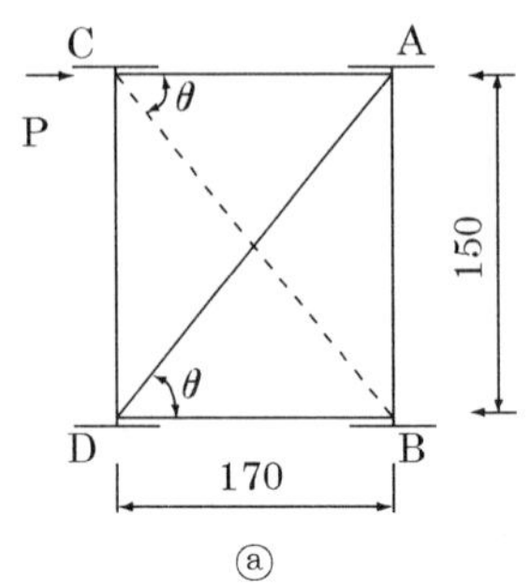

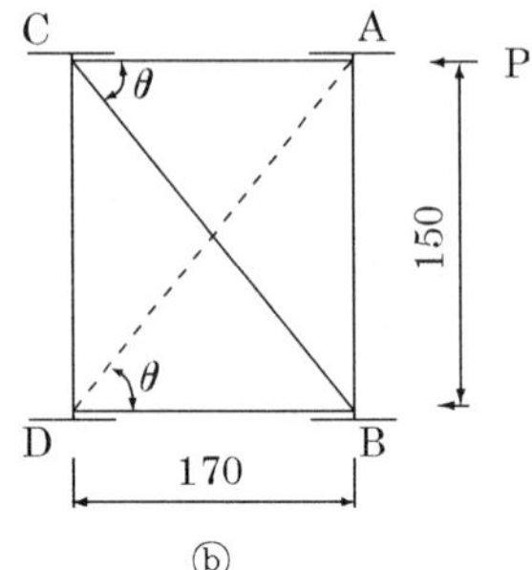

③ P 가 왼쪽에 작용시 AD 부재만 있고 CB 부재는 없다고 가정하고 P 가 오른쪽에 작용시 BC 부재만 있고 AD 부재는 없다고 가정하여 인장에 대한 계산만으로 단면을 결정한다.

(1) 하중 및 부재력

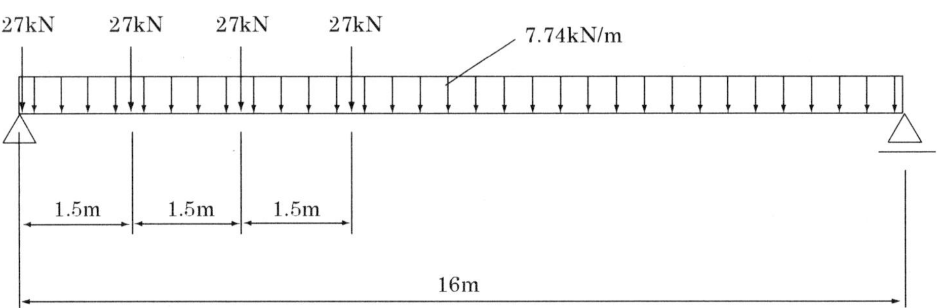

하중은 그림과 같이 풍하중은 등분포하중으로 횡하중은 집중하중으로 하여 최대전단력이 발생할 수 있는 조건으로 하면 지점 위치에서 발생한다.

$$R_a = \frac{7.74 \times 16}{2} + \frac{27(16 + 14.5 + 13 + 11.5)}{16} = 154.7\,kN$$

부재력 : 그림 ⓐ ,ⓑ에서

A C 부재력 : $P = R_a = 154.7\,kN$

B C 부재력 : $\Sigma H = 0$ 에서 $\frac{P}{2} + BC\cos\theta = 0$

$$\cos\theta = \frac{1.7}{\sqrt{1.7^2+1.5^2}} = \frac{1.7}{2.27}$$

$$BC = \frac{P}{2\cos\theta} = \frac{154.7}{2} \times \frac{2.27}{1.7} = 103.29\,kN$$

(2) 사용단면

1-L 90×90×10 $A_g = 17\ cm^2$ (총단면적)

$$A_n = 17 - \frac{d}{2} - 2.5\times 1 = 17 - \frac{9}{2} - 2.5 = 10\ cm^2 \text{ (순단면적)}$$

$$r_x = 2.71\ cm\ ,\ \frac{l}{r} = \frac{170}{2.71} = 62.7$$

따라서 $f_{ca} = 140 - 0.87(62.7-6) = 95.8\,Mpa$

증가계수 1.25 이므로

$$f_{ca} = 95.8 \times 1.25 = 119.8\,Mpa$$

$$f_{sa} = 140 \times 1.25 = 175\,Mpa$$

압축강도 : $119.8 \times 17 = 2{,}036.6\,kN \ > \ 154.7\,kN$ (OK)

인장강도 : $175 \times 10 = 1{,}750\,kN > \ 103.29\,kN$ (OK)

(3) 연결 볼트 수

$\rho_a = 38000\,N$ 이므로 볼트수 $n = \dfrac{154{,}700}{38{,}000 \times 1.25} = 3.3 \rightarrow 4$ 개

10. 받침(End bearing)

(1) 주철 슈(Cast steel shoe)

최대반력 733.6 kN 이에 대하여 철도청 정규도의 플레이트 거더용 No.90 주철 슈를 쓴다.

이 슈는 지지력 900kN, 중량 1.45kN, 지압면적 2,198 cm^2, 길이 66cm 폭 38 cm 두께 14 cm 이고 소울판과 접하는 폭은 34cm 이다.(그림 참조)

콘크리트 $f_b = \dfrac{733,600}{219,800} = 3.3Mpa < \ f_{ba} = 4.0Mpa$

이 지압응력이 그림과 같이 작용할 때

슈 중심에서 $\dfrac{a}{4}$ 되는 위치에 $\dfrac{R_A}{2}$가 작용하므로 슈 중심의 휨모멘트 M 은

$M = \dfrac{R_A}{2} \times \dfrac{a}{4} = \dfrac{733,600}{2} \times \dfrac{380}{4} = 34,846,000\,N.mm$이 슈의 높이를 h 라 하면

$Z = \dfrac{bh^2}{6} \quad f = \dfrac{M}{Z} = \dfrac{6M}{bh^2}$ 에서

$h = \sqrt{\dfrac{6M}{f_{ba}.b}} = \sqrt{\dfrac{6 \times 34,846,000}{66 \times 660}} = 73mm$ 〈 140 mm 사용

여기서 f_{ba}는 주철받침의 허용인장응력으로 60 Mpa 을 사용한다.

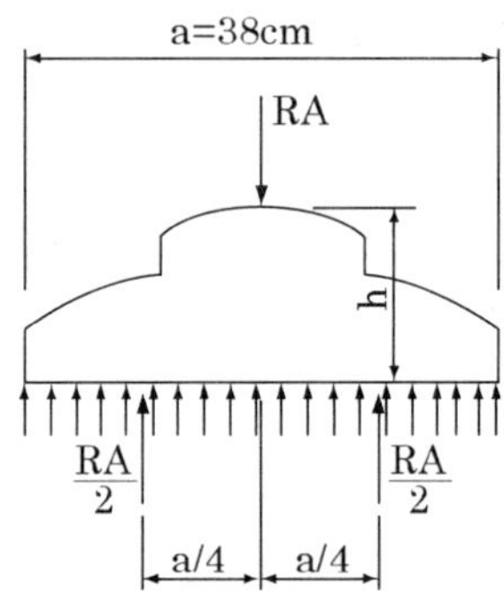

(2) 소울판

거더의 하부플랜지와 소울판(sole plate)을 접시머리볼트로 연결하고 이것을 슈 위에 놓는다.

그림에서 굵은 선으로 표시한 것이 소울 판이다. 고정단의 소울 판은 중앙에 요철(凹)부가 있어서 이것이 받침의 F_1과F_2에 걸려서 이동하지 못한다.

온도변화에 대한 거더의 신축 량은 지간 1m에 대하여 1.2mm 이상 이동할 수 있어야하고, 소울 판의 두께는 22mm 이상으로 하면 된다.

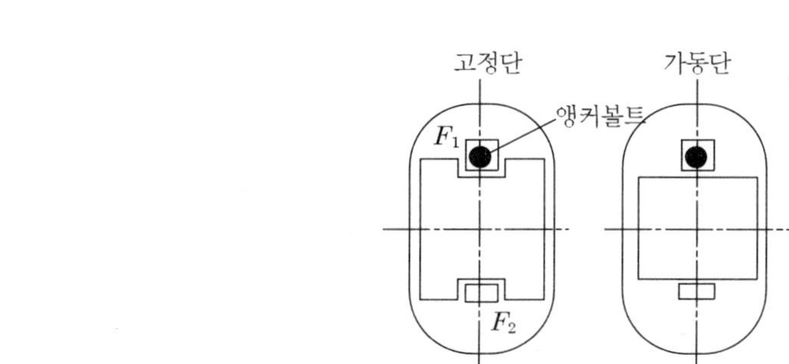

소울판

(3) 앵커볼트(Anchor bolt)

앵커볼트의 길이는 플레이트거더에서 지름의 10배 이상으로 하고 그 지름 최소값은 32mm로 한다.

6.4 용접 플레이트거더 도로교 설계

1. 설계조건

(1) 구조형식 : 비합성용접플레이트 거더교
(2) 2등교(도로교)
(3) 지간 : 25m
(4) 유효폭원 : 6 m
(5) 강재 : SM 400

2. 단면형상 및 치수

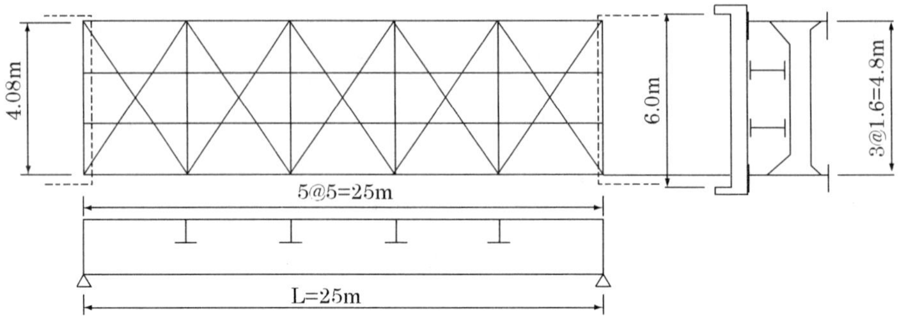

구조도

3. 단면력

주거더를10등분하여 각점의 최대휨모멘트 및 최대전단력은 다음 값으로 한다.

점거리(m)	0(0)	1(2.5)	2(5.0)	3(7.5)	4(10)	5(12.5)
Mmax(kN.m)	0	1600	2800	3600	4000	4100
Vmax(kN)	700	580	470	370	260	150

모멘트은 거리의 2차식이므로 $M(x) = ax^2 + bx$

a , b 계수를 구하기 위하여 두 점의 값을 대입한다. 5m 와 10m의 모멘트값 (5, 2800), (10, 4000)

$$2800 = 5^2 a + 5b \quad \cdots\cdots ①$$

$$4000 = 10^2 a + 10b \quad \cdots\cdots ②$$

① ② 식을 연립으로 풀어 계수 a, b 을 구한다.

mathcad에 의한 모멘트곡선방정식 유도

$$D = \begin{pmatrix} 5^2 & 5 \\ 10^2 & 10 \end{pmatrix} \quad D1 = \begin{pmatrix} 2800 & 5 \\ 4000 & 10 \end{pmatrix} \quad D2 = \begin{pmatrix} 5^2 & 2800 \\ 10^2 & 4000 \end{pmatrix}$$

$$a = \frac{|D1|}{|D|} \quad a = -32 \quad b = \frac{|D2|}{|D|} \quad b = 720$$

모멘트 일반형 : $M(x) = -32x^2 + 720x$

1) 휨모멘트도

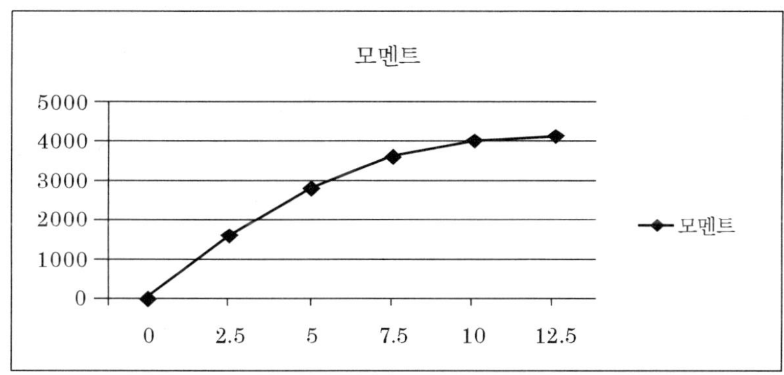

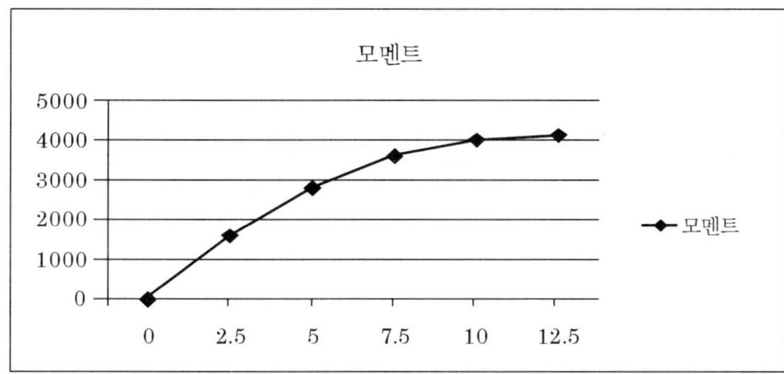

2) 전단력도

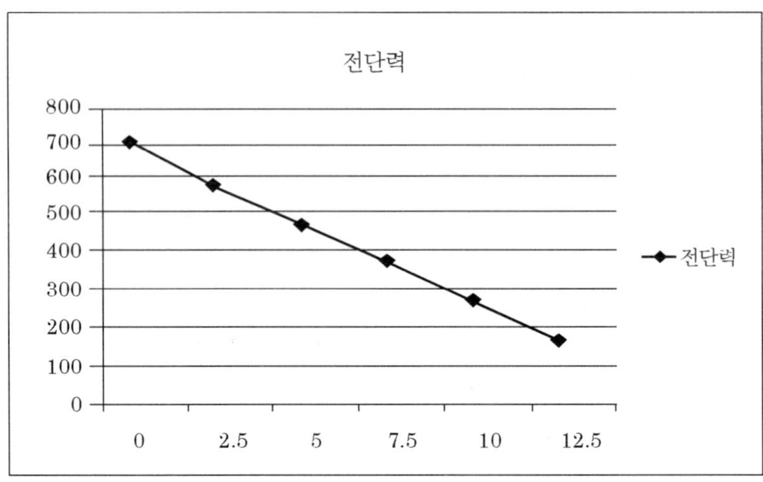

4. 단면의 설계

(1) 복부 판

주거더의 높이는 도로교에서 보통 지간의 $\frac{1}{15}$ 에서 $\frac{1}{17}$ 정도로 하나 여기서는 복부의 높이를 180 cm로 가정한다.

복부 판의 두께 : $t > \frac{D}{152} = \frac{1800}{152} = 11.8mm \fallingdotseq 12mm$ 로 함

$v = \frac{V}{A_w} = \frac{700000}{1800 \times 12} = 32.4Mpa < \ v_a = 80Mpa$ (표3-16 참조)

(2) 주거더 단면의 설계

1) 단면의 가정

Mmax =4100 kN.m $\quad H_w = 1800mm$ (강재 SM400사용) $t_w = 12mm$

$A_w = 1800 \times 12 = 21600mm^2 \quad f_{ca} = 130Mpa$ (가정) $\quad f_{ta} = 140Mpa$

$$A_c = \frac{M}{f_{ca}.h} - \frac{h.t}{6} \times \frac{2f_{ca} - f_{ta}}{f_{ca}} = \frac{410,000,000}{130 \times 1,800} - \frac{1,800 \times 12}{6} \times \frac{2 \times 130 - 140}{130}$$
$$= 14,300mm^2$$

$$A_t = \frac{M}{f_{ta}.h} - \frac{h.t}{6} \times \frac{2f_{ta} - f_{ca}}{f_{ta}} = \frac{410,000,000}{140 \times 1,800} - \frac{1,800 \times 12}{6} \times 2 \times \frac{140 - 130}{140}$$
$$= 12,400mm^2$$

따라서 단면의 가정은 다음과 같이 한다.

위플랜지 : $\begin{cases} 1 - Co.pl, \ \ 380 \times 15 = 57.0cm^2 \\ 1 - fl.pl \quad 400 \times 25 = 100.0 \ cm^2 \quad 계157.0cm^2 \end{cases}$

아래플랜지 : $\begin{cases} 1 - fl. \ pl \quad 390 \times 25 = 97.5 \ cm^2 \\ 1 - co. \ pl \quad 360 \times 15 = 54.0cm^2 \quad 계 \ \ 151.5 \ cm^2 \end{cases}$

① 중앙 위치에서의 단면

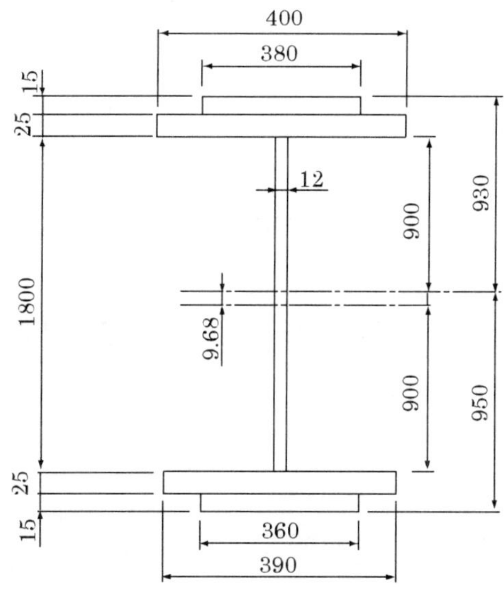

주거더 단면

단면	A(cm^2)	y(cm)	A.y(cm^3)	$A\times y^2(cm^4)$
1CO. pl 380×15	57	93.2591.291.	5,315.25	495,647
1FL. pl400×25	100	25	9,125	832,656
1We. pl1,800×12	216	0	0	583,200
1FL. pl390×25	97.5	91.25	-8,896.88	811,840
1CO. pl360×15	54	93.25	-5,035.50	469,560
계	524.5		507.87	3,192,930

편심량 : $e=\dfrac{G_x}{A}=\dfrac{507.87}{524.5}=0.968cm$

$$I=I_o-A\times y^2=3192903-524.5\times0.968^2=3192409\,cm^4$$

$$y_c=(15+25+900)-9.68=930.32=930mm$$

$$y_t=(15+25+900)+9.68=949.68=950mm$$

(1) 휨응력

$$f_c=\frac{M}{I}y_c=\frac{4100\times10^6}{3192.409\times10^4}\times930=119.4Mpa<\ f_{ca}=130\,Mpa$$

$$f_t=\frac{M}{I}y_t=\frac{4100\times10^6}{3192409\times10^4}\times950=122.0Mpa<\ f_{ta}=140Mpa$$

(2) 저항모멘트

$$M_{rt}=f_{ta}\frac{I}{y_t}=140\times\frac{3192409\times10^4}{950}=4705\times10^6N.mm=4705\ \ kN.m$$

$$M_{rc}=f_{ca}\frac{I}{y_c}=130\times\frac{3192409\times10^4}{930}=4463\times10^6\,N.mm=4463\,kN.m$$

따라서 RM = $M_{rt}=4463\times10^6\,n.mm$

② L = 600 cm 에서의 단면

단면변화 및 이음 위치에서의 단면성질 및 저항모멘트를 구한다.

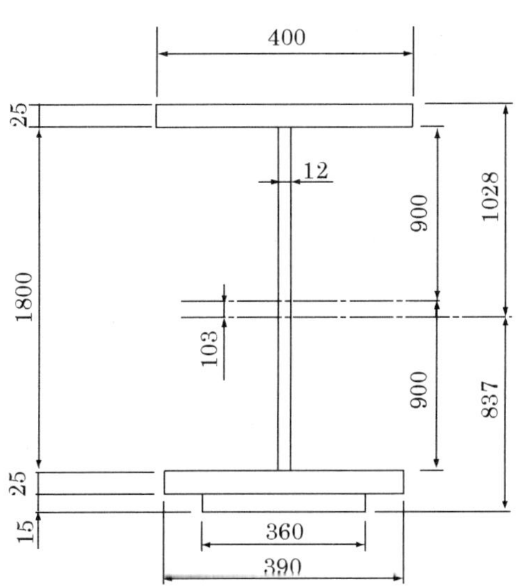

단면	$A(cm^2)$	y(cm)	$A.y(cm^3)$	$A\times y^2(cm^4)$
1FL. pl400×25	100	91.35	9,125	832,656
1We. pl1,800×12	216	0	0	583,200
1FL. pl390×25	97.5	−91.25	−8,897	811,840
1CO. pl360×15	54	−93.25	−5,036	469,560
계	467.5		−4808	2,697,256

$$e=\frac{G_x}{A}=-\frac{4808}{467.5}=-10.28\,cm\fallingdotseq 103\ \ mm$$

$$I=I_o-A\times y^2=2{,}697{,}256-467.5\times 10.3^2=2{,}647{,}658\,cm^4$$

$$y_c=900+25+103=1{,}028\ \ mm$$

$$y_t=900+25+15-103=837\ \ mm$$

$$M_{rc}=f_{ca}\frac{I}{y_c}=130\times\frac{2647658\times 10^4}{1{,}028}=3{,}348.20\times 10^6\ N.mm=3{,}348.2\ kN.m$$

$$M_{rt}=f_{ta}\frac{I}{y_t}=140\times\frac{2647658\times 10^4}{837}=4{,}428.6\times 10^6\ N.mm=4{,}428.6kN.m$$

따라서 RM : $M_r=M_{rc}=3{,}348.2\,kN.m$

③ L=650 cm 위치(인장측덮개판)

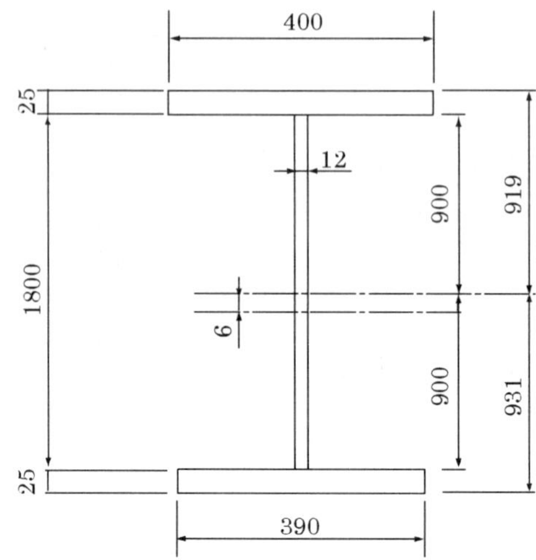

단면	A(cm^2)	y(cm)	A.y(cm^3)	$A \times y^2(cm^4)$
1FL. pl400×25	100	91.35	9,125	832,656
1We. pl1,800×12	216	0	0	583,200
1FL. pl390×25	97.5	-91.25	-8,897	811,840
계	467.5		228	2,227,696

$$e = \frac{G_x}{A} = \frac{228}{413.5} = 0.551 \fallingdotseq 0.6cm = 6\,mm$$

$$I = I_o - A \times y^2 = 2,227,696 - 413.5 \times 0.6^2 = 2,227,547\,cm^4$$

$$y_c = 25 + 900 - 6 = 919\ \ mm$$

$$y_t = 25 + 900 + 6 = 931\,mm$$

$$M_{rc} = f_{ca}\frac{I}{y_c} = 130 \times \frac{2227547 \times 10^4}{919} = 3,151,045,800\ \ N.mm = 3,151\,kN.m$$

$$M_{rs} = f_{sa}\frac{I}{y_t} = 140 \times \frac{2,227,547 \times 10^4}{931} = 3,349,694,737\,N.mm = 3,349.69\quad kN.m$$

따라서 RM : $M_r = M_{rc} = 3,151\,kN.m$

④ L=760 cm (압축측플랜지 두께 25mm 인 지점)

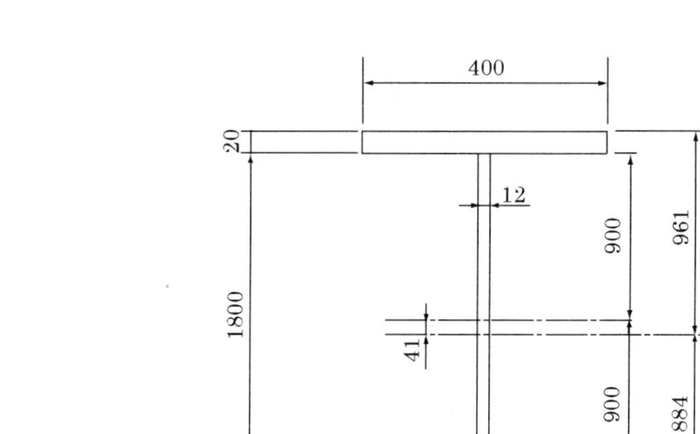

단면	A(cm^2)	y(cm)	A.y(cm^3)	$A \times y^2 (cm^4)$
1FL. pl400×20	80	91	7,280	662,480
1We. pl1,800×12	216	0	0	583,200
1FL. pl390×25	97.5	−91.25	−8,897	811,840
계	393.5		−1617	2,057,520

$$e = \frac{G_x}{A} = \frac{1,617}{393.5} = 4.1\,cm$$

$$I = I_o - A \times y^2 = 2,057,520 - 393.5 \times 4.1^2 = 2,050,905\,cm^4$$

$$y_c = 900 + 20 + 41 = 961\,mm$$

$$y_t = 900 + 25 - 41 = 884\ \ mm$$

$$M_{rc} = f_{ca}\frac{I}{y_c} = 130 \times \frac{2,050,905 \times 10^4}{961} = 2,774,377,211\,N.mm = 2,774kN.m$$

$$M_{rs} = f_{sa}\frac{I}{y_t} = 140 \times \frac{2,050,905 \times 10^4}{884} = 7,248,039,593\,N.mm = 3,248kN.m$$

따라서 RM : $M_r = M_{rc} = 2,774\,kN.m$

⑤ L=810 cm (인장측 플랜지가 25mm 인 지점)

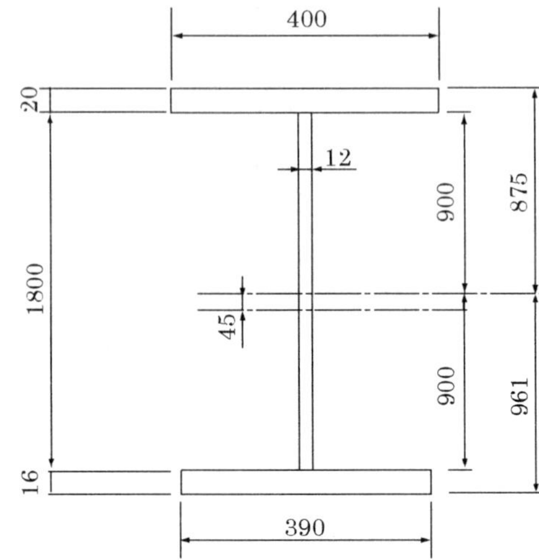

단면	A(cm^2)	y(cm)	A.y(cm^3)	$A\times y^2(cm^4)$
1FL. pl400×20 1We. pl1,800×12 1FL. pl390×16	80 216 62.4	91 0 -90.8	7,280 0 -566.6	662,480 583,200 514,466
계	393.5		1,614	1,760,146

$$e = \frac{G_x}{A} = \frac{1614}{358.4} = 4.5cm$$

$$I = I_o - A\times y^2 = 1,760,146 - 358.4\times 4.5^2 = 1,752,888\,cm^4$$

$$y_c = 900 + 20 - 45 = 875\,mm$$

$$y_t = 900 + 16 + 45 = 961\,mm$$

$$M_{rc} = f_{ca}\frac{I}{y_c} = 130\times\frac{1,752,888\times 10^4}{875} = 2,604,290,743\,N.mm = 2,604.3\,kN.m$$

$$M_{rs} = f_{sa}\frac{I}{y_t} = 140\times\frac{1,752,888\times 10^4}{961} = 2,553,633,496\,N.mm = 2,553.6\,kN.m$$

따라서 RM : $M_r = M_{rs} = 2,553.6\,kN.m$

⑥ 지점에서의 단면

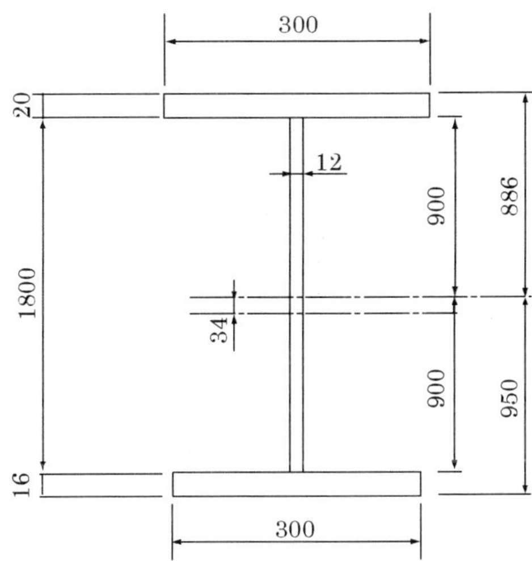

단면	A(cm^2)	y(cm)	A.y(cm^3)	$A\times y^2(cm^4)$
1FL. pl300×20	60	91	5,460	496,860
1We. pl1,800×12	216	0	0	583,200
1FL. pl300×16	48	-90.8	-4,358	395,743
계	324		1,102	1,475,803

$$e = \frac{G_x}{A} = \frac{1,102}{324} = 3.4\,cm$$

$$I = I_o - A\times y^2 = 1,475,803 - 324\times 3.4^2 = 1,472,058\,cm^4$$

$$y_c = 900 = 20 - 34 = 886mm$$

$$y_t = 900 + 16 + 34 = 950mm$$

$$M_{rc} = f_{ca}\frac{I}{y_c} = 130\times\frac{1,472,058\times 10^4}{886} = 2,159,904,515\,N.mm = 2,159.9\,kN.m$$

$$M_{rs} = f_{sa}\frac{I}{y_t} = 140\times\frac{1,472,058\times 10^4}{950} = 2,169,348,632\,N.mm = 2,169.3\,kN.m$$

따라서 RM : $M_r = M_{rc} = 2,159.9\,kN.m$

5. 보강재의 설계

(1) 단보강재

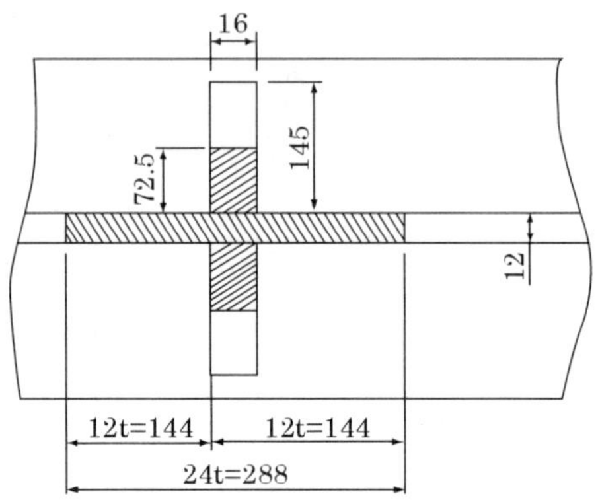

지점반력 : $V_{\max} = 700\,kN$

단면의 성질 :

$$A = 28.8 \times 1.2 + 14.5 \times 1.6 \times 2 = 80.96\,cm^2$$

$$I = \frac{28.8 \times 1.2^3}{12} + 2 \times \frac{1.6 \times 14.5^3}{12} + 2 \times 14.5 \times 1.6 \times 7.25^2 = 3{,}676 cm^4$$

$$r = \sqrt{\frac{I}{A}} = \sqrt{\frac{3{,}676}{80.96}} = 6.7$$

$$l = \frac{h}{2} = 90cm$$

$\frac{l}{r} = \frac{90}{6.7} = 13.4 < \ 20$ 따라서 $f_{ca} = 140Mpa$

$f_c = \frac{V_{\max}}{A} = \frac{700{,}000}{80.96} = 86.5\,Mpa < \ f_{ca} = 140Mpa$

보강재 두께 (t) $\geq \frac{145}{13} = 11.2mm$ 16 mm 사용

수직보강재의 돌 출각 폭은 복부 판 높이의 $\frac{1}{30}$에 50mm을 더한 값보다 크게 하는

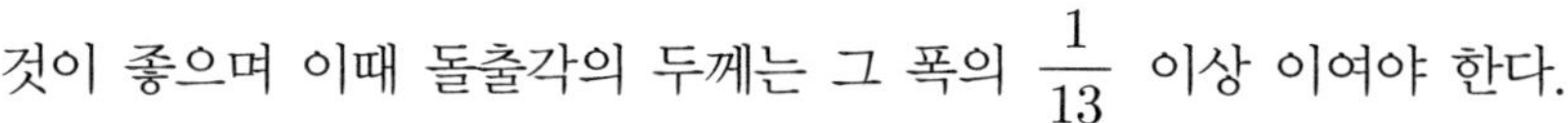
것이 좋으며 이때 돌출각의 두께는 그 폭의 $\frac{1}{13}$ 이상 이여야 한다.

돌출면의 길이 : $\frac{h}{30}+50=\frac{1800}{30}+50=110mm$이므로 145 mm로 한다.

두께 $\geq \frac{145}{13}=11.2\ mm$이므로 12 mm 노한다.

(2) 중간보강재

격간의 길이가 5 m 이므로 $\frac{5}{3}=1.67m$ 간격으로 중간 2개소에 배치한다.

돌출변의 길이 : $\frac{h}{30}+50=\frac{1800}{30}+50=110mm$ 145 mm로 한다.

두께 〉 $\frac{145}{13}=11.2mm$ 12 mm 로 한다.

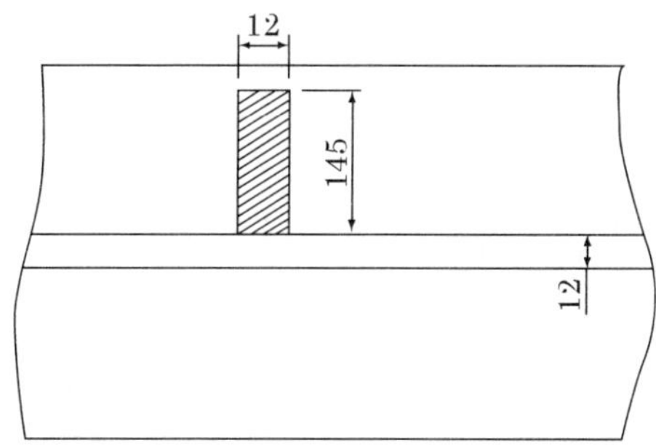

보강재의 간격 a = 167 cm 상하 플랜지의 순간격 b = 180 cm이므로 다음 식을 만족해야 한다.

$$\left(\frac{b}{100t}\right)^4\left[\left(\frac{f}{365}\right)^2+\left(\frac{v}{61+81(\frac{b}{a})^2}\right)^2\right]\leq 1$$

여기서 t = 12 mm $v=\frac{V}{A_w}=\frac{700}{1800\times 12}=32.4Mpa$ $f=0$ (지점)

mathcad 에 의한 계산

$a=167$ $b=1800$ $t=12$ $f=0$ $v=32.4$

$$\left(\frac{1800}{100.12}\right)^4\left[\left(\frac{0}{365}\right)^2+\left[\frac{32.4}{61+81\left(\frac{1800}{167}\right)^2}\right]^2\right]=5.924457\times10^{-5}<1$$

상기 식은 1 보다 적으므로 만족한다.

6. 복부판과 플랜지 및 덮개 판 단부의 필렛용접

(1) 플랜지판과 복부 판의 필렛용접

단부의 단면에서

$$I=1,472,058cm^4 \quad y_c=88.6\,cm \quad y_t=95.0\,cm$$

필렛용접의 치수 : s = 6 mm 로 가정

목두께 = 6 × 0.707 = 4.2 mm $\Sigma a=4.2\times2=8.4mm$

하부플랜지의 단면1차모멘트 : $Q=48\times94.2=4,522\,cm^3$

플랜지 이음부에서 전단응력

$$v=\frac{VQ}{I\Sigma a}=\frac{700,000\times4,522\times10^3}{1,472,061\times10^4\times8.4}=25.6\,Mpa<\ v_a=80Mpa$$

즉 6mm로 충분하다.

판 두께 검토

$t_1>s>\sqrt{2t_2}$ 에서 $12mm>s\ >\sqrt{2\times16}=5.6\,mm$ 만족하다.

플랜지판과 덮개판과도 필렛용접으로 치수 6mm로 하고 덮개 판 단부에서의 필렛용접의 길이는 다음 계산 값보다 크게 하면 좋다.

(2) 압축측 덮개 판

전면 측면 모두 목두께 12 mm의 부동다리 필렛용접을 쓰면

$(B+2L)\times a\times v_a=f_{ca}A$ 에서

$$L=\frac{1}{2}(\frac{f_{ca}\cdot A}{a.v_a}-B)=\frac{1}{2}(\frac{130\times380\times15}{80\times12})=196\,mm$$

(3) 인장측 덮개 판

압축 측과 같이 목두께 12 mm 의 부동다리 필렛용접을 쓰면

$$L = \frac{1}{2}\left(\frac{f_{ta} \cdot A}{a \cdot v_a} - B\right) = \frac{1}{2}\left(\frac{140 \times 360 \times 15}{80 \times 12} - 360\right) = 214mm$$

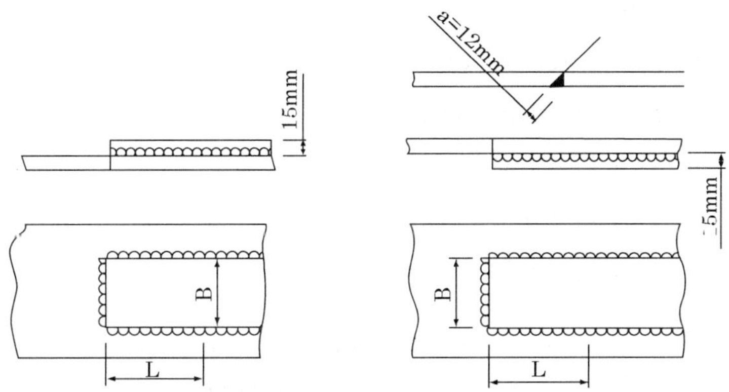

덮개 판 단부의 필렛용접

7. 플랜지판과 덮개 판의 길이

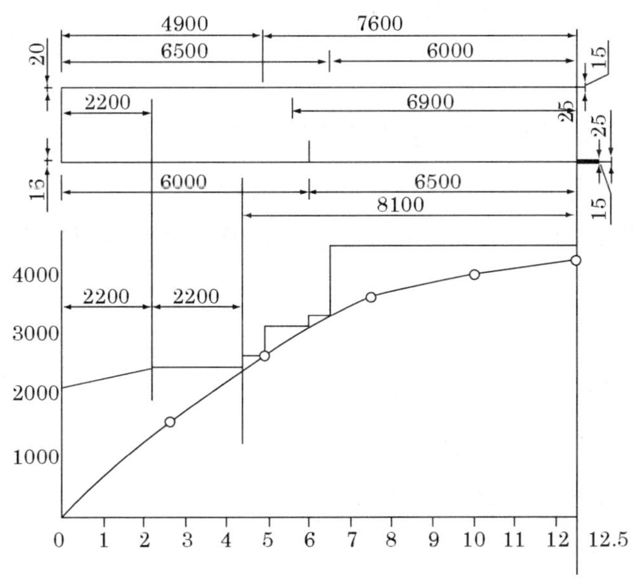

각점의 최대휨모멘트도에 중앙단변 전감단면 지점단면의 저항모멘트를 덮어그려주면 단면변화의 위치를 구할 수 있다.

실제에는 단면변화부의 응력구배를 완화하기 위하여 이 값보다 30 cm 이상 또는 외측 플랜지판 폭의 1.5배 이상 연장한다.

모멘트곡선방정식에 의해 단면변화위치에서의 모멘트 값을 구한다.

모멘트 일반식 : $M(x) = -32x^2 + 720x$

① x= 650 cm 위치 M=3328 kN.m

② x= 600 cm 위치 M=3168 kN.m

③ x= 490 cm 위치 M=2760 kN.m

④ x= 440 cm 위치 M=2548 kN.m

⑤ x= 220 cm 위치 M=1429 kN.m

단면변화 위치에서 최대휨모멘트 및 저항모멘트

단면변화위치	중앙점부터 (cm)	지점부터 (cm)	저항휨모멘트 (kN.m)	최대모멘트 (kNm)
① 압축측덮개판의 거리	600	650	4463	3328
② 인장측덮개판의 거리	650	600	3348	3168
③ 압축측플랜지두께 25mm까지의 거리	760	490	3151	2760
④ 인장측플랜지두께 25mm까지의 거리	810	440	2774	2548
⑤ 인장측플랜지두께가 16mm점감되는 거리	1030	220	2553	1429
⑥ 지점	0	0	2159.9	0

단면변화위치에서 최대휘모멘트은 저항모멘트보다 작으므로 안전하다.

실제로 단면변화위치는 40cm 연장하여 변화시킨다.

단면변화 위치에서 40cm 연장된 위치에서 최대휨모멘트는 모멘트곡선방정식으로부터 구한다.

① x= 610 cm 위치 M=3201 kN.m

② x= 560 cm 위치 M=3028 kN.m

③ x= 450 cm 위치 M=2592 kN.m

④ x= 400 cm 위치 M=2368 kN.m

⑤ x= 180 cm 위치 M=1192 kN.m

⑥ 지점 위치 M=0

이 위치에서 압축측 및 인장 측의 응력을 구해 허용응력과 비교한다.

단면변화 위치에서 응력검토

단면변화위치	거리 (cm)	최대휨모멘트(kN.m)	단면의 성질			압축응력 (N/mm^2)	인장응력 (N/mm^2)
			I(cm^4)	yc(cm)	yt(cm)		
① 압축측덮개판 끝	610	3201	2647658	10.28	8.37	124.28	101.193
② 인장측덮개판 끝	560	33028	2227547	9.19	9.31	124.92	126.55
③ 압축측플랜지두께25mm 위치	450	2592	2050905	9.61	8.84	121.45	111.72
④ 인장측플랜지두께25mm 위치	400	2368	1752888	8.75	9.61	118.20	129.82
⑤ 인장측플랜지두께16mm 점감위치	180	1192	1752888	8.75	9.61	59.50	65.35
⑥ 지점	0	0	1472058	8.86	9.50	0	0

인장측허용응력은 순단면적으로 계산 $f_{ta} = 140 \quad N/mm^2 \times 0.9 = 126\,N/mm^2$

압축측응력 $f_{ca} = 130N/mm^2$.

상기 위치에서 최대응력은 허용응력을 초과하지 않으므로 안전하다.

8. 복부 판의 이음

복부 판의 이음은 지점에서 7.5m되는 점에서 용접하며 플랜지판 이음부에서 30~40cm떨어지는 것이 좋다

이 단면에서는 M=3600kN.m V-370 kN I=3192409 cm4 yc=93 cm yt=95 cm 이다.

이 단면에서 응력을 검토한다.

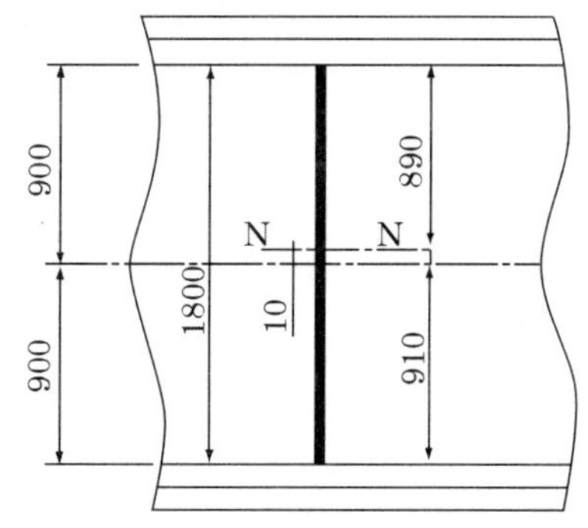

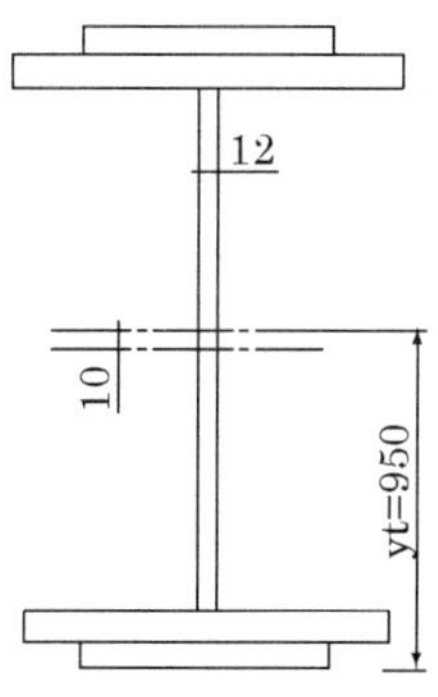

$$f_{\max} = \frac{M_{\max}}{I} \times y = \frac{3600 \times 10^6}{3192409 \times 10^4} \times 910 = 102.6 Mpa < \ 120.7 Mpa$$

$$f_{ta} \times 0.9 \times \frac{y}{y_t} = 140 \times 0.9 \times \frac{91.0}{95.0} = 120.7\, Mpa$$

$$v = \frac{V_{\max}}{h \times t} = \frac{370 \times 10^3}{1800 \times 12} = 17.1 Mpa < \ v_a = 80 \times 0.9 = 72 Mpa$$

휨모멘트와 전단력을 동시에 받은 용접이음의 검사.

홈용접 : $(\frac{f}{f_a})^2 + (\frac{v_s}{v_a})^2 < 1.2$

$$(\frac{102.6}{140 \times 0.9})^2 + (\frac{17.1}{72})^2 = 0.719 < \ 1.2$$

따라서 안전하다

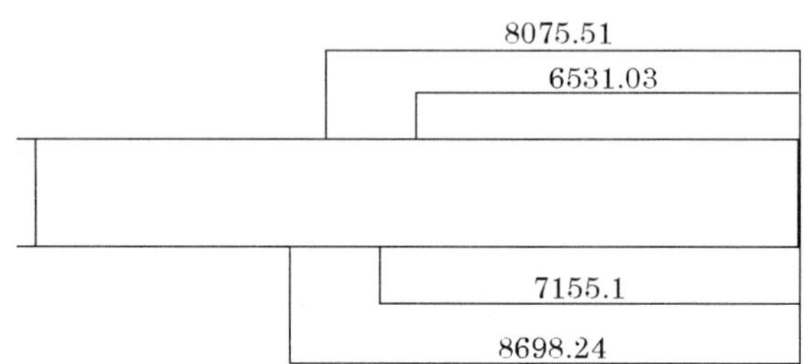

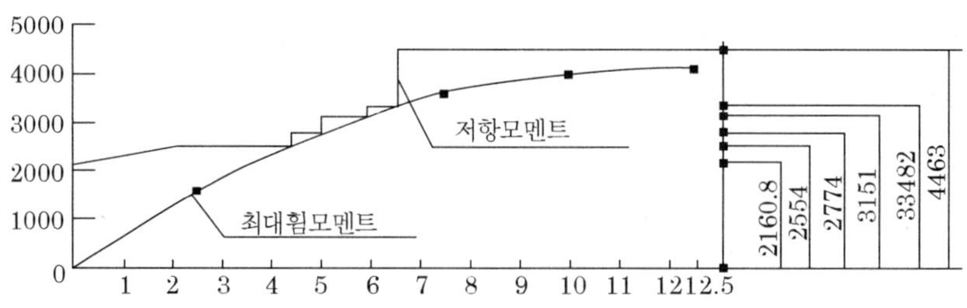

Chapter ⋙ 7

합성거더교

7.1 서론

합성거더(composite girder)란 철근콘크리트 슬래브와 강거더를 적당한 전단연결재(shear connector)로 연결하여 강(鋼)과 콘크리트가 일체가 되어 거더의 역할을 하도록 만든 구조 체를 말한다. 합성거더의 특징은 강재의 절약, 거더 높이의 감소 등 여러 가지 이점이 있으며 미국의 한 연구소의 보고에 의하면 합성거더에서 강재의 절약은 I형강에서 8%, 용접거더에서 30% 까지라고 되어 있다. 비합성 플레이트거더에 비하여 구조 및 지간에 따라서는 경제적이고 특히 도로교에서 널리 사용되고 있다. 합성작용의 결과 단면의 중심이 위쪽으로 올라가므로 위 플랜지(upper flange)는 작게 하고 아래 플랜지(lower flange)는 크게 하는 것이 이상적이다. 그러므로 I형강을 사용한 합성 형은 경제적인 면에서 불리하다.

7.2 합성형의 종류

합성거더는 슬래브와 강거더와의 결합 순서에 따라 합성거더로 작용하는 하중이 달라진다.

1. 고정하중 및 활하중합성(전 합성)

동바리위에 강형 가설후 콘크리트타설 양생후 동바리를 철거하면 합성거더는 고정하중 및 활하중에 대하여 합성거더로 작용한다.

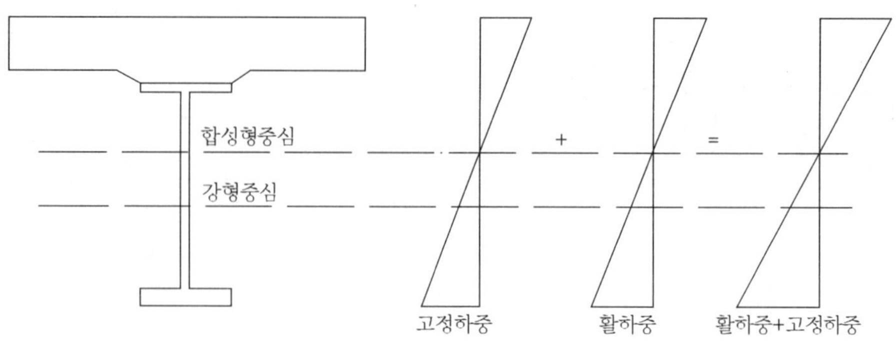

그림 7-1 고정하중 및 활하중합성(전 합성)

2. 활하중 합성

동바리를 가설하지 않고 강형위에 거푸집 설치후 콘크리트타설 양생후 활하중재하

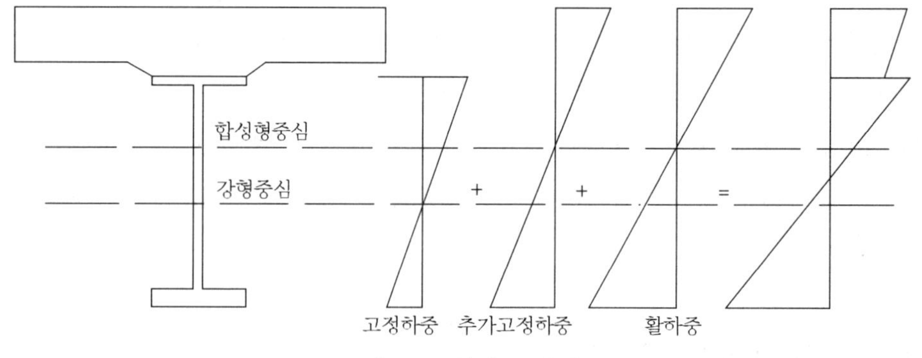

그림 7-2 활하중 합성

3. 고정하중 일부 및 활하중 합성(반합성)

지간의 일부에(중앙점) 가지점을 설치하여 콘크리트를 타설하면 가지점 위의 강형은 부(−)의 휨모멘트(Md1)를 받는다.

콘크리트가 경화한 후 가지점을 철거하면 연속보의 지점반력에 상당한 사하중에 의한 정(+)의 휨모멘트(Md2)를 합성보가 받게 된다.

지간이 L인 단순보에 중앙에 가지점을 설치하고. 콘크리트가 양생후 제거하면 아래그림과 같은 모멘트가 발생한다.

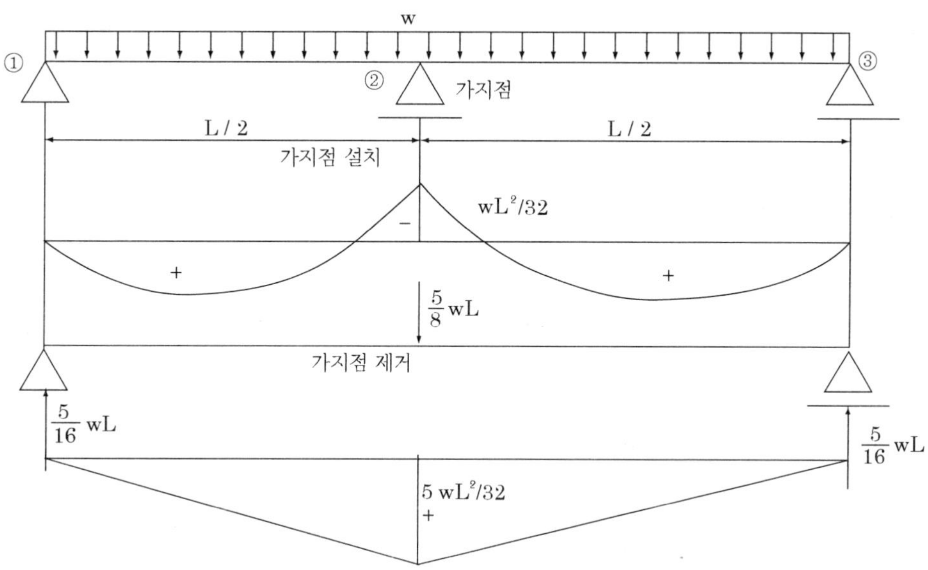

단순보에 가지점 설치후 등분포하중 w에 의한 모멘트는 집중하중은 3연모멘트식에 의하여 구한다.

$$M_1\frac{L_1}{I_1}+2M_2(\frac{L_1}{I_1}+\frac{L_2}{I_2})+M_3\frac{L_2}{I_2}=6E(\theta_{2\sim1}-\theta_{2\sim3})$$

$$2M_2(\frac{L/2}{I}+\frac{L/2}{I})=6E(-\frac{w(L/2)^3}{24EI}-\frac{w(L/2)^3}{24EI})$$ 에서

$$M_2=-\frac{wL^2}{32}$$

가지점 제거후 부(−)모멘트에 의한 집중하중은 아래그림과 같은 자유 물체도 에서

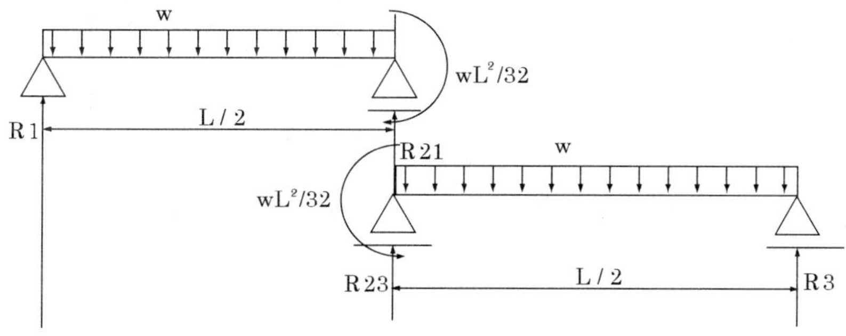

그림 7-3 자유물체도

$\Sigma M_1 = 0$에서

$$-R_{21} \times \frac{L}{2} + w \times \frac{L}{2} \times \frac{L}{4} + \frac{wL^2}{32} = 0 \text{ 에서 } R_{21} = \frac{5wL}{16}$$

$\Sigma M_3 = 0$ 에서

$$R_{23} \times \frac{L}{2} - w \times \frac{L}{2} \times \frac{L}{4} - \frac{wL^2}{32} = 0 \text{ 에서 } R_{23} = \frac{5wl}{16}$$

$$R_2 = R_{21} + R_{23} = \frac{5wl}{16} + \frac{5wl}{16} = \frac{5wl}{8}$$

즉 보의 중앙 점에 $R_2 = \dfrac{5wl}{8}$ 의 집중하중이 작용하는 것과 같다.

이 집중 하중에 의한 중앙단면에 정의 휨모멘트는

$M = \dfrac{1}{4} \times \dfrac{5wl}{8} \times l = \dfrac{5wl^2}{32}$ 가 받는다.

기지점에 의한 중앙단면의 모멘트

$$-\frac{wl^2}{32} + \frac{5wl^2}{32} = \frac{wl^2}{8}$$

즉 합성단면에서는 $\dfrac{wl^2}{8}$ 의 정(+)의 휨모멘트가 작용한다.

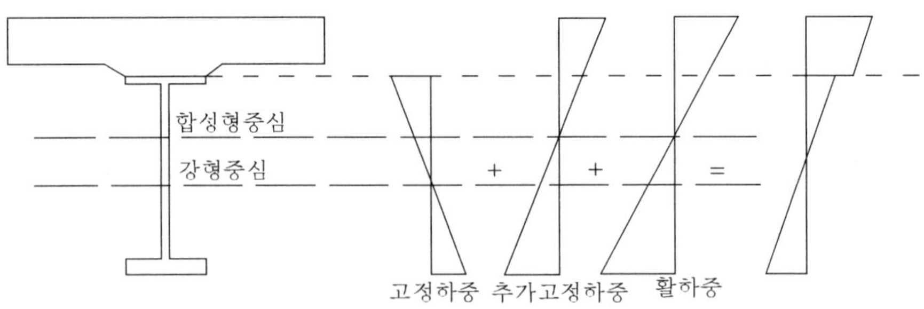

그림 7-4 고정하중 일부 및 활하중합성(반합성)

7.3 전단연결재의 계산

1. 전단연결재

강형과 슬래브콘크리트 사이 수평전단력이 작용하여 콘크리트슬래브가 들려서 강형과 떨어지는 것을 막은 역할을 한다.

전단연결재에는 스터드(stud), 반월형 철근을 붙인 ㄷ형강 등이 사용하고 있지만 강거더의 플랜지와 잘 용접하고 콘크리트에 충분히 정착시켜야 한다.

도로교설계기준에는 전단연결재로서 스터드를 표준으로 하고 있으며, 철도교설계기준에서는 스터드 또는 반월형 철근을 붙인 ㄷ형강을 표준으로 하고 있다.

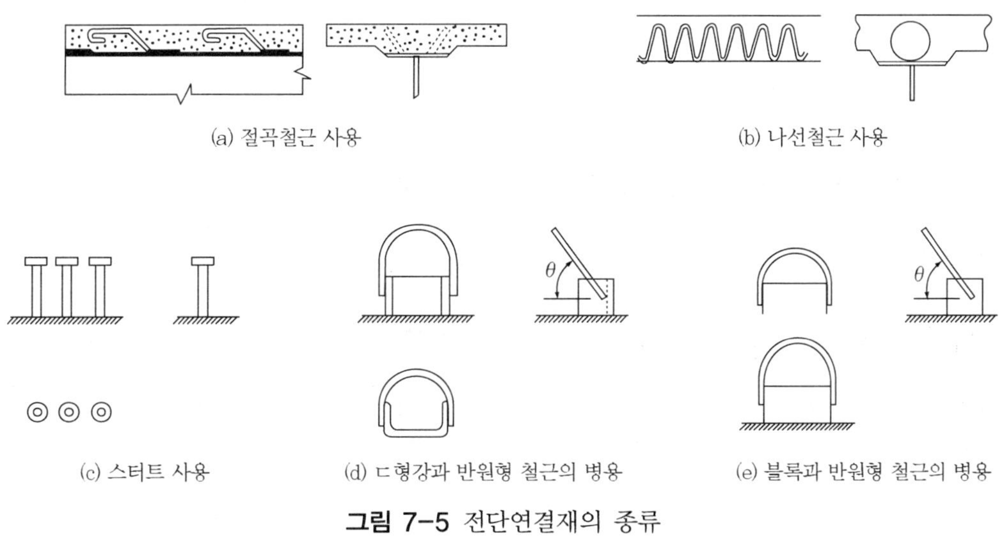

(a) 절곡철근 사용 (b) 나선철근 사용

(c) 스터트 사용 (d) ㄷ형강과 반원형 철근의 병용 (e) 블록과 반원형 철근의 병용

그림 7-5 전단연결재의 종류

2. 전단연결재의 강도계산

(1) 전단연결재에 작용하는 힘

콘크리트와 강거더와 접하는 면에 작용하는 단위길이당 수평력은 다음 식으로 계산한다.

$$v = \frac{V \cdot G_c}{I_v} \tag{7.1}$$

여기서 V : 고려하고자 하는 보단면의 전단력

G_c : 합성단면 중립축에 대한 슬래브의 단면1차모멘트($G_c = \dfrac{A_c d_c}{n}$)

I_v : 합성단면 중립축에 대한 슬래브의 단면2차모멘트

따라서 전단연결재의 간격을 a 라하면 전단연결재 1개에 작용하는 힘 H는 다음과 같다.

$$H = v.a \tag{7.2}$$

전단연결재는 거더중앙부에서는 약간 넓게 거더단부에서는 좁게 한다.

전단연결재의 최대간격 바닥판 콘크리트 두께의 3배로하고 600 mm를 넘지 않도록 한다.

또한 전단연결재의 최소간격 stud 의 경우 교축방향의 최소중심간격 5d 또는 100mm로 하고 교축직각방향은 최소중심간격은$d+30\ mm$로 한다. 여기서 d은 stud 의 줄기지름 이다.

또한 스터트와 플랜지 연단의 최소순 간격은 25 mm 로 한다.

(2) 건조수축 및 온도차에 의해서 생기는 전단력

바닥판 콘크리트의 건조수축, 온도차에 의해 생기는 전단력은 단부에서 주형간격 a (a가 $\dfrac{L}{10}$보다 클 때는 $\dfrac{L}{10}$) 의 범위에서 전단연결재에 부담시켜야한다.

전단연결재의 계산에는 상부의 전단력의 전부가 지점 상에 최대로 되는 3각형분포로 생각한다.

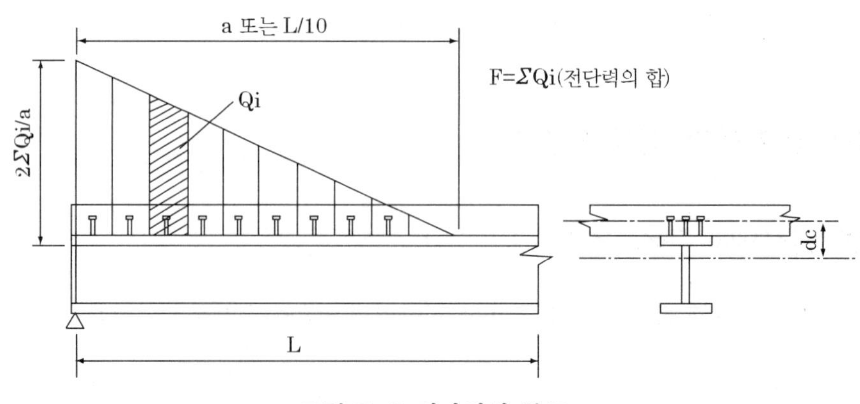

그림 7-6 전단력의 분포

(3) 스터드의 허용전단응력

(H/d ≥ 5.5) 인 경우 $Q_a = 9.5d^2\sqrt{f_{ck}}$

(H/d ≤ 5.5) 인 경우 $Q_a = 1.74dH\sqrt{f_{ck}}$

여기서

Q_a : 전단연결재의 허용전단력(N)

H : 스터드의 전 높이로서 150mm 정도를 표준으로 한다.

d : 스터드의 줄기지름 19mm. 22mm, 25mm 로 한다.

f_{ck} : 콘크리트의 설계기준강도(Mpa)

(4) ㄷ 형강에 반원형 철근을 경사지게 붙인 경우의 허용전단력(철설, 제2편 11.10.5)

① ㄷ형강에 반원형 철근을 경사지게 붙인 경우의 허용내하력 Q_a는 다음 두식에 의하여 계산한 갑중 최소값을 사용한다.

$$Q_a = f_{ca}A_1 + 0.7f_{sa}A_2(N) \tag{7.3}$$

$$Q_a = f_{ca}A_1 + 14\phi B(N) \tag{7.4}$$

여기서

f_{ca} : ㄷ형강 전면 콘크리트의 허용지압응력(Mpa)

$A \geq 5A_1$ 인경우 $f_{ca} = \dfrac{f_{ck}}{2}$

$A < 5A_1$ 인 경우 $f_{ca} = \dfrac{f_{ck}}{4.5}\sqrt{\dfrac{A}{A_1}}$

A_1 : ㄷ형강의 유효 지압면적 (mm^2)

A_2 : ㄷ형강에 경사지게 붙인 반원형 철근의 단면적(mm^2)

A : 헌치가 없는 바닥판 $2h_o^2(mm^2)$ (h_o:슬래브의 높이)

: 헌치가 있는 바닥판 $b_oh_c(mm^2)$ (b_o : 헌치폭, h_c : 헌치밑변부터 슬래브 연단까지

높이)

f_{sa} : 철근의 허용인장응력(Mpa)

ϕ : ㄷ형강에 경사지게 붙인 반원형 철근의 지름으로 16mm 이상

B : ㄷ형강의 폭(mm)

② 피로를 고려하는 경우에는 다음 식으로 계산한다.

$$Q_a' = f_{ca} A_1 (N) \tag{7.5}$$

여기서 Q_a' 는 내하력의 허용변동범위이다.

전단연결재와 강거더와의 결합부 계산에는 전단력 및 휨모멘트를 고려하고 반원형 철근에 생기는 인장응력의 영향도 고려한다.

예제 1 전단연결재로서 스터드(H=150mm, d=22mm)를 사용할 때 허용전단력은 얼마인가?(단 바닥판콘크리트 $f_{ck} = 28 \ Mpa$ 이다.)

풀이 $\dfrac{H}{d} = \dfrac{150}{22} = 6.8$

따라서 $Q_a = 9.5d^2 \sqrt{f_{ck}} = 9.5 \times 22^2 \sqrt{28} = 24,300 \ N = 24.3 \, kN$

7.4 합성거더의 이론

1. 합성거더에 관한 여러 공식

합성거더는 바닥판 콘크리트와 강거더의 상부플랜지가 연속적으로 긴결되어 있으므로 콘크리트 단면을 같은 강성의 환산 강단면으로 고칠 때 등질휨보와 같게 계산된다.

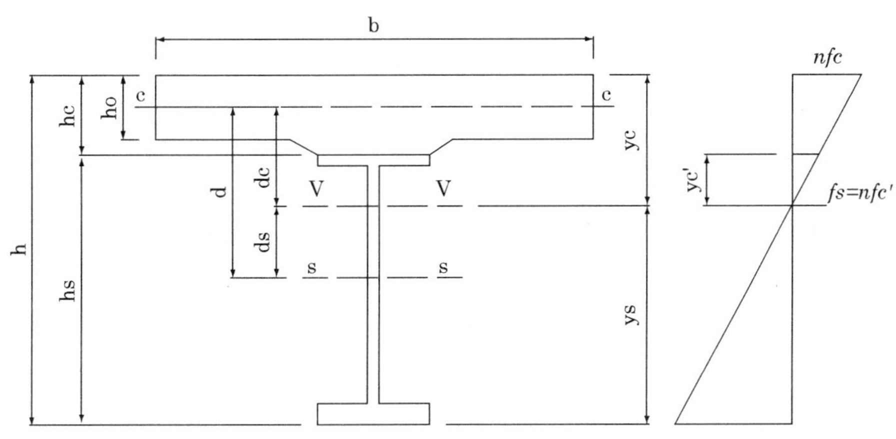

그림 7-7 합성거더

A_c : 콘크리트슬래브단면　　　A_s : 강형의 단면적

I_c : 콘크리트의 단면2차모멘트　I_s : 강형의 단면2차모멘트

A_v : 환산한 총단면적

I_v : 강으로 환산한 총단면의 V축에 관한 단면2차모멘트

$n = \dfrac{E_s}{E_c}$ (탄성계수 비)

1) 단면의 제성질

$$A_v = A_s + \frac{1}{n}A_c \quad , \quad I_v = I_s + A_s d_s^2 + \frac{1}{n}(I_c + A_c d_c^2)$$

$$d_c = \frac{A_s}{A_v}.d \quad , \ d_s = \frac{A_c}{nA_v}.d$$

※ 중립축에 대한 단면1차모멘트는 0이므로

$G_v = G_s + \dfrac{1}{n}G_c = 0$ 에서 $G_s = -A_s.d_s$　 $G_c = A_c.d_c$ 을 대입하면

$$-A_s.d_s + \frac{1}{n}A_c.d_c = 0 \tag{7.6}$$

콘크리트 중심축과 강단면 도심축간의거리

$$d = d_c + d_s \tag{7.7}$$

(7.7) 식으로 부터

$d_s = d - d_c$이므로 이 값을 (7.6)식에 대입하면

$-A_s(d-d_c) + \frac{1}{n}A_c d_c = 0$ 에서 $A_s d = d_c(A_s + \frac{1}{n}A_c) = d_c \cdot A_v$

$$\therefore d_c = \frac{A_s}{A_v} \cdot d \tag{7.8}$$

또한 $d_c = d - d_s$ 이므로 이 값을 (7.6)식에 대입하면

$-A_s \cdot d_s + \frac{1}{n}A_c(d - d_s) = 0$ 에서 d_s 에 관해 정리하면

$d_s \cdot (A_s + \frac{A_c}{n}) = \frac{1}{n}A_c \cdot d \quad A_s + \frac{A_c}{n} = A_v$ 이므로

위식은 $d_s \cdot A_v = \frac{1}{n}A_c \cdot d$ 이 된다.

$$\therefore d_s = \frac{A_c}{n \cdot A_v} \cdot d \tag{7.9}$$

2. 휨모멘트에 의한 응력

슬래브콘크리트의 상부 : $f_c = \frac{M}{nI_v} \cdot y_c$

슬래브콘크리트의 하부 : $f_c' = \frac{M}{nI_v} \cdot y_c'$

강형플랜지의 하부 응력 : $f_s = \frac{M}{I_v} \cdot y_s$

강형플랜지의 상부응력 : $f_s' = n \cdot f_c'$

3. 저항모멘트

콘크리트슬래브 상부 저항모멘트 : $M_{rc} = \frac{nI_v}{y_c} \cdot f_{ca}$

강형 하부플랜지의 저항모멘트 : $M_{rs} = \frac{I_v}{y_s} \cdot f_{sa}$

4. 축력 $\overline{N}$ 가 중심에 작용할 때 응력

슬래브콘크리트가 받은 지압응력 : $f_c = \frac{\overline{N}}{n \cdot A_v}$

강형이 받은 지압응력 : $f_s = \frac{\overline{N}}{A_v}$

5. 합성단면에 작용하는 모멘트 분해

합성단면에 작용하는 모멘트 M 은 축력 N_c N_s로 또한 부분모멘트 M_c M_s로 분해된다.

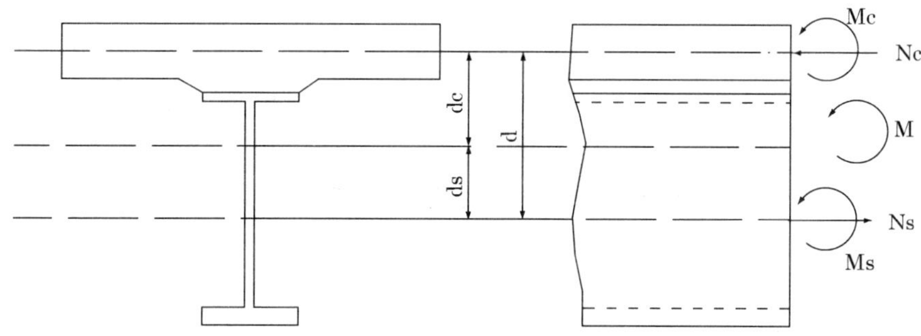

그림 7-8 M의 분해

$$M = N_c \cdot d = N_s \cdot d = M_c + M_s$$

$$N_c = -N_s = N = \frac{d_c \cdot A_c}{nI_v} M \quad (N_c = f_c \cdot A_c = \frac{M}{nI_v} d_c \cdot A_c)$$

콘크리트 슬래브가 받은 모멘트 : $M_c = \frac{I_c}{nI_v} \cdot M$

강형이 받은 모멘트 : $M_s = \frac{I_s}{I_v} \cdot M$

7.5 합성거더 단면의 결정

바닥판 콘크리트의 단면과 강거더 높이가 주어질 때 합성거더 단면의 결정방법은 다음과 같다.

1. 고정하중 및 활하중 합성의 경우

이 경우 경제적인 단면은 $M_{rc} = M_{rs}$ 에 의해 결정한다.

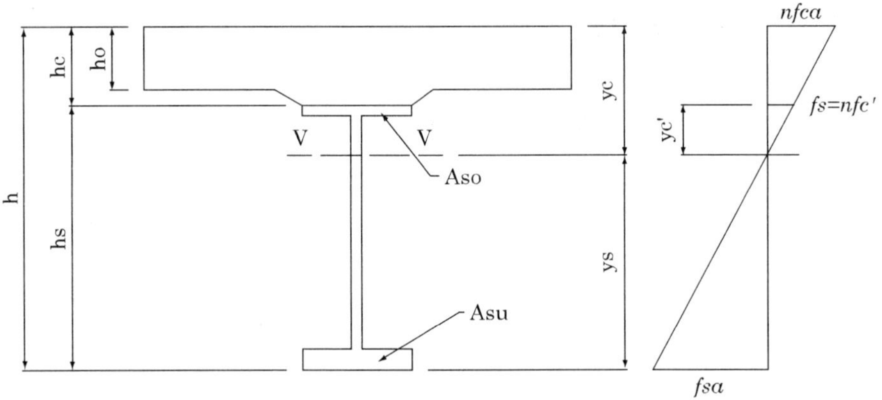

그림 7-9 고정하중 및 활하중합성인 경우

여기서

A_{so} : 강형의 상부플랜지 단면적 A_{su} : 강형의 하부플랜지

G_{vc} : V-V 축에 관한 슬래브의 단면1차모멘트

G_{vs} : V-V 축에 관한 강형의 단면1차모멘트

$$G_{vc} = A_c(y_c - \frac{h_o}{2})$$

$$\begin{aligned} G_{vs} &= - A_{so} \cdot y_v' + A_{su} \cdot y_s + y_c' . t . (- \frac{y_c'}{2}) + y_s . t . \frac{y_s}{2} \\ &= - A_{so} \cdot y_c' + A_{su} \cdot y_s + \frac{t}{2}(y_s^2 - y_c'^2) \\ &= - A_{so} \cdot y_c' + A_{su} \cdot y_s + \frac{t}{2}(y_s + y_c').(y_s - y_c') \\ &= - A_{so} y_c' + A_{su} \cdot y_s + \frac{t}{2}.h_s.(y_s - y_c') \end{aligned}$$

여기서 $y_s + y_c'$은 근사적으로 복부의 높이라고 하면 즉 $y_s + y_c' = h_s$ 라면 $A_w = t \times (y_s + y_c) = t \times h_s$ 이므로

$$G_{vs} = - A_{so} y_c' + A_{su} y_s + \frac{A_w}{2}(y_s - y_c')$$

중립축에 대한 단면1차모멘트는 0 이므로 ($\frac{G_{vc}}{n} - G_{vs} = 0$)

$\frac{G_{vc}}{n} = G_{vs}$ 이므로

$\frac{A_c}{n}(y_c - \frac{h_o}{2}) = - A_{so} y_c' + A_{su} \cdot y_s + \frac{A_w}{2}(y_s - y_c')$ 에서

$$A_{su} = \frac{1}{y_s}[\frac{A_c}{n}(y_c - \frac{h_o}{2}) + A_{so} \cdot y_c' - \frac{A_w}{2}(y_s - y_c')] \qquad (7.10)$$

슬래브단면적, 강거더의 높이, 상부플랜지면적, 허용응력 f_{ca} f_{sa}가 주어지면 $M_{rc} = M_{rs}$ 가 되도록 하부플랜지의 단면적은 위식에 의하여 정할 수 있다.

형높이의 제한으로 콘크리트에 인장이 생기지 않도록 하기 위하여 합성형의 중립축은 강형 안에 있어야 한다.

즉 $y_c \geq h_c$

중립축의 위치는 비례식에 의하여

$(nf_{ca} + f_{sa})$: $nf_{ca} = (y_c + y_s)$: y_c 에서

$$y_c = \frac{nf_{ca}}{f_{sa}+nf_{ca}}(y_c+y_s) = \frac{nf_{ca}}{f_{sa}+nf_{ca}}h = \frac{nf_{ca}}{f_{sa}+nf_{ca}}(h_s+h_c)$$

$y_c \geqq h_c$ 에 대입하면

$$\frac{nf_{ca}}{f_{sa}+nf_{ca}}(h_s+h_c) \geqq h_c \text{ 에서}$$

$$h_s \geqq \frac{f_{sa}}{nf_{ca}}h_c \tag{7.11}$$

강형과 합성작용을 하는 콘크리트 유효 폭은 지간에 따라 일정치 않다. 단순보에서 전 지간에 통해 유효 폭의 값이 일정하며 다음 식으로 계산한다.

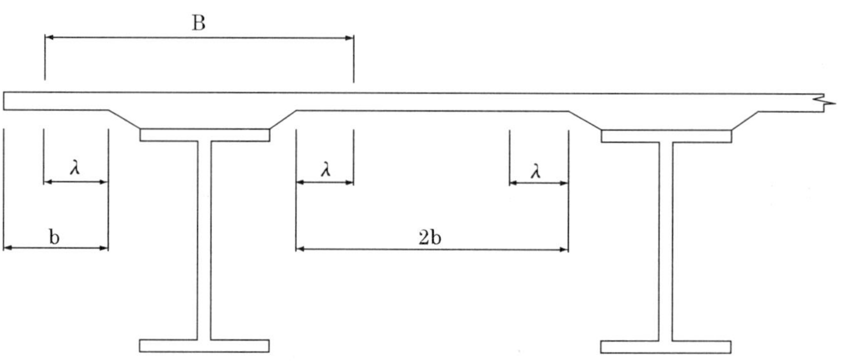

그림 7-10 2λ와 b를 취하는 방법

$b/l \leqq 0.05$	$\lambda = b$
$0.05 < b/l < 0.30$	$\lambda = [1.1 - 2(b/l)]b$
$b/l \geqq 0.3$	$\lambda = 0.05l$

예제 1 그림에서 $A_c = B \times h_o = 160 \times 16 = 2{,}500cm^2$, $A_{so} = 14 \times 1 = 14cm^2$, 바닥판 콘크리트의 헌치높이 5cm, 강거더의 높이 hs=100cm 웨브의 단면 $A_w = 0.9 \times 97$ 일 때 고정 활하중 합성의 경우 M=1,300 kN.m 가 작용할 때 강거더 하부플랜지의 단면적 A_{su}은 계산하여라.(다만 $f_{sa} = 140Mpa$, $f_{ca} = 8.0Mpa$ n=7 이다)

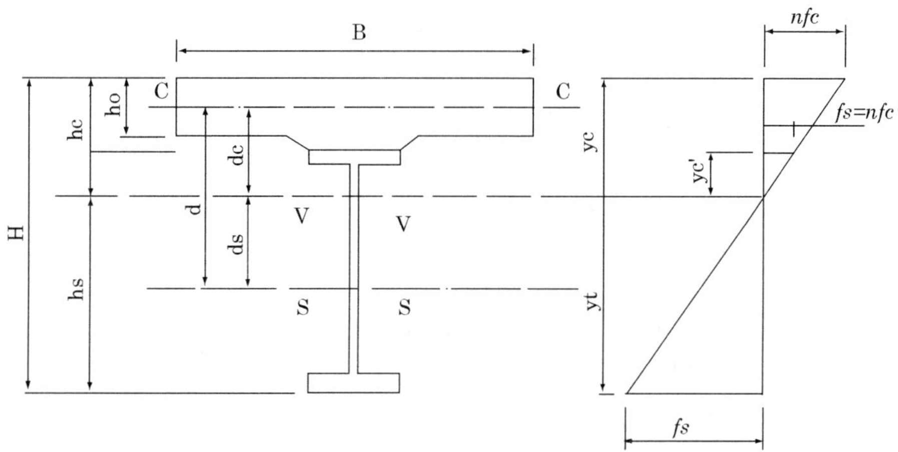

그림 7-11

풀이 $y_c = \dfrac{nf_{ca}}{f_{sa}+nf_{ca}} \times h = \dfrac{7\times 8}{140+7\times 8}(100+5+16) = 34.67cm$

$y_s = h - y_c = 121 - 34.57 = 86.43cm$

$y_c' = y_c - h_c = 34.57 - (16+5) = 13.57cm$

식(7.10)에 의하여 Asu 은 계산한다.

$$A_{su} = \frac{1}{y_s}\left\{\frac{A_c}{n}(y_c - \frac{h_o}{2}) + A_{so}.y_c' - \frac{A_w}{2}.(y_s - y_c')\right\}$$

$$= \frac{1}{86.43}\left\{\frac{2,560}{7}(34.57 - \frac{16}{2}) + 14\times 13.57 - \frac{0.9\times 97}{2}(86.43 - 13.57)\right\}$$

$$= 77.83cm^2$$

따라서 강거더 총단면적은 다음과 같다.

$$A_{so} = 14\times 1 = 14\,cm^2$$

$$A_{su} = 39\times 2 = 78cm^2$$

$$A_w = 0.9\times 97 = 87.3cm^2$$

$$A_s = 179.3\,cm^2$$

이 합성단면을 비합성단면인 용접플레이트거더와 비교해본다.

$f_{ta} = 140Mpa \quad f_{ca} = 120Mpa$ 로 해서 계산한다.

$$h = 100 - \frac{1}{2} - \frac{2}{2} = 98.5\,cm$$

$$A_c = \frac{M}{f_{ca} \times h} - \frac{ht}{6} \times \frac{2f_{ca} - f_{ta}}{f_{ca}}$$

$$= \frac{1,300,000,000}{120 \times 985} - \frac{985 \times 9}{6} \times \frac{2 \times 120 - 140}{120} = 9,770mm^2$$

$$A_t = \frac{M}{f_{ta} \times h} - \frac{ht}{6} \times \frac{2f_{ta} - f_{ca}}{f_{ta}}$$

$$= \frac{1,300,000,000}{140 \times 985} - \frac{985 \times 9}{6} \times \frac{2 \times 140 - 120}{140} = 7,740\,mm^2$$

따라서 플레이트거더의 총단면적은 다음과 같다.

$$A_c = 97.7\,cm^2$$
$$At = 77.4\,cm^2$$
$$A_w = 87.3\,cm^2$$

$$A_s = 262.4\ cm^2$$

합성단면적의 용접플레이트거더 단면적에 대한 비

$$\frac{179.3}{262.4} \times 100 = 68.3\%$$

즉 강재 31.7 % 절약

2. 활하중 합성의 경우

① 단면의 성질과 허용응력에 의한 저항모멘트를 이용하여 최적단면을 구하는 이론식에 의해 계산할 수 있다 .(실용적이 아임)

② 실제는 여러 가지 단면에 대하여 가정하고 콘크리트 및 강형의 응력이 허용응력 내에 있을 때 까지 반복 계산하여 경제적인 단면을 구한다.

3. 건조수축, 크리이프 및 온도변화에 인한 응력계산

건조수축 및 크리이프의 결과 바닥판 콘크리트의 응력은 감소하고 강거더의 응력은 증가한다. 건조수축 및 크리프에 의한 응력을 구할 때는 콘크리트와 강거더의 경계면이 일체로 작용해야 된다는 조건하에 다음 식으로 계산한다.

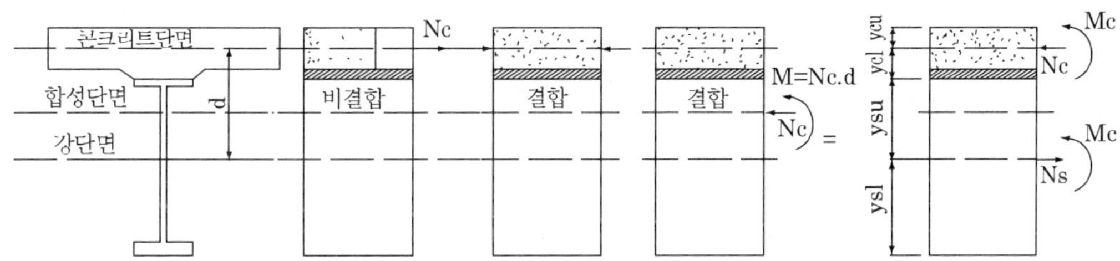

그림 7-12 크리이프, 건조수축, 온도변화에 의한 수평전단력

$\mathrm{M} = \mathrm{N_c} \times \mathrm{d} = \mathrm{N_s} \times \mathrm{d} = \mathrm{M_c} + \mathrm{M_d}$ 이므로

$$M_c = M.\frac{I_c}{I_c + nI_s} = \frac{I_c}{I_c + nI_s} N_c.d$$

$$M_s = M.\frac{nI_s}{I_c + nI_s} = \frac{nI_s}{I_c + nI_s} N_c.d$$

접촉면에서 전체변형률 :

$$\epsilon = \epsilon_c + \epsilon_s = \frac{f_{cl}}{E_c} + \frac{f_{su}}{E_s} \tag{7.12}$$

슬래브의 하연응력

$$f_{cl} = \frac{N_c}{A_c} + \frac{M_c}{I_c} y_{cl} = \frac{N_c}{A_c} + \frac{1}{I_c} . \frac{I_c}{I_c + nI_s} N_c.d.y_{cl} = \frac{N_c}{A_c} + \frac{N_c.d}{I_c + nI_s} .y_{cl} \tag{7.13}$$

강재의 상연응력

$$f_{su} = \frac{N_s}{A_s} + \frac{M_s}{I_s} y_{su} = \frac{N_s}{A_s} + \frac{1}{I_s} . \frac{nI_s}{I_c + nI_s} N_c.d.y_{su} = \frac{N_s}{A_s} + \frac{nN_c.d}{I_c + nI_s} y_{su} \tag{7.14}$$

식(7.13), 식(7.14)을 식 (7.12)에 대입하면

$$\epsilon = \frac{1}{E_c}[\frac{N_c}{A_c} + \frac{N_c \cdot d}{I_c + nI_s} y_{cl}] + \frac{1}{E_s}[\frac{N_s}{A_s} + \frac{N_c \cdot d}{I_c + nI_s} y_{su}]$$

$E_s = nE_c \quad N_s = N_c$ 이므로 위식에 대입하면

$$\epsilon = \frac{1}{E_c}[\frac{N_c}{A_c} + \frac{N_c \cdot d}{I_c + nI_s} y_{cl}] + \frac{1}{nE_c}[\frac{N_c}{A_s} + \frac{nN_c \cdot d}{I_c + nI_s} y_{su}]$$

$$= \frac{N_c}{E_c}[\frac{1}{A_c} + \frac{1}{nA_s} + \frac{d}{I_c + nI_s}(y_{cl} + y_{su})]$$

$$= \frac{N_c}{E_c \cdot A_c}[1 + \frac{A_c}{nA_s} + \frac{A_c \cdot d^2}{I_c + nI_s}]$$

위식에서 건조수축, 크리이프, 온도변화로 인한 축방향력 N_c 은 정리하면

$$N_c = \frac{\epsilon . E_c \cdot A_c}{1 + \frac{A_c}{nA_s} + \frac{A_s d^{\ 2}}{I_c + nI_s}} = \epsilon . A_c \cdot E_c \cdot F \qquad (7.15)$$

여기서 $F = \dfrac{1}{1 + \frac{A_c}{nA_s} + \frac{A_c \cdot d^2}{I_c + nI_s}}$

위 식에서 ϵ은 건조수축, 크리이프, 온도변화에 의한 각각의 변형률이므로 분리해서 계산할 수 있다.

온도차로 인한 응력계산은 바닥판 콘크리트와 강거더와의 온도차는 10℃를 표준으로 하고 현저한 온도차가 생기는 경우에는 별도로 계산한다.

$\epsilon_T = T$℃ 차에 대한 변형률 ($C = T \times 12 \times 10^{-6}$)

이때 온도차로 인한 거더의 축방향력 N_T 은 다음 식으로 계산한다.

$$N_T = \frac{\epsilon_T E_c \cdot A_c}{1 + \frac{A_c}{nA_s} + \frac{A_c \cdot d^2}{I_c + nI_s}} = \epsilon_T . E_c \cdot A_c \cdot F \qquad (7.16)$$

여기서 $F = \dfrac{1}{1 + \dfrac{A_c}{nA_s} + \dfrac{A_c \cdot d^2}{I_c + nI_s}}$

7.6 부(−)의 휨모멘트를 받은 바닥판의 합성작용

이상은 정(+)의 휨모멘트를 받은 합성거더, 즉 바닥판 콘크리트가 압축응력을 받을 때의 합성작용에 관한 것이었다. 그러나 게르버 보의 중간지점이나 연속보의 중간지점에는 부(−)의 휨모멘트가 작용하기 때문에 바닥판 콘크리트가 인장응력을 받게 된다. 이때의 설계방법은 다음 두 가지 경우가 있다.

표 7-1 합성작용(도설 3.9.1.2)

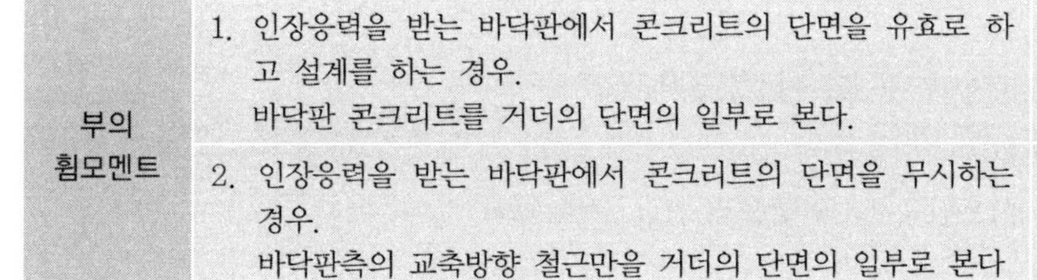

부의 휨모멘트	내용	단면
부의 휨모멘트	1. 인장응력을 받는 바닥판에서 콘크리트의 단면을 유효로 하고 설계를 하는 경우. 바닥판 콘크리트를 거더의 단면의 일부로 본다.	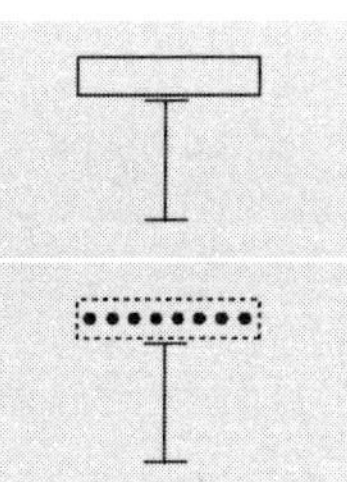
	2. 인장응력을 받는 바닥판에서 콘크리트의 단면을 무시하는 경우. 바닥판측의 교축방향 철근만을 거더의 단면의 일부로 본다	

인장력을 받은 바닥판의 배근에 대해서는 도설, 제3장 3.9.2.3에 다음과 같이 규정하고 있다.

① 인장력을 받는 바닥판에서 콘크리트의 단면을 유효로 하고 설계를 하는 경우에는 바닥 판에 작용하는 전인장응력을 철근이 받도록 해야 한다.

② 교축방향 철근이 인장력을 받은 바닥판에서 콘크리트의 단면을 무시하고 설계를 하는 경우에는 바닥판 콘크리트의 단면적의 2% 이상의 교축방향 철근을 배치해야 하며, 교축방향 철근의 총 주변 길이의 바닥판 콘크리트의 단면적에 대한 비, 즉 주장률은 $0.0045 mm/mm^2$ 이상으로 하면 좋다. 또한 바닥판으로서의 작용을 위하여 배치된 철근을 교축방향 철근의 일부로 볼 수 있다.

철근은 고정하중에 의한 휨모멘트의 부호가 변하는 점을 지나서 바닥판 콘크리트의 압축 측에 정착시켜야 한다.

기타 바닥판 콘크리트의 허용압축응력은 $0.4f_{ck}$ 로 하되 f_{ck}는 27 Mpa 이상이 되어야

하고, 철근의 도설 3.6.1.7)에 따른다.

7.7 합성용접플레이트거더교 설계 예

1. 설계조건

(1) 하중　　: 2등교(DB-18)
(2) 거더길이 : 30m (계산지간 29.3 m)
(3) 유효폭　: 9.2 m (3차선)
(4) 허용응력

콘크리트 : $f_{ck} = 27Mpa$ (도설, 제3장 3.9.3.1)

$f_{ca} = 0.4 \times 27 = 10.8Mpa$ (도설, 제3장 3.9.3.1)

n = 8 (도설, 제3장 3.9.2.2)

철　　근 : SD 300

허용압축 및 인장응력 $f_{sa} = 150Mpa$

강　　재 : SM 490Y), 허용휨응력 $f_{sa} = 210Mpa$

허용지압응력 $f_{ba} = 310Mpa$, 허용전단응력 $v_a = 120Mpa$

브레이싱에는 SS 400 강재를 사용함.

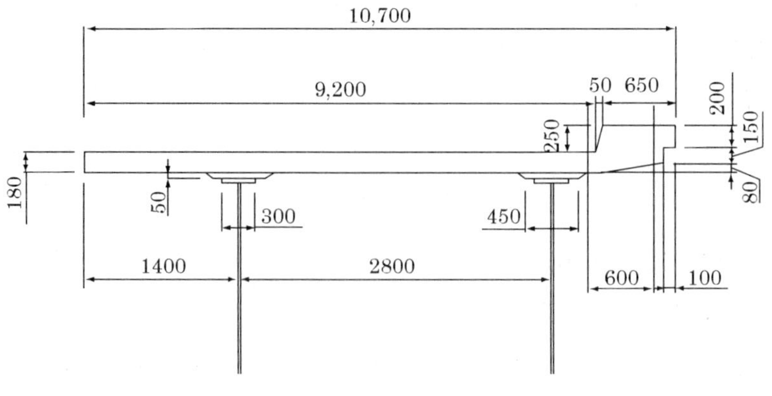

횡단면도

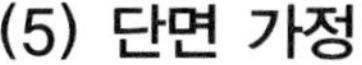

(5) 단면 가정

횡단면은 그림과 같이 가정한다.

상부구조에 관해서는 거더간격을 3m 이상으로 하는 것이 경제적이지만 거더 높이가 커지면 하부구조에 큰 하중이 작용하게 되므로 이를 피할 정도의 거더 간격으로 한다.

2. 바닥판의 설계

철근콘크리트의 바닥판의 설계를 참조하고 여기서는 생략한다.

3. 주거더의 설계

내측 거더만 계산하고 외측 거더는 같은 단면으로 한다.

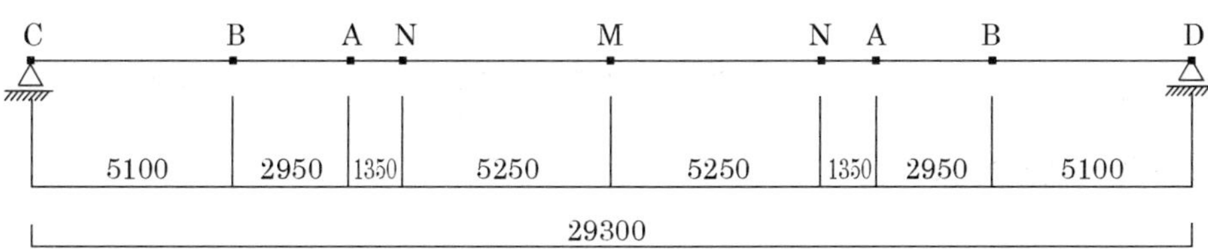

휨모멘트의 감소에 따른 강거더 플랜지의 단면이 변하는 A 및 B 점의 전단력과 휨모멘트를 계산하기로 한다. N점은 주거더의 이음부이다.

(1) 고정하중 휨모멘트(Md) 및 전단력(Vd)

	고정하중	
포　　　장	: $0.05 \times 23 \times 2.8$	$= 3.22$
슬　래　브	: $0.18 \times 24.5 \times 2.8$	$=12.35$
슬 래 브 헌 치	: $\dfrac{0.45+0.65}{2} \times 0.05 \times 24.5 = 0.67$	
강 중 (가정)	:	$=3.76$
계		20.0 kN/m

휨모멘트 : $M_x = R_A \cdot x - \dfrac{w_d x^2}{2} = \dfrac{w_d l}{2} . x - \dfrac{w_d x^2}{2} = \dfrac{w_d}{2} x(l-x)$

전 단 력 : $S_x = R_A - w_d x = \frac{w_d \cdot l}{2} - w_d x = \frac{w_d}{2}(l - 2x)$

점(거리)	C점(0)	B점(5.1)	A점(8.05)	N점(9.4)	M점(14.65)
휨모멘트	0	1,234.1	1,710.6	1870.6	2,146.23
전단력	293	191.0	132	105	0

(2) 활하중 및 충격에 의한 휨모멘트 및 전단력

충격계수 : $i = \frac{15}{40 + L} = \frac{15}{40 + 29.3} = 0.216 \leq \ 0.3$

하중분배 :

후륜 : $P_{l+i} = \frac{L}{1.65} \cdot P_{18} \cdot (1+i) = \frac{2.8}{1.65} \times 72 \times 1.216 = 148.76kN$

전륜 : $P_{l+i} = \frac{L}{1.65} \cdot P_{18} \cdot (1+i) = \frac{2.8}{1.65} \times 18 \times 1.216 = 37.14kN$

각점의 영향 선도를 작도하여 영향선 종거가 큰 위치에 큰 하중을 재하 한다.

① 휨모멘트 영향선도

$M_C = 0$

$M_B = 148.57 \times (4.212 + 3.489) + 37.14 \times 2.750 = 1,245.38\,kN.m$

$M_A = 148.57 \times (5.838 + 4.684) + 37.14 \times 3.530 = 1,694.36\,kN.m$

$M_N = 148.57 \times (6.384 + 5.037) + 37.14 \times 3.689 = 1,833.83kN.m$

$M_M = 148.57 \times (5.225 + 7.325) + 37.14 \times 5.225 = 2,058.61\,kN.m$

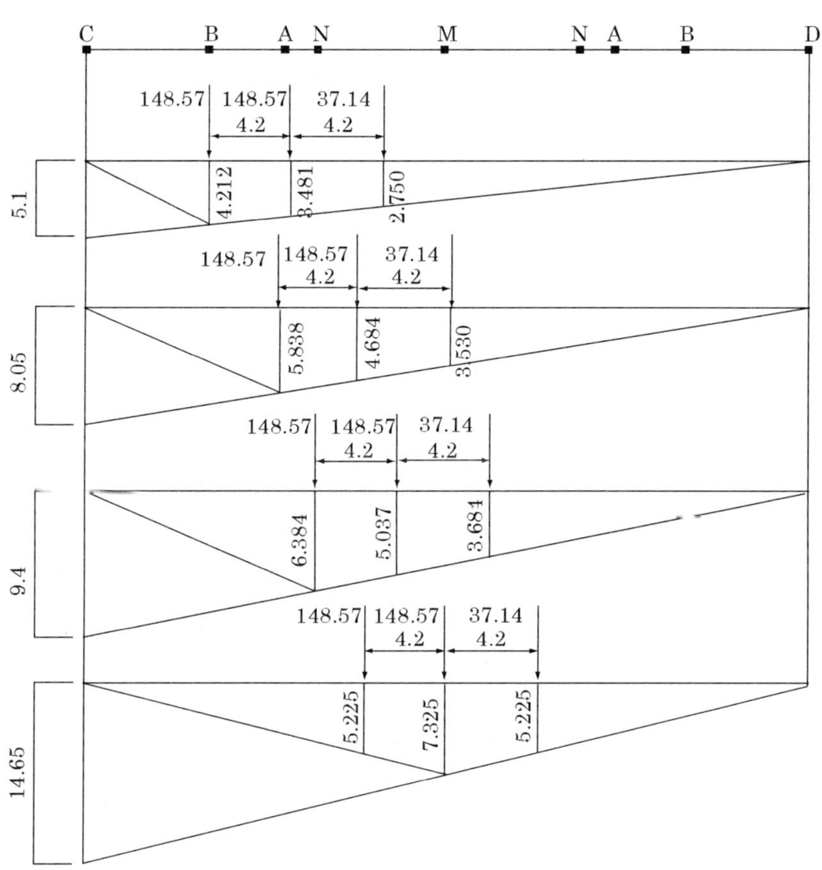

② 전단력 영향선도

$$V_C = 148.57 \times (1 + 0.857) + 37.14 \times 0.713 = 302.34kN$$

$$V_B = 148.57 \times (0.826 + 0.683) + 37.14 \times 0.539 = 244.36\,kN$$

$$V_A = 148.57 \times (0.725 + 0.582) + 37.14 \times 0.439 = 210.49kN$$

$$V_N = 148.57 \times (0.679 + 0.536) + 37.14 \times 0.392 = 195.07\ \ kN$$

$$V_M = 148.57 \times (0.5 + 0.357) + 37.14 \times 0.213 = 135.24\,kN$$

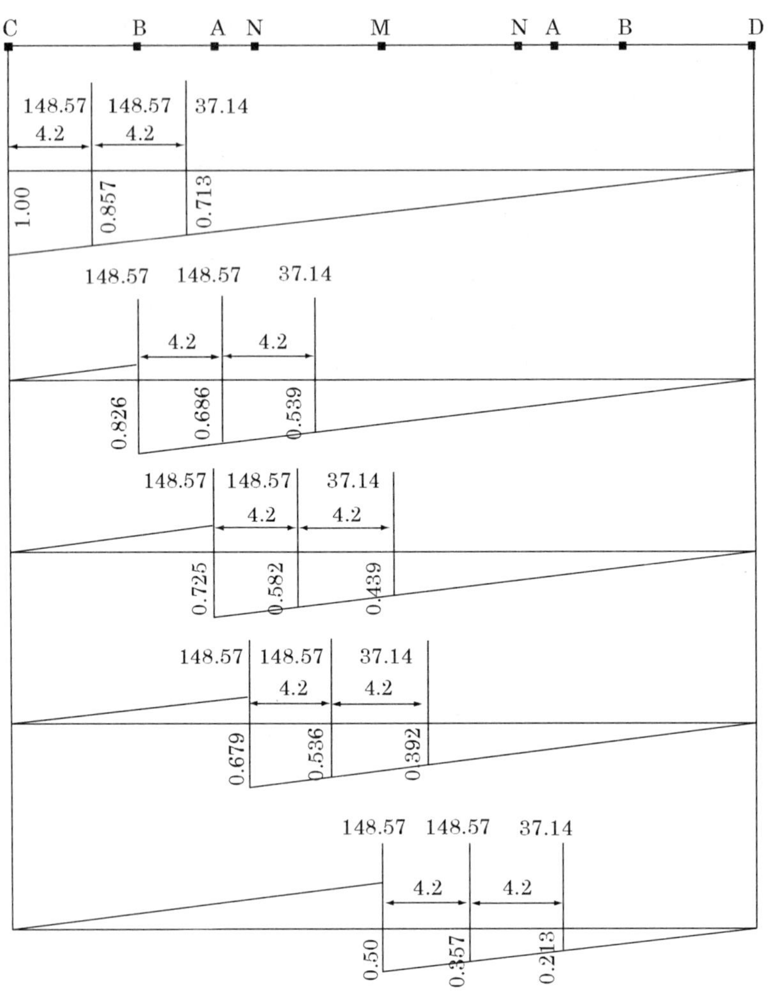

③ 합계 휨모멘트 및 전단력

위치	M_d	M_{l+i}	계(kN.m)	V_d	V_{l+i}	계(kN)
C점(0)	0	0	0	293.0	302.34	595.34
B점(5.1m)	1,234.10	1,245.83	2,479.93	191.0	244.36	435.36
A점(8.05m)	1,710.63	1,694.36	3,404.99	132.0	210.49	342.49
N점(9.4m)	1,870.60	1,833.83	3,704.43	105.0	195.07	300.07
M점(14.65m)	2,146.23	2,058.61	4,204.84	0	135.24	135.24

최대휨모멘트도

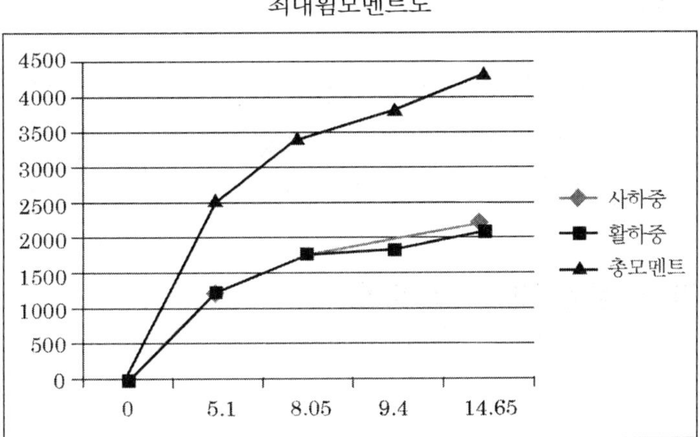

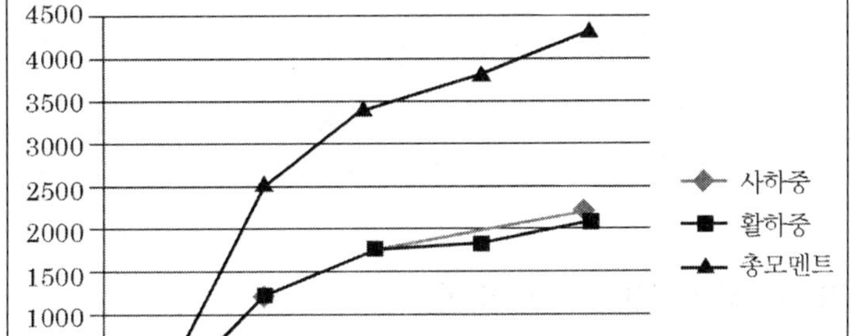

최대전단력도

700
600
500
400
300
200
100
0
0
5.1
8.05
9.4
14.65
사하중
활하중
총전단력

4. 단면결정

(1) 강거더높이

지간의 $\dfrac{1}{17} \sim \dfrac{1}{22}$ 은 1.76 ~ 1.36m 이므로 1.5 m로 가정한다.

(2) 유효폭

$\dfrac{b}{l} = \dfrac{1.4}{29.3} = 0.048 <$ 0.05 이므로 유효폭 $2\lambda = 2b = 2.8m$로 한다.

(3) 단면의 가정

중앙단면 및 단면변화단면을 그림과 같이 가정하여 단면성질을 구한다.

복부 판의 두께(도설 3.8.4) : $t_w \geq \frac{h_w}{209} = \frac{1500}{209} = 7.17mm$ 9mm로 한다.

5. 가정단면의 성질 및 응력 검토

(1) 강재단면

① 중앙단면 (M점)

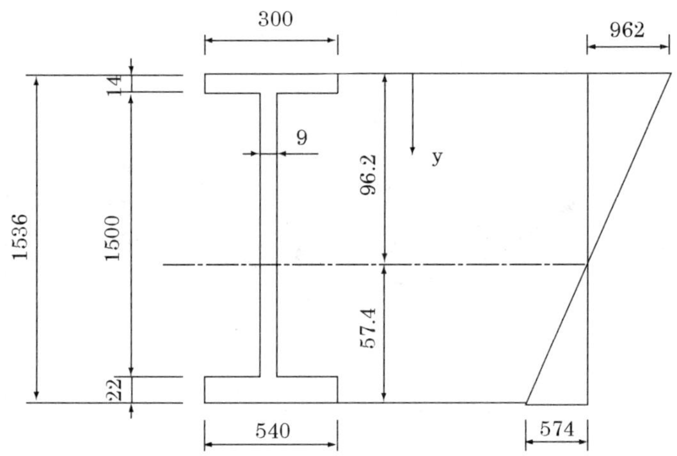

강단면	치수	A(cm^2)	y(cm)	Ay(cm^3)	$Ay^2(cm^4)$
상부플랜	300×14	42	0.7	29.4	20.58
복부판	1,500×9	135	76.4	10,314.0	$\frac{0.9 \times 150^3}{12} + 787,989.6$ $= 1,041,114.6$
하부플랜지	500×22	118.8	152.5	18,117.0	2,762,842.5
계		295.8		28,460.4	3,804,000

$$y_c = \frac{G_x}{A} = \frac{28460.4}{295.8} = 96.2cm$$

$$I_v = I - A \times y_c^2 = 3,804,000 - 295.8 \times 96.2^2 = 1,067,000\,cm^4$$

사하중모멘트에 의한 강단면의 상연 및 하연의 응력

$$M_d = 4,216.23\,kN.m = 4,216.23 \times 10^6\ N.mm$$

플랜지상연응력 : $f_c = -\frac{M_d}{I} \cdot y_c = -\frac{2,146.23 \times 10^6}{1,067,000 \times 10^4} \times 962 = -193.5Mpa$

플랜지하연응력 : $f_t = \frac{M_d}{I} \cdot y_t = \frac{2,146.23 \times 10^6}{1,067,000 \times 10^4} \times 574 = 115.5Mpa$

② B 단면

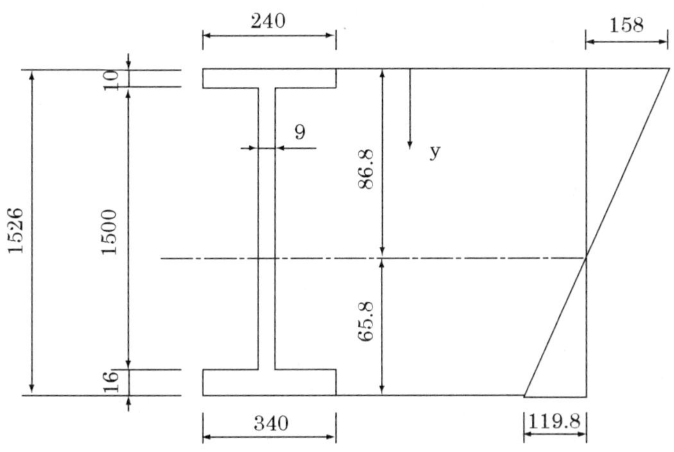

강단면	치수	$A(cm^2)$	y(cm)	$Ay(cm^2)$	$I_v(cm^4)$
상부플랜지	240×10	24	0.5	12	6
복부판	1500×9	135	76	10260	$\frac{0.9 \times 150^3}{12} + 779,760$ $= 103,2885$
하부플랜지	340×16	54.4	151.8	8257.92	1,253,552.25
계		213.4		18529.92	2,286,443.25

$$y_c = \frac{G_x}{A} = \frac{18,529.92}{213.4} = 86.8cm \qquad y_t = (1+150+1.6) - 86.8 = 65.8cm$$

$$I_v = I - A_c y_c^2 = 2,286,443 - 213.4 \times 86.8^2 = 678,000\,cm^4$$

사하중모멘트에 의한 강단면의 상연 및 하연의 응력

사하중 모멘트 :Md= 1234.1 kN.m = $1,234.1 \times 10^6\,N.mm$

플랜지상연 응력 : $f_c = -\frac{1,234.1 \times 10^6}{678,000 \times 10^4} \times 868 = -158Mpa$

플랜지하연 응력 : $f_t = \frac{1,234.1 \times 10^6}{678,000 \times 10^4} \times 658 = 119.8Mpa$

③ A 단면

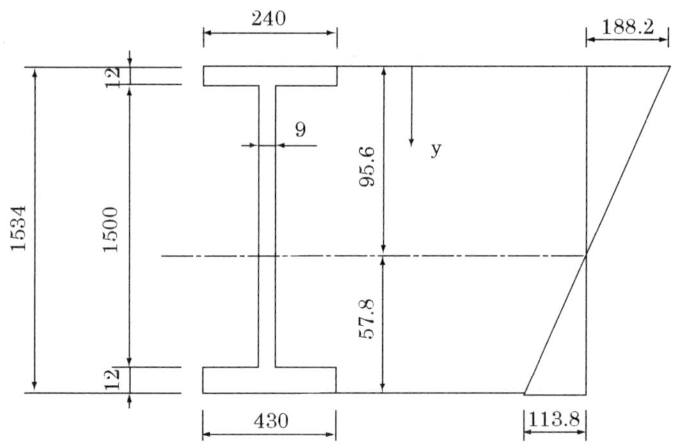

강단면	치수	$A(cm^2)$	y(cm)	$Ay(cm^3)$	$I_v(cm^4)$
상부플랜지	240×12	28.8	0.6	17.28	10
복부	1500×9	135	76.2	10,287	$\frac{0.9 \times 150^3}{12} + 783,869 = 1,036,994$
하부플랜지	430×22	94.6	152.3	14,407.58	2,194,274
계		258.4		24,710	3,231,000

$$y_c = \frac{G_x}{A} = \frac{24,711.86}{258.4} = 95.6cm \qquad y_t = (1.2 + 150 + 2.2) - 95.6 = 57.8cm$$

$$I_v = I - Ay_c^2 = 3,231,000 - 258.4 \times 95.6^2 = 869,000cm^4$$

사하중모멘트에 의한 강단면의 상연 및 하연의 응력

사하중 모멘트 :Md= 1710.63 kN.m = 1710.63×10^6 N.mm

플랜지상연 응력 : $f_c = -\frac{1,710.63 \times 10^6}{869,000 \times 10^4} \times 956 = -188.2Mpa$

플랜지하연 응력 : $f_t = \frac{1,710.63 \times 10^6}{869,000 \times 10^4} \times 578 = 113.8Mpa$

(2) 합성단면

① 중앙점(M점)

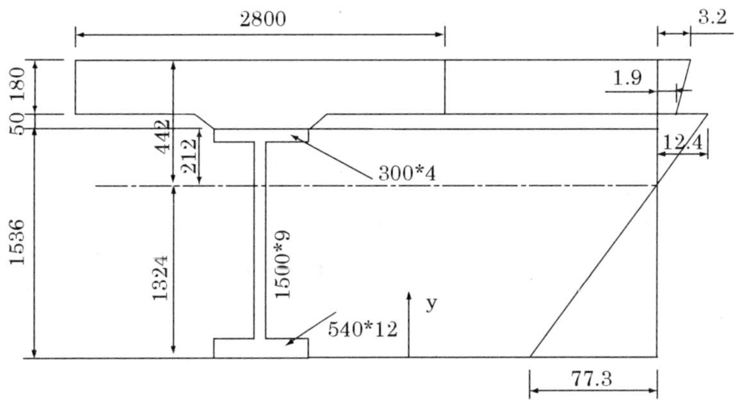

단면	치수	A(cm^2)	y(cm)	$A.y(cm^3)$	$I_o+A.y^2$
콘크리트 (n=8)	2800×180	$\frac{280\times18}{8}=630$	167.6	105,588	$\frac{280\times18^3}{8\times12}+17,696,548.8=17,713,558.8$
상부플랜지	300×14	42	152.9	6,421.8	981893.22
복부	1500×9	135	77.2	10,422	$\frac{0.9\times150^3}{12}+804,578.4=1,057,703.4$
하부플랜지	540×22	118.8	1.1	130.68	143.75
계		925.8		122,562.48	19,753,299.17

$$y_t=\frac{G}{A}=\frac{122,562.48}{925.8}=132.4cm\quad y_c=(18+5+1.4+150+2.2)-132.4=44.2cm$$

$$I_v=I_o-A.y^2=19,753,299.17-925.8\times132.4^2=3,528,000\,cm^4$$

M점의 활하중 및 충격하중 모멘트 ($M_{l+i}=2,058.61\,kN.m$)

콘크리트 상연응력 : $f_{ct}=-\frac{M_{l+i}}{n.I_v}y_{vt}=-\frac{2,058.61\times10^6}{8\times3,528,000\times10^4}\times442=-3.2Mpa$

콘크리트 하연응력 : $f_{cb}=-\frac{M_{l+i}}{n\times I_v}\times y_t=-\frac{2,058.61\times10^6}{8\times3,528,000\times10^4}\times262=-1.9Mpa$

강형상부응력 : $f_{st}=-\frac{M_{l+i}}{I_v}\times y_{st}=-\frac{2,058,61\times10^6}{3,528,000\times10^4}\times212=-12.4Mpa$

강형하부응력 : $f_{sb}=\frac{M_{l+i}}{I_v}\times y_{sb}=\frac{2,058.61\times10^6}{3,528,000\times10^4}\times132.4=77.3Mpa$

② B 단면

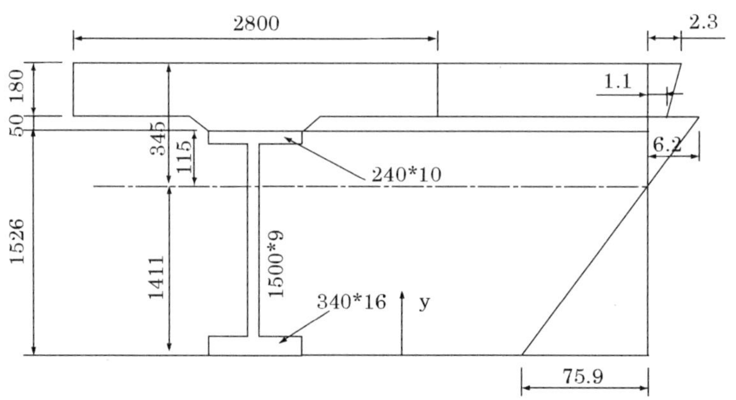

7.8 PSC 합성거더교의 설계

1. 설계조건

구조형식 : 단순PSC 합성거더교(포스트텐션방식 활하중합성)

주거더의 길이 : 24.90 m

계산지간 : 24.0 m

교폭 : 10.9 m (보도(1m) + 궤도(8.9m) + 보도(1m))

활하중 : LS-22

■ PSC Beam 콘크리트

설계기준강도 : $f_{ck} = 35\,Mpa$

프리스트레스 도입할 때 콘크리트 콘크리트 압축강도 : $f_{ci} = 0.8 f_{ck} = 28\,Mpa$

프리스트레스 도입직후의 허용휨압축응력 : $f_{cat} = 0.6 f_{ci} = 0.6 \times 28 = 16.8\,Mpa$

프리스트레스 도입직후의 허용휨인장응력 : $f_{cat}{'} = 0.50\sqrt{f_{ci}} = 0.5\sqrt{28} = 2.64\,Mpa$

설계하중작용시 허용휨압축응력 : $f_{ca} = 0.4 f_{ck} = 0.4 \times 35 = 14\,Mpa$

설계하중작용시 허용휨인장응력 : $f_{ta} = 1.5\sqrt{f_{ck}} = 1.5\sqrt{35} = 8.8\,Mpa$

■ 슬래브 콘크리트

설계기준강도 : $f_{ck} = 27\,Mpa$

허용휨압축응력 : $f_{ca} = \dfrac{f_{ck}}{3} = 7.7\,Mpa$

허용휨인장응력 : $f_{ta} = \dfrac{f_{ck}}{15} = 1.8\,Mpa$

■ 철근 (KSD 3504)

항복강도 : $f_y = 400 Mpa$

탄성계수 : $E_s = 2.0 \times 10^5 Mpa$

■ PS강연선(SWPC 7연선 $D-12.7mm \times 11$ $A_p = 10.858/$다발)쉬이스관 $\Phi 65$

인장강도 : $f_{pu} = 1900Mpa$

항복강도 : $f_{py} = 1600Mpa$

탄성계수 : $E_p = 2.0 \times 10^5 Mpa$

초기긴장응력 : $f_{pta} = 1440Mpa$

도입인장응력 : $f_{ta} = 1330\,Mpa$

설계하중 작용시 허용인장응력 : $f_{po} = 1280\,Mpa$

2. 주요치수 및 단면가정

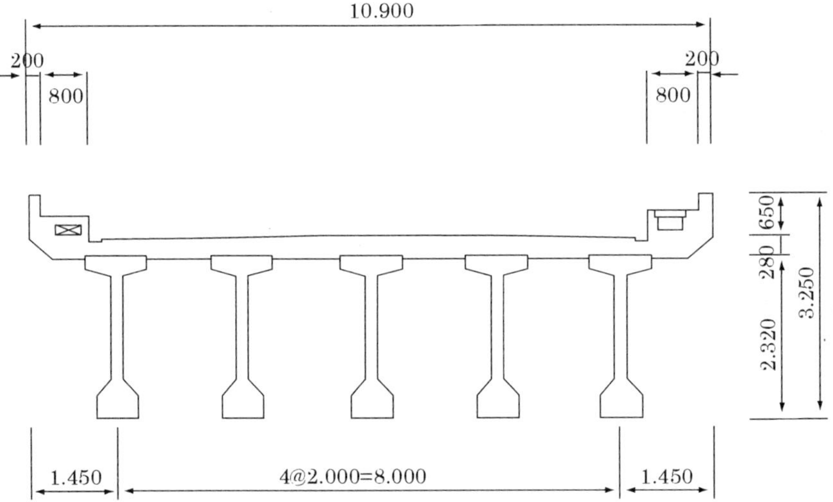

그림 7-13 주형의 종단면

3. 바닥판의 설계

(1) 고정하중(D)

슬래브 :	25×0.28	$= 7\ kN/m^2$
도상 :		$= 12.23\ kN/m^2$
궤도 :		$= 0.96\ kN/m^2$
w_d		$= 20.19\ kN/m^2$

바닥판의 지간 : 1.8m (철도설계기준 10.3.1)

고정하중에 의한 휨모멘트 : $M_d = \frac{w_d . l^2}{10} = \frac{20.19 \times 1.8^2}{10} = 6.54\,kN.m$

(2) 활하중(L)

1) 하중분포폭의 산정

주거더에 지지된 바닥판을 설계할 경우 도상궤도 및 슬래브 궤도를 지지하는 1방향슬래브 또는 2방향슬래브로 모델링하며 궤도상 윤하중에 의한 휨모멘트는 다음식으로 주어지는 환산등분포하중 w로 계산한다.

$$w = \frac{P}{a' \times b'}$$

여기서 P는 축중이고 a' , b'는 등분포하중이 분포되는 축거(m)로 그림과 같이 계산한다.

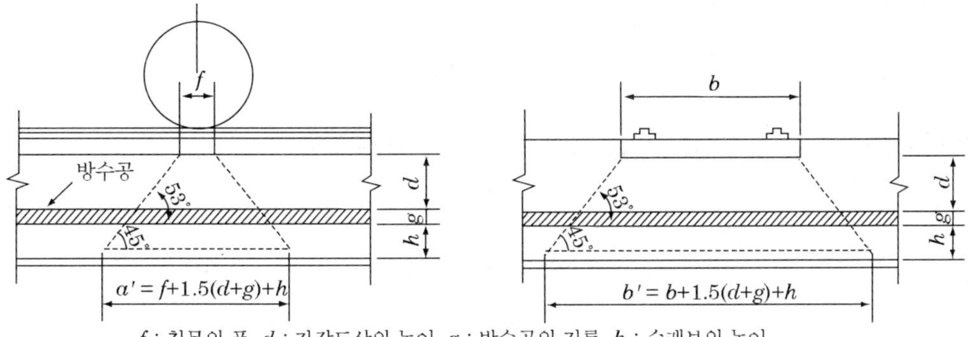

f : 침목의 폭, d : 자갈도상의 높이, g : 방수공의 지름, h : 슬래브의 높이

그림 7-14 궤도에서의 윤하중의 분포폭

여기서

$f = 0.24m$ (침목폭) , b=2.40m (침목길이) , d = 0.3 m(자갈도상의 깊이)

g = 0.00 m (방수공의 두께) , h = 0.28 m (슬래브의 두께)

자갈도상궤도에서 열차하중의 분포폭

$a' = f + 1.5(d+g) + h = 0.97\ m$

$b' = b + 1.5(d+g) + h = 3.13\ m$

2) 열차하중에 의한 단면력

① I-22 하중

$$w = \frac{22 \times 1ea}{0.97 \times 3.3} = 7.246\,t/m^2 = 72.46kN/m^2$$

② S-22 하중

$$w = \frac{(2429/9) \times 1ea}{0.97 \times 3.13} = 8.856\,t/m^2 = 88.56kN/m^2$$

이상의 결과 L-22 하중과 S-22 하중의 영향이 더크므로 S-22 하중 ($w = 88.56kN/m^2$)에 의해 설계한다.

$$M_l = \frac{wL^2}{10} = \frac{88.56 \times 1.8^2}{10} = 28.69kN.m$$

3) 충격하중(철도설계기준 2.4)

충격계수 : $i = 45 - \frac{l^2}{45} = 45 - \frac{1.8^2}{45} = 44.928\%$

충격하중에 의한 휨모멘트 : $28.69 \times 0.449 = 12.89\,kN/m$

(3) 하중조합

1) 계수하중

$$U = 1.4D + 2.0(L+I)$$

$$= 1.4 \times 6.54 + 2.0(28.69 + 12.89) \quad = 92.316\,kN.m$$

(4) 철근량 계산

강도설계원리 : $M_u \le \phi M_n$

$$M_u = \phi A_s f_y (d - \frac{a}{2}) \quad \text{여기서 } a = \frac{A_s f_y}{0.85.fckb}$$

$$M_u = \phi A_s f_y (d - \frac{1}{2}\frac{A_s f_y}{0.85 f_{ck} b})$$

$\phi A_s f_y (d - \frac{1}{2}\frac{A_s f_y}{0.85 f_{ck} \cdot b}) - M_u = 0$ 이므로 A_s 에 대한 2차방정식을 푼다.

프로그램에 의한 계산

입력자료

$Mu := 92.316 \cdot 10^6 \quad b := 1000 \quad d := 220 \quad \phi := 0.85 \quad fck := 27 \quad fy := 400$

$F(As) := \phi \cdot As \cdot fy \cdot \left(d - \frac{1}{2} \cdot \frac{As \cdot fy}{0.85 \cdot fck \cdot b}\right) - Mu$

As :=2000

Given

F(As)=0

As :=Find(As)

$As = 1.301 \times 10^3$

mathcad에 의한 2차방정식을 풀면 소요철근량 $A_s = 1301\,mm^2$이다.

1) **최소철근량**

$$As_{\min} = 0.25\frac{\sqrt{f_{ck}}}{f_y}b_w d = \frac{0.25\sqrt{27}}{400} \times 1000 \times 220 = 714.47mm^2$$

$$As_{\min} = \frac{1.4}{f_y}b_w d = \frac{1.4}{400} \times 1000 \times 220 = 770mm^2$$

따라서 소요철근량 $As = 1301mm^2 > As_{\min} = 770mm^2$ 이므로 만족한다.

2) **사용철근량**

인장철근(하면) As 는 D16, etc 12.5 cm로하고 압축철근(상연) As 도 D16, etc 12.5 cm로 한다.

인장철근(하면 16D-8) : $8 \times 198.6 = 1588.8mm^2$

압축철근(상연 16D-8) : $8 \times 198.6 = 1588.8mm^2$

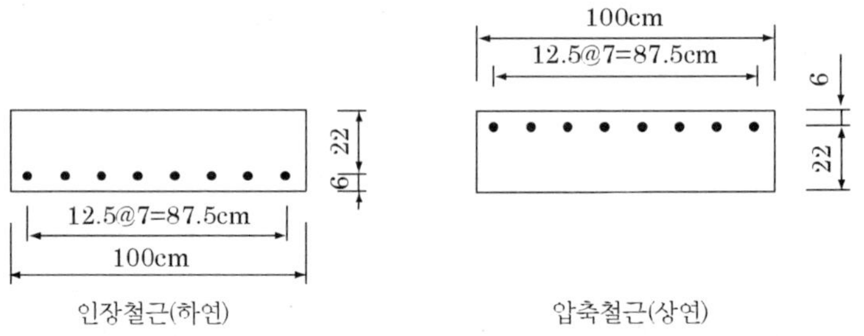

그림 7-15 바닥판 철근배치

(5) 철근비 검토

사용철근비 : $\rho = \frac{As}{bd} = \frac{1588.8}{1000 \times 220} = 0.00722$

균형철근비 : $\rho_b = 0.85\beta_1\frac{f_{ck}}{f_y}\frac{600}{600+f_y} = 0.85 \times 0.85 \times \frac{27}{400} \times \frac{600}{600+400} = 0.02926$

최대철근비 : $\rho_{\max} = \frac{0.003+\epsilon_y}{0.007}\rho_b$ 에서 $\epsilon_y = \frac{f_y}{E_s} = \frac{400}{2.0 \times 10^5} = 0.002$

$$\rho_{\max} = \frac{0.003 + 0.002}{0.007} \times 0.02926 = 0.0209$$

따라서 $\rho_{\max} > \rho$ 이므로 연성파괴한다.

4. 주거더의 설계

그림과 같은 종단면에서 주형의 중앙단면에 대한 설계를 검토한다.

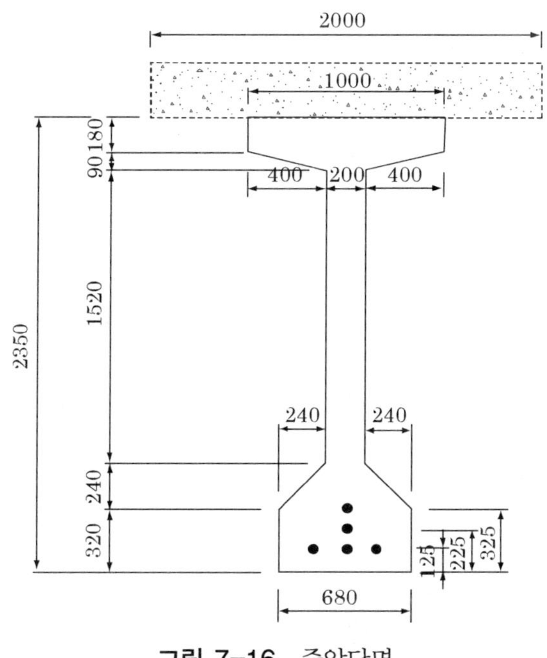

그림 7-16 중앙단면

(1) 단면의 제계수

슬래브 콘크리트의 탄성계수 :

$$E_c = 8,500\sqrt[3]{f_{cu}} = 8,500\sqrt[3]{f_{ck}+8} = 8,500\sqrt[3]{27+8} = 27804Mpa$$

PC Beam 콘크리트 :

$$E_c = 8,500\sqrt[3]{f_{cu}} = 8,500\sqrt[3]{f_{ck}+8} = 8,500\sqrt[3]{35+8} = 29778Mpa$$

콘크리트의 탄성계수비: $n1 = \dfrac{27804}{29778} = 0.9$

PS강재와 콘크리트의 탄성계수비 $n2 = \dfrac{E_p}{E_c} = \dfrac{2.0 \times 10^5}{29778} = 6.716$

(2) 단면의 성질

1) 총단면

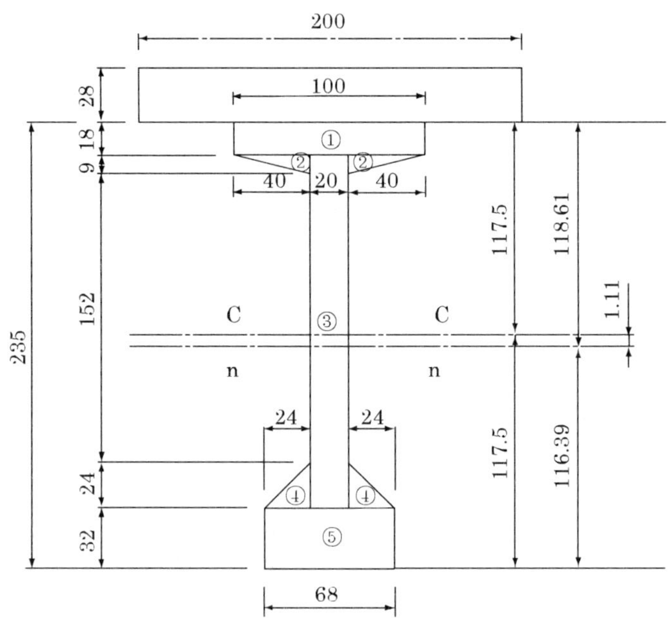

그림 7-17 총단면

단면	치수	단면적(cm^2)	도심(cm)	$A \times y$	$A \times y^2 (cm^4)$	$I_i (cm^4)$
①	100×18	1800	9	16200	145800	48600
②	40×9	360	21	7560	158760	1620
③	20×185	3700	110.5	408850	45177924	10552708
④	24×24	576	195	112320	21902400	18432
⑤	68×32	2176	219	476544	104363136	185685
		8612		1021474	171748016	10807045

$$y_c = \frac{1021474}{8612} = 118.61cm \quad y_c = 235 - 118.61 = 116.39\ cm$$

$$I_c = (171748016 + 10807045) - 8612 \times 118.61^2 = 61397472\, cm^4$$

$$e' = \frac{235}{2} - 118.61 = -1.11\, cm$$

$$Z_c' = \frac{61397472}{118.61} = 517639\ cm^3 \qquad Z_c = \frac{61397472}{116.39} = 527517\, cm^3$$

$$r_c^2 = \frac{61397472}{8612} = 7129\, cm^2$$

2) 순단면

긴장재의 쉬이스구멍 $\phi 6.5$ cm을 정사각형 단면으로 환산하여 프리캐스트 단면에서 공제한다.

긴장재의 도심위치 : $\frac{1}{5}(3 \times 12.5 + 1 \times 22.5 + 1 \times 32.5) = 18.5$

정사각형 한변의 길이 = $\sqrt{\frac{3.14 \times 6.5^2}{4} \times 5} = 12.9cm$

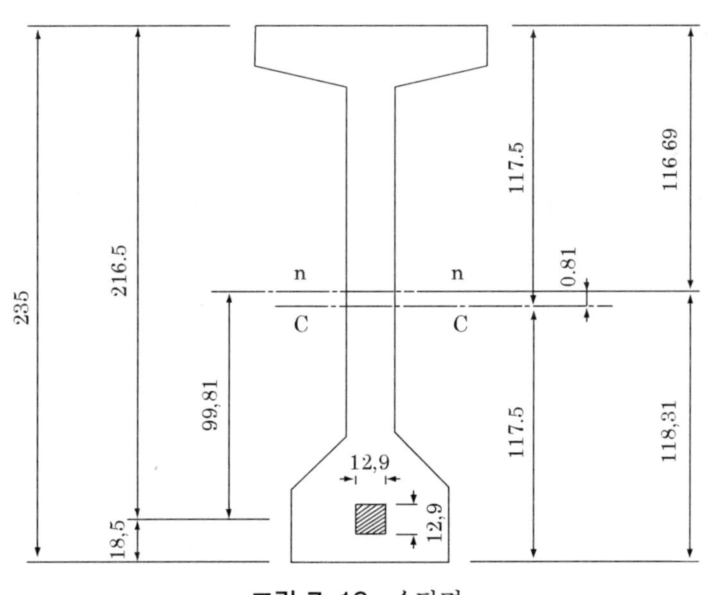

그림 7-18 순단면

단면	총면적(cm^2)	도심	$A \times y(cm^3)$	$A \times y^2(cm^4)$	$I_o(cm^4)$
총단면	8612	118.61	1021474	171748016	10807045
쉬이스	-166	216.5	-35939	-7780794	-2307
계	8446		985535	163967222	10804738

$$y_c' = \frac{985535}{8446} = 116.69\ cm \quad y_c = 235 - 116.69 = 118.31\,cm$$

$$I_o = (163967222 + 10804738) - 8446 \times 116.69^2 = 59766528 cm^4$$

$$e_{po} = \frac{235}{2} - 116.69 = 0.81$$

$$y_{cp} = 118.31 - 18.5 = 99.81 cm$$

$$Z_c' = \frac{59766528}{116.69} = 512182 cm^3 \qquad Z_c = \frac{59766528}{118.31} = 505169\,cm^3$$

$$Z_{cp} = \frac{59766528}{99.81} = 598803\,cm^3$$

$$r_c^2 = \frac{59766528}{8446} = 7076\,cm^2$$

3) 환산단면

PS강재를 PC Beam 콘크리트 단면으로 환산하여 단면성질을 계산한다.

PS강재의 환산단면적 : $10.858 \times 5 \times 6.716 = 364.6\,cm^2$

정사각형 1변의 길이 : $\sqrt{10.858 \times 5 \times 6.716} = 19.095 cm$

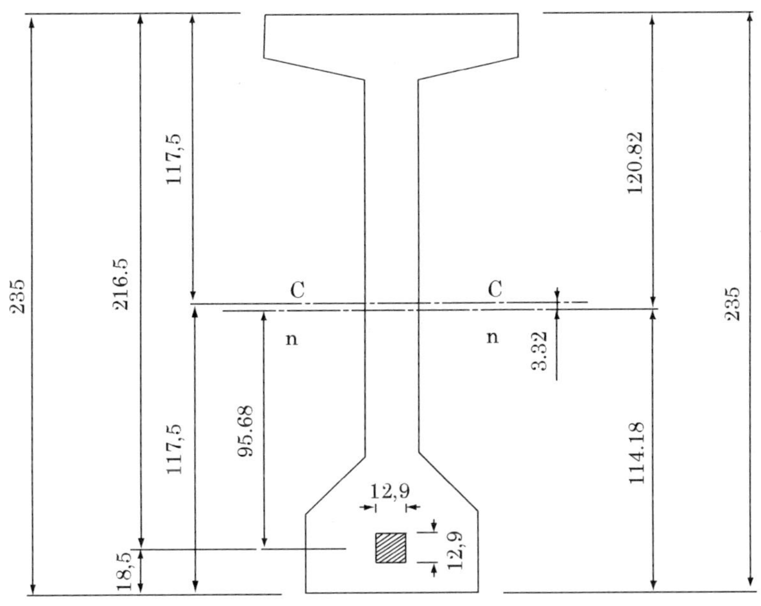

그림 7-19 환산단면

종류	면적(cm^2)	도심(cm)	$A \times y(cm^3)$	$A \times y^2(cm^4)$	$I_o(cm^4)$
순단면	8446	116.69	985535	163967222	10804738
PS강재	364.6	216.5	78936	17089622	11079
계	8810.6		1064471	181056844	10815817

$$y_c' = \frac{164471}{8810.6} = 120.82cm \quad y_c = 235 - 120.82 = 114.18cm$$

$$I_o = 181056844 + 10815817 - 8810.6 \times 120.82^2 = 63260170cm^4$$

$$e' = \frac{235}{2} - 114.18 = 3.32cm$$

$$y_{cp} = 114.18 - 18.5 = 95.68cm$$

$$Z_c' = \frac{I_c}{y_c'} = \frac{63260170}{120.82} = 523590\,cm^3$$

$$Z_c = \frac{I_c}{y_c} = \frac{63260170}{114.18} = 554039\,cm^3$$

$$Z_{cp} = \frac{I_c}{y_{cp}} = \frac{632260170}{95.68} = 661164\,cm^3$$

$$r_c^2 = \frac{I_c}{A} = \frac{63260170}{8810.6} = 7180\,cm^2$$

4) 합성단면

슬래브 콘크리트를 PC Beam 콘크리트로 환산하여 계산한다.

슬래브의 환산단면적 ; $200 \times 28 \times 0.9 = 5040\,cm^2$ (헌치무시)

슬래브단면2차모멘트 : $\dfrac{200 \times 0.9 \times 28^3}{12} = 329280\,cm^4$

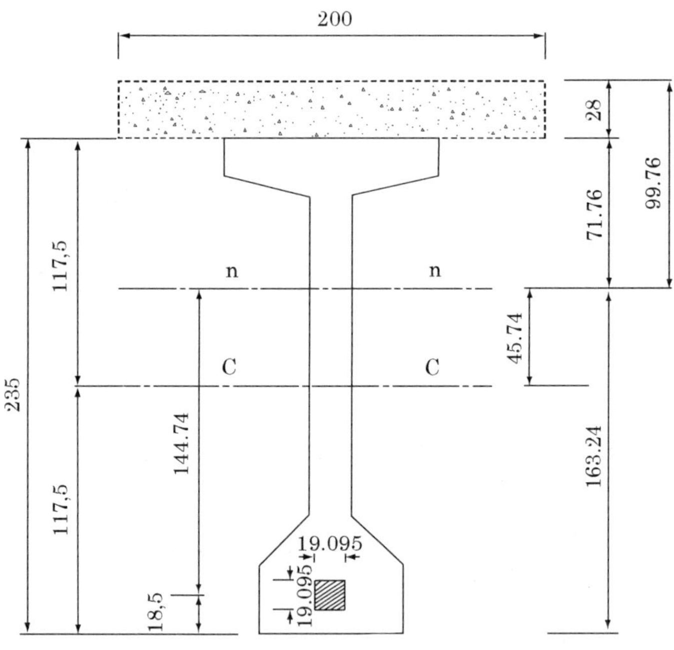

그림 7-20 합성단면

종류	면적(cm^2)	도심(cm)	$A \times y(cm^3)$	$A \times y^2(cm^4)$	$I_o(cm^4)$
환산단면	8810.6	120.82	1064471	181056844	10815817
바닥판	5040	−14	−70560	987840	329280
계	13850.6		993911	182044684	11145097

$$y_c' = \frac{993911}{13850.6} = 71.76cm \qquad y_c'' = 71.76 + 28 = 99.76cm$$

$$y_c = 235 - 71.76 = 163.24cm$$

$$I_o = 182044684 + 11145097 - 13850.6 \times 71.76^2 = 121866149\,cm^4$$

$$e' = \frac{235}{2} - 71.76 = 45.74cm$$

$$y_{cp} = 163.24 - 18.5 = 144.74cm$$

$$Z_c'' = \frac{I_o}{y_{c''}} = \frac{121866149}{99.376} = 1221593\,cm^3$$

$$Z_c' = \frac{I_o}{y_c'} = \frac{121866149}{71.76} = 1698246\,cm^3$$

$$Z_c = \frac{I_o}{y_c} = \frac{121866149}{163.24} = 746545\,cm^3$$

$$Z_{cp} = \frac{I_c}{y_{cp}} = \frac{121866149}{144.74} = 841966\,cm^3$$

$$r_c^2 = \frac{I_o}{A} = \frac{121866149}{13850.6} = 8798\ \ cm^2$$

단면성질 집계

종류	구분	총단면적(A_g)	순단면적(A_o)	환산단면적(A_e)	합성단면(A_v)
단면적	A_c	8612	8446	8810.6	13850.6
바닥판상연	y_c''	0	0	0	99.376
주형상현	y_c'	118.61	116.69	120.82	71.76
주형하연	y_c	116.39	118.31	114.18	163.24
편심거리	e_p	-1.11	0.81	-3.32	45.74
단면2차모멘트	$I_c(cm^4)$	61397472	59766528	63260170	121866149

종류	구분	총단면적(A_g)	순단면적(A_o)	환산단면적(A_e)	합성단면(A_v)
단면계수	Z_c''	0	0	0	1221593
	Z_c'	517639	512182	523590	1698246
	Z_c	527517	505169	554039	746545
	Z_{cp}		598803	661164	841966
회전반경	$r_c^2(cm^2)$	7129	7076	7180	8798
PC강재 편심량	y_p	0	99.81	95.68	144.74

(3) 설계모멘트

주거더은 내측 주거더에 대하여 계산한다. 플랜지의 유효폭은 주거더의 중심간격 200 cm로 한다.

1) 프리캐스트 보의 자중에 의한 모멘트(M_{d0})

프리캐스트 보의 자중 : $w_{d0} = 25 \times 0.8612 = 21.53kN/m$

자중에 의한 모멘트 : $M_{d0} = \dfrac{1}{8} \times 21.53 \times 24^2 = 1550.16\,kN.m$

2) 바닥판 및 칸막이(Diaphragm) 중량에 의한 모멘트(M_{d1})

$w_{d1} = 25 \times 2 \times 0.28$(바닥판) + 3.6(칸막이) = 17.6 kN/m

$$M_{d1} = \frac{1}{8} \times 17.6 \times 24^2 = 1267.2\,kN.m$$

3) 추가 사하중에 의한 모멘트(M_{d2})

$w_{d2} = 3kN/m(\text{궤도}) + 12.35kN/m(\text{도상}) + 0.22kN/m(\text{방수방진제}) = 15.57kN/m$

$$M_{d2} = \frac{1}{8} \times 15.57 \times 24^2 = 1121.04kN.m$$

4) 활하중에 의한 모멘트(M_l)

LS-18 하중이 지간 24m 단순보 위를 진행할 때 일어나는 휨모멘트 $M_l = 2938kN.m$ (**표 5-4**)이고 그 위치는 중심에서 $e = 0.083m$ 이다.

하중재하상태는 (**도표 그림 5-11**)에 의하여 13번 륜중이 재하된 경우가 절대최대휨모멘트이다.

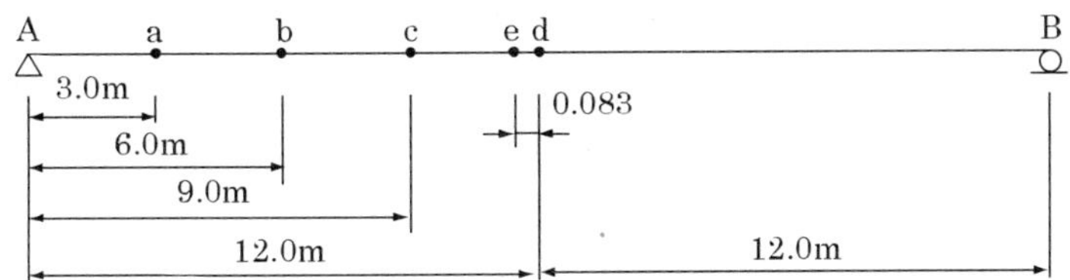

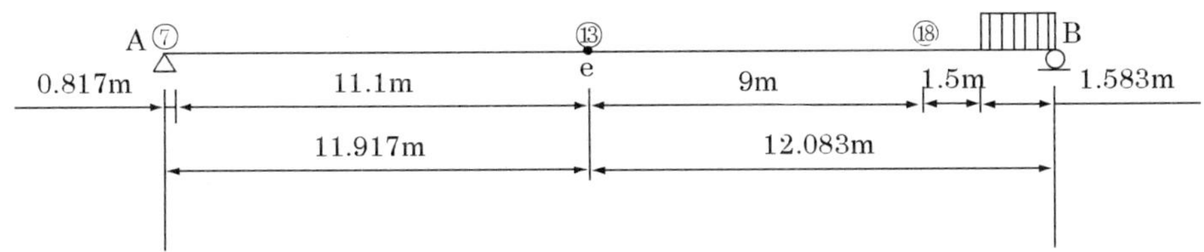

그림 7-21 최대 하중재하

활하중 분배계수 : $\dfrac{L}{1.65} = \dfrac{2}{1.65} = 1.21$

충격의 영향 : $i = 24 + \dfrac{240}{l+0.6} = 33.75\% = 0.3375$

L-22 하중에 의한 절대최대휨모멘트 : $2938 \times \dfrac{22}{18} \times 1.21 = 4345\,kN.m$

$M_{l+i} = 4345(1+0.3375) = 5811.44kN.m$

설계모멘트에 의한 응력

구분	휨모멘트 (N.mm)$\times 10^6$	단면계수 $(mm^3) \times 10^3$	콘크리트 바닥판	프리캐스트보		
				상단	하단	긴장재 위치
프리캐스트자중 (M_d)	1550.16	$Z_c' = 512182$ $Z_c = 505169$ $Z_{cp} = 598803$		3.027	−3.069	−2.589
바닥판 및 칸막이 (M_{d1})	1267.2	$Z_c' = 523590$ $Z_c = 554039$ $Z_{cp} = 661164$		2.42	−2.287	−1.917

구분	휨모멘트 (N.mm)$\times 10^6$	단면계수 $(mm^3)\times 10^3$	콘크리트 바닥판	프리캐스트보		
				상단	하단	긴장재 위치
추가사하중 (M_{d2})	1121.04	$Z_c''=1221593$ $Z_c'=1698246$ $Z_c=746545$ $Z_{cp}=841966$	0.918	0.66 (0.594)	-1.546	-1.331
활하중(충격포함) (M_{l+i})	5811.44	$Z_c''=1221593$ $Z_c'=1698246$ $Z_c=746545$ $Z_{cp}=841966$	4.759	3.422 (3.08)	-7.784	-6.902
			5.653	9.529 (3.674)	-14.686	-12.739

(4) 프리스트레스의 계산

1) 도입직후 프리스트레스 힘

① 마찰에 의한 손실 : 42.3 Mpa

② 각변화 및 쉬이스의 파상에 의한 손실 : 210.2 Mpa

③ 콘크리트의 탄성변형에 의한 손실 : 45.5 Mpa

초기긴장응력은 초기인장응력의 98%로 본다.

초기긴장응력 : $f_i=0.98\times f_{pta}=0.98\times 1440=1411.2Mpa$

도입직후의 초기인장응력:

$f_{pt}=1411.2-(42.3+210.2+45.5)=1113.2Mpa<f_{ta}=1330Mpa$

프리스트레스의 힘 : $P_t=1113.2\times 1085.8\times 5=6043562N$

2) 도입직후 콘크리트 응력(순단면)

상연응력 : $f_{ct}'=\dfrac{P_t}{A_c}-\dfrac{P_t\cdot e_p'}{Z_c'}=\dfrac{6043562}{844600}-\dfrac{6043562\times 998.1}{512182\times 10^3}=-4.662Mpa$

하연응력 : $f_{ct}=\dfrac{P_t}{A_c}+\dfrac{P_t\times e_p'}{Z_c}=\dfrac{6043562}{844620}+\dfrac{6043562\times 998.1}{505169\times 10^3}=19.096Mpa$

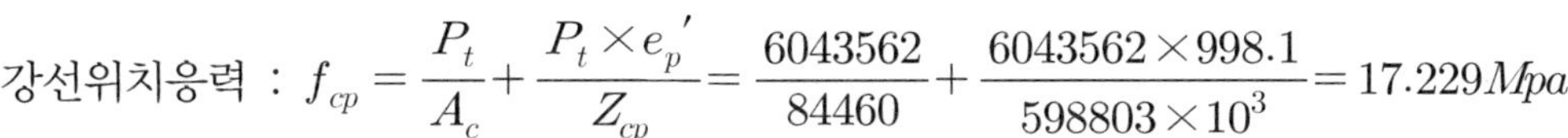

강선위치응력 : $f_{cp}=\dfrac{P_t}{A_c}+\dfrac{P_t\times e_p{}'}{Z_{cp}}=\dfrac{6043562}{84460}+\dfrac{6043562\times 998.1}{598803\times 10^3}=17.229Mpa$

PC강선응력 : $f_{pi}=nf_{cp}=6.716\times 17.229=115.71\,Mpa$

3) 유효프리스트레스

콘크리트의 creep 와 건조수축으로 인한 손실 : 215.5 Mpa

PS강선의 리락세이션에 의한 손실 : 33.3 Mpa

유효프리스트레스력 : $f_{pe}=113.2(f_{pt})-(215.5+33.3)=864.4Mpa$

유효율 : $R=\dfrac{f_{pe}}{f_{pt}}=\dfrac{864.4}{1113.2}=0.776$

유효프리스트레스력 : $P_e=RP_t=0.776\times 6043562=4689804\,N$

4) 유효 PSC 보의 콘크리트 응력

$f_{ce}{}'=R\times f_{ct}{}'=-0.776\times 4.662=-3.618Mpa$

$f_{ce}=R\times f_{ct}=0.776\times 19.096=14.818Mpa$

$f_{ecp}=R\times f_{cp}=0.776\times 17.229=13.37Mpa$

$f_{pe}=nf_{ecp}=6.716\times 13.37=89.79Mpa$

5) 응력의 합성

구분	프리스트레싱직후		설계하중작용시			
	주형상연	주형하연	바닥상연	바닥하연	주형상현	주형하연
① 도입직후의 프리스트레스	-4.662	19.096				
② 유효프리스트레스	-3.618	14.818				
③ PSC형자중(M_{do}))	3.027	-3.069				
④ 바닥판 및 칸막이(M_{d1})					2.42	-2.287
⑤ 추가사하중(M_{d2})			0.98 (0.826)	0.66 (0.594)	0.66	-1.546

⑥ 활하중(충격포함)(M_{l+i})			4.757 (4.281)	3.422 (3.08)	3.422	-7.782
Ⅰ: ①+③	-1.635	16.027				
Ⅰ 의 허용응력	-2.64	16.8				
Ⅱ : ②+④+⑤+⑥			(5.107)	(3.674)	2.884	3.203
Ⅱ 의 허용응력			7.7	7.7	14	14

( ) 은 탄성계수비 n=0.9을 곱한 값임

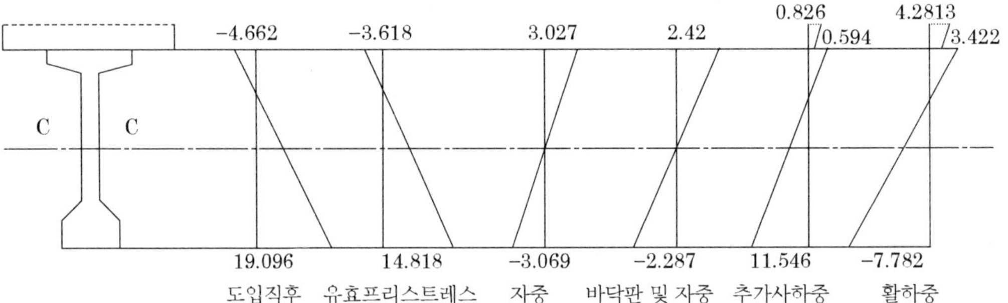

그림 7-22 활하중합성의 단계별 응력도

Chapter 8

트러스 교

8.1 개설

최근에는 연속 합성거더교 및 강상판거더교 등이 출현하여 대지간에도 플레이트거더교가 가설되고 있지만 일반적으로 50~100 m 지간에서는 트러스교가 가장 알맞은 형식이라 볼 수 있다.

트러스를 구성하는 부재의 연결점을 절점(또는 격점)이라 하여 계산상 모두 마찰이 없는 힌지(hinge)로 가정하기 때문에 트러스교 발달 초기에는 이에 알맞게 하기 위해서 한 점에 모이는 여러 부재를 하나의 핀(pin)으로 연결하는 소위 핀 트러스(pin truss)교가 주로 채용되었다. 그러나 이 핀 트러스교는

① 교량 전체로서 강성이 적어 흔들리기 쉽고

② 힌지 구멍사이에는 상당한 마찰력이 있어 완전한 힌지로 작용하지 않으며

③ 힌지 구멍이 점차 타원형으로 확대되어 수명이 짧으며

④ 한 부재의 손상에 의하여 트러스 전체가 위험하게 되고

⑤가로보나 수평브레이싱을 연결하는데 불편한 점 등이 있다.

오늘날에 와서는 특별한 경우를 제외하고는 이것을 사용하지 않고 현재는 격점을 리벳 또는 볼트로 연결한 강결트러스로 하고 있다. 강결트러스교로 하면 절점이 강결되어 강성이 커지고 격점에 의해 수명이 좌우되지 않으며, 아이 바(eye bar)와 같은 특수 부재가 필요 없으며 보강이 비교적 쉽고 가로보와 수평브레이싱 연결에 알맞은 구조가 되는 이점이 있으나 다음과 같은 결점도 있다.

① 절점이 마찰력 없는 힌지라는 가정과는 달리 2차응력을 계산해야하고

② 대지간에서는 많은 연결 판(gusset plate)이 필요하며

③ 리베팅 및 용접하는 수고가 들게 된다.

그림 8-1은 하로 트러스의 일반적인 구조를 나타낸 것인데 트러스의 구성은 상하에 종방향으로 현재(chord member)인 상현재와 하현재가 있고 이를 연결하는 복부재(web member)가 있다. 복부재에는 수직 재(vertical member)와 사재(diagonal member)를 모두 말하는데 수직 재 가운데 인장력을 받은 것은 행거(hanger), 압축력을 받은 것을 지주라고 하는 경우가 있다. 또 트러스의 단부를 형성하는 사제는 단주(기둥 post)라 하며 상하 양현재 사이에 바닥들이 붙어 있는 쪽을 짐 실리는 현(loaded chord), 이와 반대쪽의 현을 집 안 실리는 현(unloaded chord)이라 한다.

트러스교로서 가장 일반적인 하로 트러스교의 구성은 **그림 8-1**과 같으며 교량의 주체가 되는 부분이 주트러스(main truss)이고 이 사이에는 바닥 틀이 있으며 바닥 틀은 가로보와 세로보로 이루어지는 것이 보통이다.

교량에는 연직하중 이외에 풍하중과 횡하중 등에 의한 수평하중이 작용하여 이것 때문에 트러스가 횡방향으로 휘게 되는데 이를 막기 위하여 교단부에는 교문브레이싱(portal bracing)을 설치하여 트러스의 강성을 증가 시킨다. 이와 같은 수평브레이싱, 교문브레이싱 수직브레이싱을 설치하여 트러스의 강성을 증가시킨다. 이와 같은 수평브레이싱, 교문브레이싱, 수직브레이싱을 총칭해서 대풍(對風)브레이싱이라 한다.

지간이 짧아 트러스 높이가 낮아지면 차량교통 관계상 상부 수평브레이싱을 설치할 수 없는데 이런 때는 포니 트러스(pony truss)교로 한다(**그림 8-2**).

트러스교를 이루고 있는 주요구조는 **그림 8-1**과 같이 주트러스, 수평브레이싱(lateral bracing), 수직브레이싱(sway bracing) 및 바닥 틀(floor system)이며 주요부재의 역할은 다음과 같다.

① 주트러스

일반적으로 2개로 구성되어 수직하중을 지지하고 그 하중을 교대 또는 교각으로 전달한다. 주트러스를 구성하는 부재의 명칭은 다음과 같다.

- 현재(弦 在) : 상현재, 하현재
- 단주(端柱) : 경사단주, 수직단주
- 복부재(腹部材) : 수직재, 사재

② 수평브레이싱

양측의 주트러스를 연결하여 횡하중, 즉 풍하중 또는 원심하중 등에 저항한다.

③ 수직브레이싱

양측의 주트러스와 상부 수평브레이싱을 연결하는 것으로 단부에 설치된 것은 교문브레이싱(portal beam)이라고 한다.

④ 바닥 틀

횡형(cross beam)과 종형(stringer)으로 구성되어 바닥판으로부터 전달되는 활하중 등을 주트러스의 격점으로 전달한다.

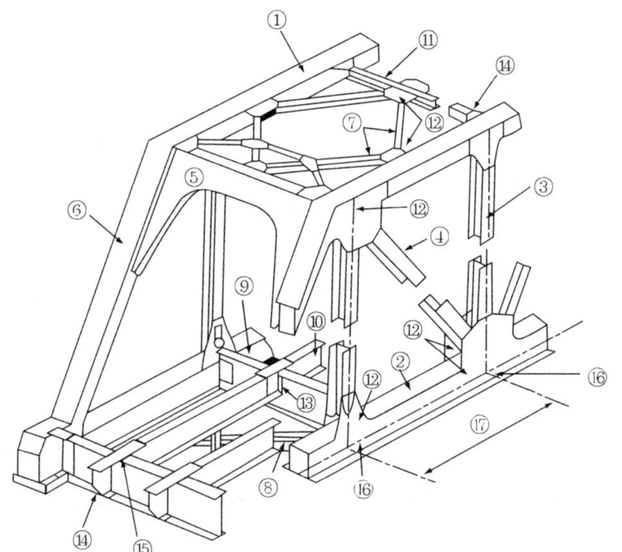

그림 8-1 트러스교의 구성

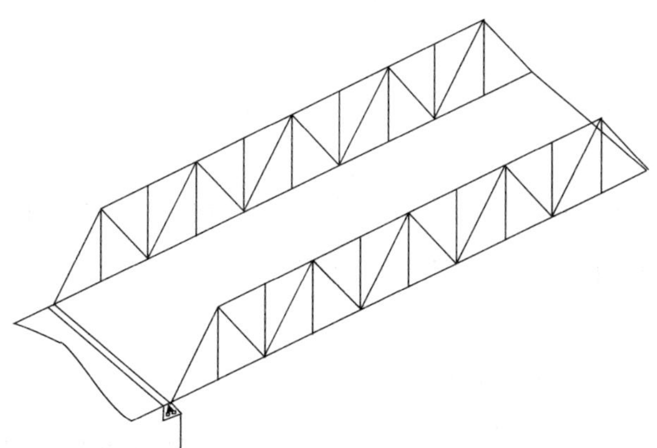

그림 8-2 포니트러스

1. 트러스교의 특징

① 트러스교는 높이를 임의로 정할 수 있어 상당히 큰 휨모멘트에도 저항할 수 있으므로 거더교보다 장지간의 교량에 사용 할 수 있다. 도로교에서는 지간장 100m 이상에서 철도교에서는 지간장 80m이상에서 트러스교가 경제적이다.

② 구성부재를 개별적으로 운반하여 현장에서 조립이 가능하므로 부재운반이 곤란한 산악지역에 적합한 구조형식이다.

③ 트러스의 상하에 바닥판의 설치가 가능하므로 2층구조의 교량형식으로 사용할 수 있다.

④ 트러스구조는 내풍성이 좋고 강성확보가 용이하여 장대교량의 보강형(stiffering girder)으로 적합하다.

⑤ 트러스교는 거더교에 비해 부재수가 많아 제작상 불리하다.

바닥 틀 구조에 약간의 차이로 철도 트러스교와 도로 트러스교 간의 약간의 차이가 있을 뿐 골조구조은 유사하다. 철도교의 하중강도가 크기 때문에 부재의 단면 치수가 도로 트러스교보다 크다. 열차의 주행성을 고려하여 처짐을 도로 트러스교의 약 절반으로 엄격히 제한하고 있어 높이가 도로 트러스교 보다 일반적으로 크다. 또 철도교에서는 반복응력에 의한 부재의 피로를 고려해야 한다는 점도 설계상으로 엄격한 조건이 된다.

8.2 트러스의 종류와 치수

1. 트러스의 종류

트러스는 상 하현재의 배치 형태에 따라서 직현트러스와 곡현트러스가 있으며 보통은 복재의 연결방법에 따라 다음과 같이 분류한다.

(1) 와런트러스(warren truss)

상로교의 짧은 지간에 사용하면 좋고 하로교에서는 횡형의 연결을 쉽게 하기 위해 수직재를 넣어 사용하기도 한다.

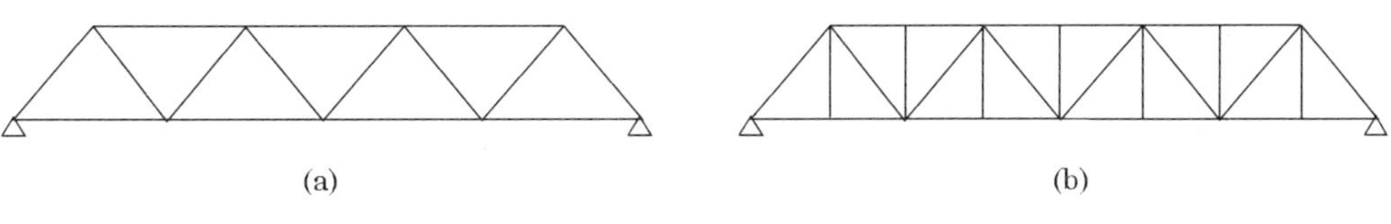

그림 8-3 와런 트러스

(2) 하우트러스

사재의 방향이 지간 중심에 대하여 위에서 아래로 향해 바깥으로 나간 트러스이며 사재는 일반적으로 압축재 수직 재는 일반적으로 인장재가 된다. 강교에서는 보통 쓰이지 않고 목교에서 많이 쓰이는 형식이다.

그림에서 두꺼운 실선은 보통하중상태에서 압축재 가는 실선은 인장재 파선은 경우에 따라서 사용되는 대재(對材: counter bracing)로서 트러스의 중앙부근 격간에서는 활하중의 위치에 따라서 정 부의 전단력이 작용하기 때문에 항장재(抗張材)로서 넣을 때도 있다. 이때 넣은 사재를 대재라 한다.

(3) 프랫트러스(pratt truss)

사재의 방향이 하우트러스와 반대로 된 트러스이다. 이 때 사재는 인장재 수직 재는 제일 바깥에 있는 것을 제외하고는 압축재가 된다.

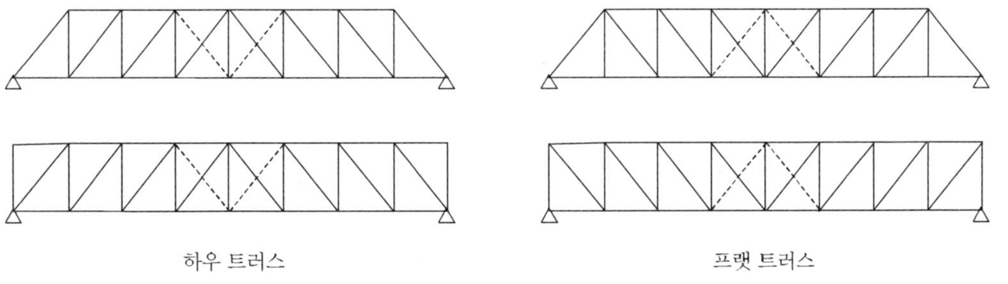

그림 8-4 하우 및 프랫트러스

(4) 분격트러스(subdivided panel truss)

지간이 길어지면 트러스 높이가 높아지고 사재의 경사각도 관계로 격간 길이가 길어지며 압축재로서 불리하게 되고 또 가로보도 길어져서 비경제적으로 되기 때문에 격간을 나누는 것이 좋다. **그림 8-5**는 프렛 트러스의 분격트러스로서 패티트(pattit)트러스이다.

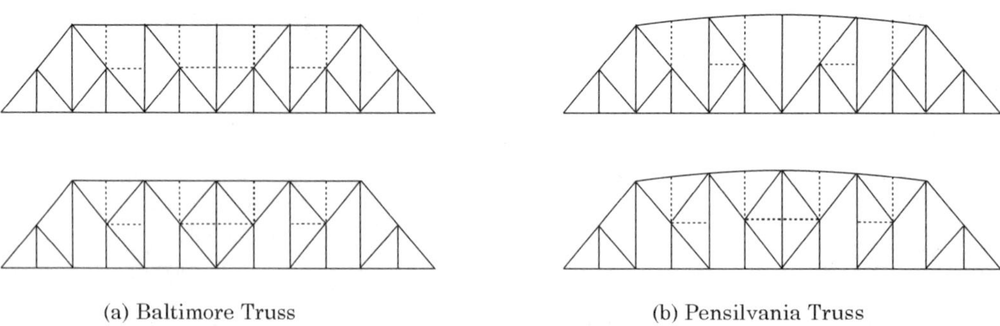

(a) Baltimore Truss

(b) Pensilvania Truss

그림 8-5 분격트러스(패티트트러스)

(5) 기타의 트러스

교량에서 사용되는 여러 가지 트러스 형식이 소개되어 있다 파커트러스(parker truss), 궁형(弓形)트러스(lenticularparabolic truss), 쉬베들러트러스(Schwedler truss), 능형(菱形)트러스 등과 기타 구조형식으로 현수교의 보강트러스, 아치형, 게르버형 등이다.

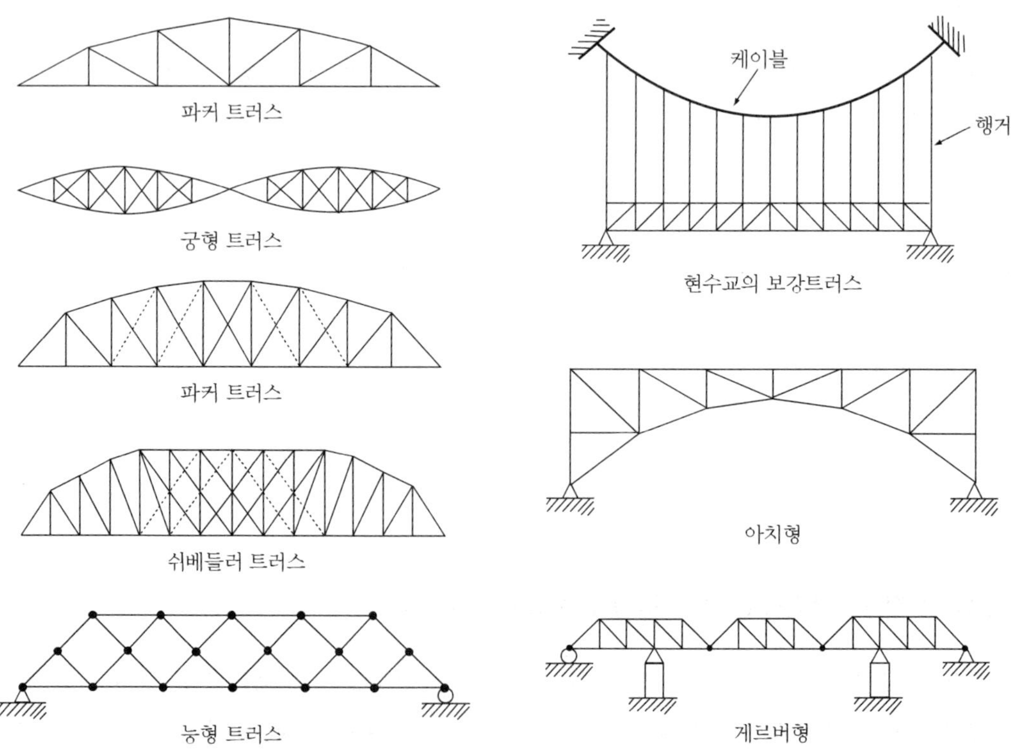

그림 8-6 기타 트러스

2. 트러스의 치수

(1) 트러스의 높이

구조적으로 알맞고 경제적으로 유리한 트러스교를 설계하려면 우선 지간에 대한 트러스의 높이 격간수 등을 정해 놓아야 한다. 보통 지간 L에 대한 트러스의 높이 h 의비는 다음과 같다.

① 직현트러스

도로교 : $\frac{1}{8} \sim \frac{1}{6}$ 철도교 : $\frac{1}{7} \sim \frac{1}{6}$

② 곡현트러스

도로교 : $\frac{1}{8} \sim \frac{1}{5.5}$ 철도교 : $\frac{1}{7} \sim \frac{1}{5.5}$

(2) 주트러스의 간격과 격간길이

주트러스의 간격은 도로의 건축한계를 고려해서 정하며 너무 간격이 좁으면 횡하중에 의한 주트러스 부재력이 커지므로 되도록 좁지 않게 정해야 하며 최소한 지간의 1/20 이상으로 하는 것이 좋다.

격간의 길이도 어느 정도 경제성과 관련이 있기 때문에 도로교에서 지간 60m 정도에서는 격간길이 6m 전후가 경제적이고 지간이 커지면 트러스 높이도 높아진다. 사재의 경사각도는 수평에 대하여 약 35~55°가 좋고 격간길이가 너무 길어지면 분격트러스로 한다.

8.3 트러스의 부재력 해법

1. 가정

트러스교는 실제로는 입체이나 입체적 해석은 너무 계산이 복잡하여 전산처리로만 가능하다. 일반적으로는 2주 트러스 사이에 실리는 하중을 가로보에 전달시키고 가로보의 양끝의 반력이 주트러스에 집중하중으로 작용하게 하여 평면트러스로 취급해서 다음과 같은 가정아래 부재력을 계산한다.

① 트러스는 평면트러스로서 외력은 모두 트러스면 내에 작용한다.

② 외력은 모두 격점에 집중해서 작용한다.

③ 부재는 모두 직선으로 그 축선은 모두 격점에서 만난다.

④ 격점은 모두 마찰이 없는 힌지로 본다.

⑤ 변형은 미소하여 격점의 이동과 부재의 회전은 없다고 본다.

이상의 가정 아래에서 구한 부재력을 1차응력이라고 한다. 그러나 근년의 트러스는 상기의 가정과는 꼭 일치하지 않는다. 예를 들어 외력이 트러스면 외에서 작용한다든지 트러스면 내에서 작용해서 편심이 있든지 또 부재의 축선은 꼭 격점을 통하지 않을 때도 있다. 그리고 격점은 거의가 리벳 또는 볼트로 결합되어 있으므로 힌지구조와는 차이가 있으며 상당히 강성이 있는 구조로 되어 있다. 이와 같은 여러 가지 원인에 의해 트러스는 1차응력 이외에 다른 여분의 응력을 받게 되는데 이 여분의 응력을 2차응력 이라고 한다. 2차응력은 이상과 같이 많은 요인을 갖고 있기 때문에 설계계산 단계에서 당연히 계산해서 얻을 수 있는 것과 설계가 전부 끝난 후가 아니면 계산 할 수 없는 것이 있다. 2차응력중에서 제일 문제가 되는 것은 격점의 강성에 기인되는 휨응력인데 설계계산상 무시할 수 없을 정도로 큰 값이다. 이 휨응력은 설계가 끝나지 않으면 계산할 수 없을 뿐만 아니라 그 계산과정도 복잡하다. 현재로서는 과거의 많은 연구결과에 의해 보통형의 트러스에는 대략 그 값을 예상 할 수 있을 정도이므로 허용응력을 정할 때에 그에 대한 고려를 하고 있다. 즉 도로교 설계기준이나 철도교 설계기준에 준해서 설계하면 1차응력만으로 설계해도 좋다.

2. 트러스의 안정, 불안정, 정정, 부정적

(1) 내적 부정적 차수

3각형은 3변의 길이가 일정하면 결코 그 모양이 변하지 않는다. 그러므로 3각형의 연속으로 구성된 트러스는 내적으로 안정하다. 3각형의 연속으로 구성된 트러스는 평형조건 $\Sigma H=0$, $\Sigma V=0$ 및 $\Sigma M=0$으로 부재력의 풀이가 가능하다. 그러므로 이런 트러스를 내적으로 정정이라고 한다.

그림 8-7에서 중간 어느 격점 사이의 사재하나를 없애면 그 부분에는 사각형이 되는데

사각형은 네 개의 부재의 길이가 일정하더라도 그 모양은 쉽게 변한다. 그러므로 4각형이 포함된 트러스는 불안정하기 때문에 이를 내적 불안정이라고 한다.

반대로 **그림 8-7**의 파선으로 표시된 부재가 들어 있으면 3각형 조건으로 풀 수가 없다. 즉 군부재의 수가 곧 내적 부정정차수가 된다.

군부재가 없이 3각형만으로 구성된 트러스는 1격점에서 2부재씩 끊어 가면 전 격점에 대하여 부재가 3개 모자란다. 즉 격점수를 j, 부재수를 m 이라하면

$$2j = m + 3 \quad \text{또는} \quad m = 2j - 3 \tag{8.1}$$

식 (8,1)은 내적으로 안정이고 정정인 조건이다.

따라서 내적 부정적 차수 N1은 다음과 같다.

$$N_1 = (m+3) - 2j \tag{8.2}$$

$N_1 > 0$ 부정적 (N 은 부정적 차수)

$N_1 = 0$ 정정구조

$N_1 < 0$ 불안정구조(내적, 외적)

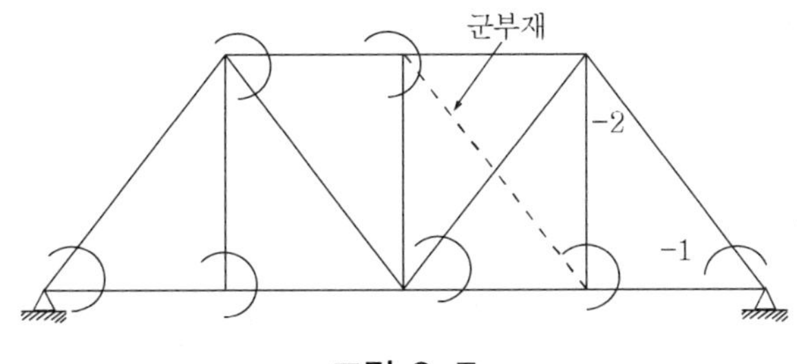

그림 8-7

절점(j)이 1개 추가시 부재(m)는 2개발생 : 2j =m

초기에 절점(j) 2개와 부재(m) 1개가 기본이 되므로 위식에서 공제한다.

2(j-2) = m-1

위식을 정리하면 m =2j-3 (8.1)식과 같다.

(2) 외적 부정적 차수

외적으로는 트러스 자체를 하나의 보로 본다. 즉 단순트러스는 단순보로, 연속트러스는 연속보로, 게르버트러스는 게르버보 등으로 보고 안정, 불안정, 정정 및 부정정차수를 구한다.

일반적으로 반력수 r 이 3이면 정정이나 연속트러스에서 받침구조가 모두 가동이면 수평하중에 의해 평형을 유지할 수 없으므로 설사 반력수가 3 이상이라도 불안정 트러스가 된다.

따라서 외적 부정적 차수 N2는 다음과 같다.

$$N2 = r - 3 \qquad (8\text{-}3)$$

(3) 전체 부정적 차수

트러스의 전체부정적차수(N)는 내적부정적차수(N_1)와 외적부정적차수N_2)를 합하여 구한다.

$$\begin{aligned} N &= N_1(\text{내적부정적차수}) + N_2(\text{외적부정적차수}) \qquad (8.4) \\ &= (m+3) - 2j + (r-3) \\ &= m + r - 2j \end{aligned}$$

그림 8-8 (a) : 불안정

그림 8-8 (b) : N= 14-3 -2×8 = 17-16 = 1 차 부정적

그림 8-8 (c) : N = 15+4 -2 × 8= 19-16 = 3 차 부정적

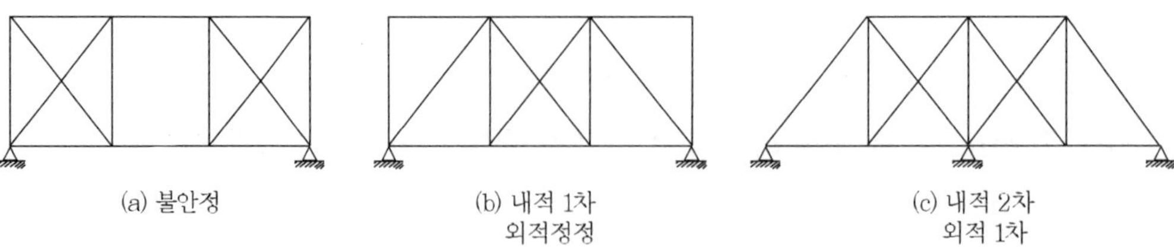

그림 8-8 트러스의 부정적 차수

3. 트러스 응력의 일반해법

(1) 격점법(joint method)

트러스가 안정되려면 절점에 작용하는 외력과 부재력이 평형을 이루어야 하므로 각 절점에 평형조건식 $\sum H=0$, $\sum V=0$ 을 적용하여 미지 부재력을 구하는 방법을 절점법 또는 격점법이라 한다. 이 방법은 2개의 평형조건식을 적용하므로 절점에 모이는 미지 부재력이 항상2개 이하가 되도록 절점을 선택하여야 한다.

(2) 단면법(section method)

트러스를 어떤 가상단면으로 절단해서 그 절단면의 한쪽 자유물체(free body)에 대하여 $\sum V=0, \sum H=0$, $\sum M=0$ 의 세 개의 평형조건식을 적용하여 부재력을 구하는 방법이다. 부재력이 압축력인지 인장력인지 알 수 없으므로 모두 인장력으로 가정하여 계산하고 그 결과가 정이면 부재력은 인장력이 되고 부가 되면 압축력이 된다.

(3) 도해법(Graphical solution)

한 절점에 작용하는 외력과 부재력의 합은 0 이라는 격점법으로 부재력을 구하는 방법으로 격점법을 도식으로 구하는 방법이다. 크레모나(Cremona) 도해법이라 고도하며 외력과 부재력이 만드는 시력도(힘의 다각형)는 폐합한다는 원리로 부재력을 구한다.

4. 트러스의 영향선

트러스가 이동하중을 받을 때는 반력과 부재력 계산에 영향선을 이용하는 것이 편리하다. 특히 부재는 하중의 위치에 따라 인장재도 되기도 하고 압축재로 되기도 하기 때문에 최대부재력을 구하는데 영향선이 유효하다.

트러스의 영향선도 단순보에서와 같이 단위하중이 임의의 점에 있을 때의 부재력을 절점법 및 단면법 등으로 계산하여 이들 하중이 작용하는 점의 밑에 세로거리(종거)로서 나타낸 것이다.

트러스의 하중은 거의가 간접하중으로서 절점에 재하 되므로 같은 형의 트러스라도 상현재하 또는 하현재하에 따라 영향선이 달라지는 것에 주의하여야 한다.

(1) 와렌트러스의 영향선

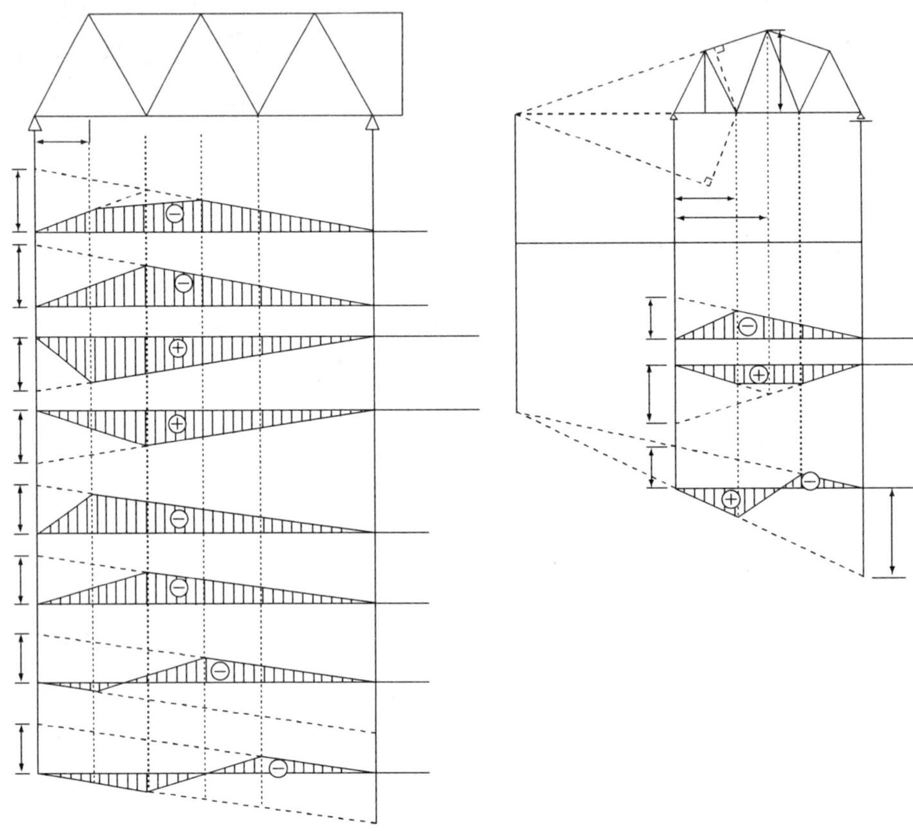

그림 8-9 와렌트러스의 영향선

(2) 하우 트러스 및 프렛트러스

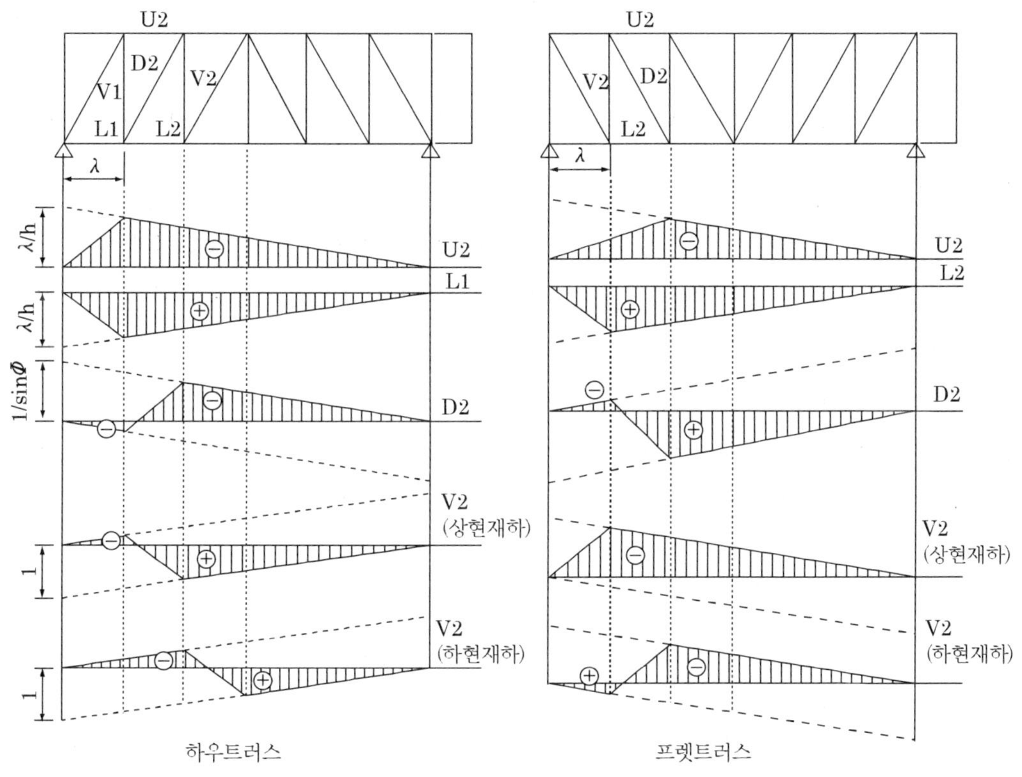

그림 8-10 하우 및 프렛트러스의 영향선

8.4 부재의 단면

1. 단면의 형상

현재와 단주는 상자형 단면 복부 재는 상자형 단면 또는 I형 단면을 사용한다.

1970년대 까지만 해도 용접기술이 양호한 상태가 아니었기 때문에 그 이전에 트러스는 대부분이 리벳구조의 트러스로 설계되었다. 그러나 근래 용접기술의 발달로 최근에 가설되는 트러스교는 거의가 용접구조로 이루어지고 있다.

(1) 필요한 단면적 A 는 압축에 의한 좌굴 또는 인장에 의한 불트구멍의 단면감소를

고려하여 허용응력 도를 감소시켜 가정한다.

$$A = \frac{N}{0.7f_a} \tag{8.5}$$

(2) 부재의 높이는 격점강결의 영향에 의한 2차응력이 작게 되도록 격간장의 $\frac{1}{10}$ 보다 작게 한다.

(3) 압축력을 받은 현재, 단주 및 중간지점에 연결되는 사제 등은 면외좌굴에 대한 안전율을 높이기 위하여 수직축에 관한 단면2차반지름에 대한 세장비를 수평축에 관한 것보다 작게 한다.

(4) 격점에 있어서 힘의 전달을 원활하게 함과 동시에 수평축에 관한 단면2차모멘트를 작게 하여 격점강결의 영향을 작게 하기 위하여 상자형단면의 트러스 면과 평행하게 배치된 판(복부판)의 단면적을 부재 총단면적의 40% 이상으로 한다.

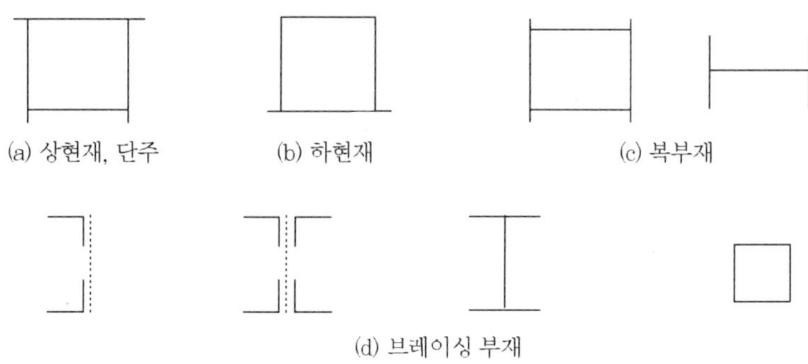

그림 8-11 트러스부재의 단면형

2. 상현재와 단주

상현재와 단주 두 부재는 단순트러스교에 압축재이다. 단주설계에는 주하중이외에 풍하중에 대하여도 안전한가를 검토해야 한다.

단면의 기본치수를 나타낸 것으로 높이 H 와 복부 판의 간격 B에 대해서는 다음과 같은 여러 실험공식이 있다.

① 세페르(Shper 독일인)에 의한 실험공식

$$H = l - \frac{l^2}{400} \qquad \text{중지간: } B = H - 0.1l \qquad (8.6)$$

$$\text{대지간: } B = H - 0.2l$$

② 멜란(Melan)에 의한 실험식

$$H = B + 0.1l \qquad l < 65m \ : \ B = 12 + 0.5l \qquad (8.7)$$

$$l > 65m \ : \ B = 25 + 0.3l$$

다만, 단위는 H 와 B는 cm l는 지간으로 m 이다.

상기의 실험공식들은 강재의 강도가 높은 고장력강을 쓰는 경우는 너무 큰 경향이 있다. 도설 제3장.2.10.6에는 주트러스 부재의 부재높이는, 부재 길이의 1/10보다 작게 하는 것이 좋다고 되어 있다.

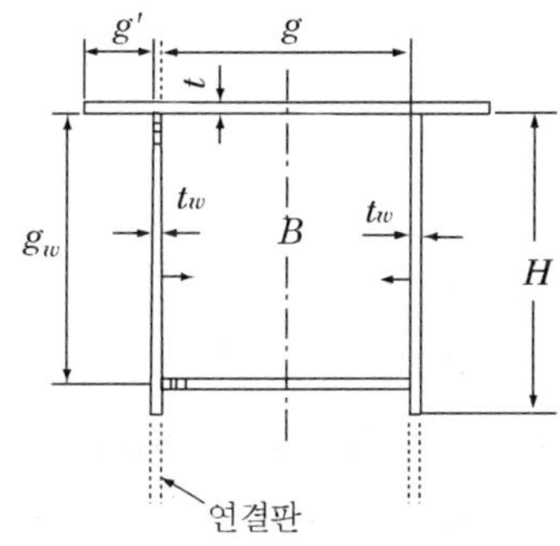

그림 8-12 상현재와 단주

3. 하현재

이 부재는 단순트러스교에서는 인장재이다. 보통트러스에서는 **그림 8-13**와 같은 박스 형단면이 제일 많이 쓰인다. 이 경우에는 판의 두께를 변화시킴에 따라 비교적 쉽게 부재의 중심위치가 변하지 않고 부재단면을 변화시킬 수 있다.

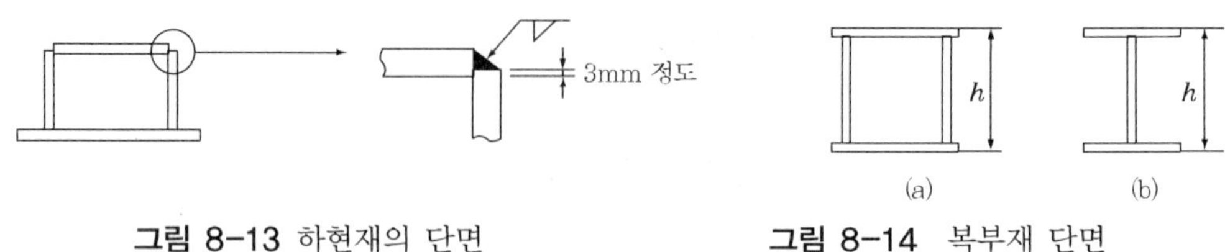

그림 8-13 하현재의 단면

그림 8-14 복부재 단면

4. 복부재

복부재 단면에는 여러 가지가 있으나 수직재로는 용접구조에서 I형단면(**그림 8-14**(b))이 가장 많이 쓰이고 사재도 인장재인 경우 I형단면을 쓰고 특히 응력이 큰 압축재에서는 상현재와 같은 상자형 단면이 사용된다. (**그림 8-14**(a)) 부레이싱의 사제는 일반적으로 응력이 작기 때문에 L형강으로 충분하지만 응력이 크면 T형이나 I형 단면을 사용한다.

5. 브레이싱

수평브레이싱 수직브레이싱 교문브레이싱은 주트러스와 함께 입체적인 교량을 구성하는데 중요한 요소이다. 수평브레이싱은 단지 횡하중에 저항하기 위한 구조 일뿐만 아니라 상 . 하부의 수평브레이싱이 수직브레이싱이나 교문브레이싱과 함께 교량을 입체적으로 외력에 저항하도록 하고 나아가서는 교량전체의 강성을 향상시키고 또한 전체 좌굴에 대한 안정성을 향상시키는 역할을 한다. **그림 8-15**(d)는 브레이싱에 많이 사용되는 단면이다.

6. 수평브레이싱

트러스의 상현, 하현의 수평면에 수평브레이싱을 설치한다. 2주구 트러스에 사용되는 수평브레이싱의 형식들을 **그림 8-15**에 나타내었다. **그림 8-15**(a)는 가장 널리 사용되는 형식으로 주부재와 수평브레이싱의 격점이 일체로 되어 입체트러스를 형성하므로 역학적으로 우수하다. **그림 8-15**(b), (c)는 하로 트러스의 상부 수평브레이싱의 형식으로 상현재의 격점과 격점중간에 브레이싱을 설치함으로써 상현재의 주트러스면에 대한 세장비를 작게 할 수 있다. **그림 8-15**(d), (e)는 주트러스의 간격이 격간장에 비해 넓을 때 사용되고 있는 형식이다.

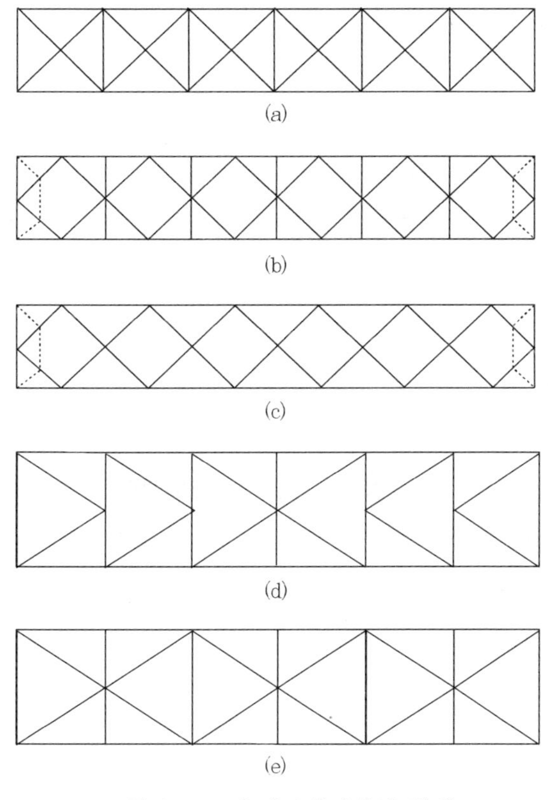

그림 8-15 수평브레이싱의 형식

8.5 부재의 이음과 연결

1 부재의 이음

단일부재를 중간에서 서로 결합시키는 것을 이음이라 한다. 복부재(web member)는 격점에서 결합시키는 부재이기 때문에 중간에서 이음이 필요 없으나 현재는 지간이 길기 때문에 몇 군데에서 서로 이음 한다. 볼트(리벳)구조에서 곡현재는 격점에서 잇는 것이 원칙이나 직현재 또는 용접구조의 곡현재는 임의 점에서 이어도 좋다.

볼트(리벳)구조에서는 격점에서 이으면 재료는 절약되나 구조가 복잡하기 때문에 가설

공사가 어렵게 된다. 따라서 보통은 **그림 8-16**과 같이 격점 부근에서 응력이 적게 일어나는 쪽, 즉 지점 가까이에서 이음 한다. 볼트(리벳)이음에서는 이음 판이나 이음용 L강 등을 대서 잇는데 이때 이음부의 설계는 계산된 응력과 부재 허용강도의 평균치에 대하여 또는 부재의 전강으로 설계한다.

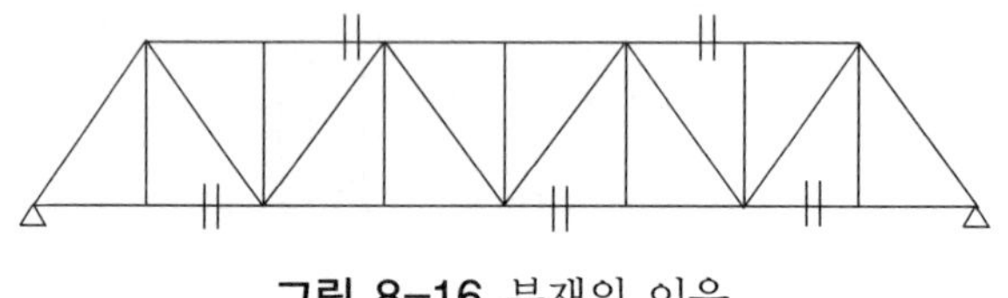

그림 8-16 부재의 이음

2. 부재의 연결

다른 부재들을 한 격점에서 서로 결합시키는 것을 부재의 연결이라 하는데 부재를 연결할 때는 연결되는 부재의 재축이 한 점에서 만나도록 하여야 하며 불가피한 경우 편심된 연결을 할 때는 합성응력이 허용응력을 초과하지 않도록 해야 한다.

3. 격점

① 격점의 구조

격점의 설계에 있어서는 가능하면 단순한 구성으로 할 것이며, 각 부재의 연결이 쉽고, 또한 검사나 배수, 청소 등의 유지 작업을 지장 없이 시행할 수 있도록 배려해야 한다.

부재가 싱글웨브 단면으로 된 경우는 격점구조가 간단하나, 보통부재는 더블웨브 단면으로 되어 있어 격점구조가 약간 복잡하다.

보통 상자형 단면으로 구성되는 트러스는 일반적으로 **그림 8-17**과 같다.

그림 8-17에서와 같이 현재의 복부 판을 격점부에서 크게 확대하여 연결 판으로 한다. 그림 중 A부분에는 응력집중이 되기 때문에 둥글게 판을 깎아야 한다.

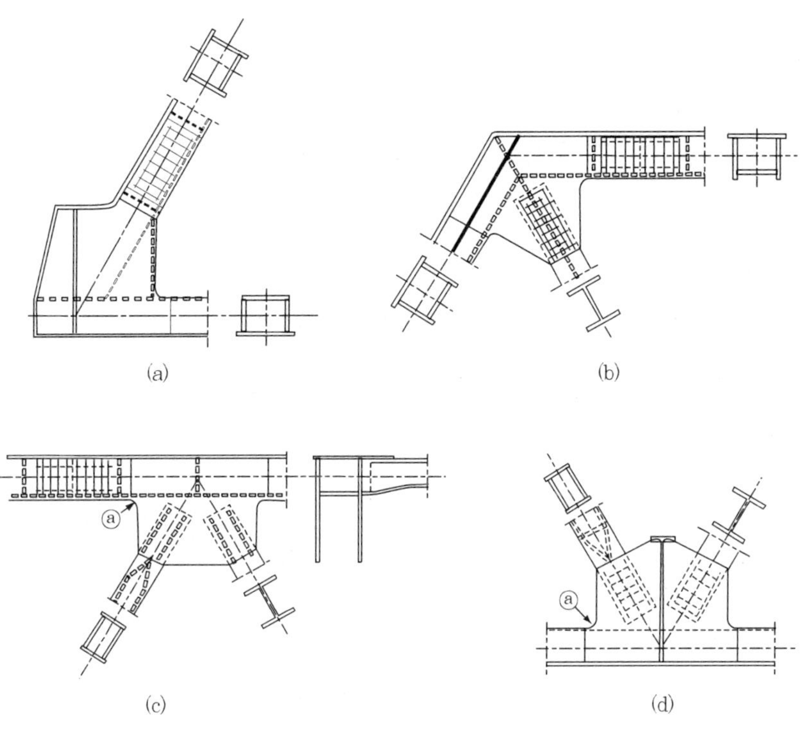

그림 8-17 격점의 구조

② 연결판(gusset plate)

연결판은 격점을 형성하는 주요 부재로서 그 크기는 부재를 연결시키는데 필요한 볼트 수를 수용할 수 있는 크기이면 된다. 너무 큰 것을 쓰면 격점의 강성이 커져서 부재의 2차응력이 증대되어 불리하다.

연결판의 모양은 **그림 8-18**과 같으며 그림 (a)과 같이 둥글게 판을 깎아 외관상으로나 응력전달에도 무리 없게 하는 것이 좋으나 수고가 들기 때문에 보통은 (b), (c)와 같이 다각형으로 자른다.

부재를 연결 판에 연결하는 고장력볼트의 배치는 가급적 부재 축에 대칭이 되게 하며, 또한 부재와 연결 판의 접촉면 전체에 걸쳐 배치되어야 한다.

또 주트러스 격점에서 현재의 복부 판(web)에 연결 판을 겹쳐 붙이는 구조에서, 부재 양면에 연결 판을 사용하는 경우, 그 각각의 두께는 강재의 종류에 관계없이 다음 식에 의해 산출된 값을 표준으로 한다.

$$t = 2.0 \times \frac{P}{b} \geq 9mm(\text{도설}) \tag{8.8}$$
$$t = 2.2 \times \frac{P}{b} \geq 11mm(\text{철설})$$

여기서,

t : 연결 판의 두께(mm)

P : 그 연결 판에 연결되는 1부재에 작용하는 최대부재력(kN)

b : 그 연결 판에 연결되는 부재의 연결판면에 접하는 부분의 폭(mm)

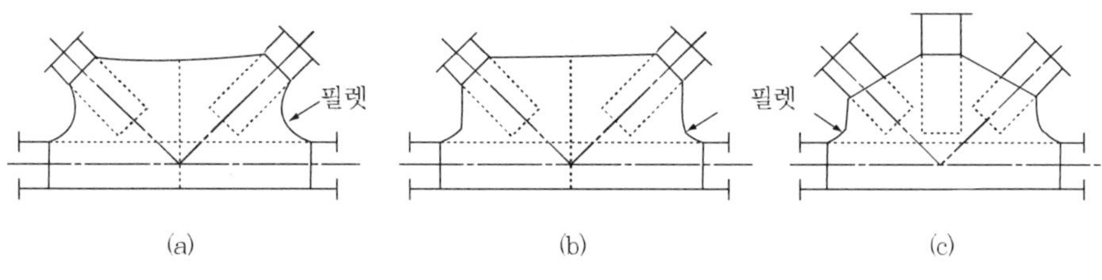

그림 8-18 연결 판의 모양

8.6 부재의 설계

1. 부재의 세장비

응력 계산상으로 단면이 충분하더라도 너무 세장한 부재를 쓰면 강성의 부족으로 변형이 크게 일어나기 쉽고 운반 중에 손상을 입기 쉬우므로 너무 가는 부재를 써서는 안 된다.

이에 대하여 도설 제3장 3.4.1.4와 철설, 제2편 3.6에는 **표 7-1**에 표시된 값 이하로 하도록 규정하고 있다.

세장비는 부재의 길이 l과 부재의 종단면의 단면2차반지름의 최소치 r과의 비를 말하며 주요부재란 주구조와 바닥 틀을 말하고 2차부재(부부재라고도 한다)는 1차적으로 응력을 받지 않은 트러스부재의 군 부재나 수평브레이싱, 수직브레이싱 등을 말한다.

표 8-1 부재의 세장비

부재의 종류			세장비($\frac{l}{r}$)
도로교	압축재	주요부재	120
		2차부재	150
	인장재	주요부재	200
		2차부재	240
철도교	압축재	주압축재	100
		부압축재	120
	인장재	주. 부압축재	200

2. L형 및 T형 단면을 갖은 압축부재

다른 부재들을 서로 연결할 경우에는 부재의 축에 대해 가능하면 대칭으로 배치하여 편심이 없도록 설계한다. 그러나 실제에는 대칭으로 배치하는 것이 불가능한 경우가 있다. 예로서 **그림 8-19** (a)의 경우에는 x - x 및 y - y 양축에 대하여 편심이 생기며 그림 8-19 (b)의 경우 y - y 축에 대하여 편심이 있게 된다.

그림 8-19 (a)와 같은 경우에는 그 부재단면의 중심을 통한 연결 판(gusset plate)에 평행한 축 둘레의 편심에 의한 휨모멘트 및 축방향력을 받는 부재로 해서 설계기준(도설, 제3장 3.4.3)에 의해 설계하는 것이 바람직하다. 그러나 부재마다 계산하는 것이 번잡스럽기 때문에 설계기준(도설, 3.4.5)에는 다음 식으로 설계해도 좋은 것으로 하고 있다.

$$\frac{P}{A_g} \leq f_{ca}(0.5 + \frac{l/r_x}{1{,}000}) \tag{8.8}$$

여기서

P : 축방향 압축력 (N)

A_g : 부재의 총단면적 (mm^2)

f_{ca} : $\frac{l}{r_x}$은 사용하여 규정으로부터 계산한 허용압축응력(Mpa)

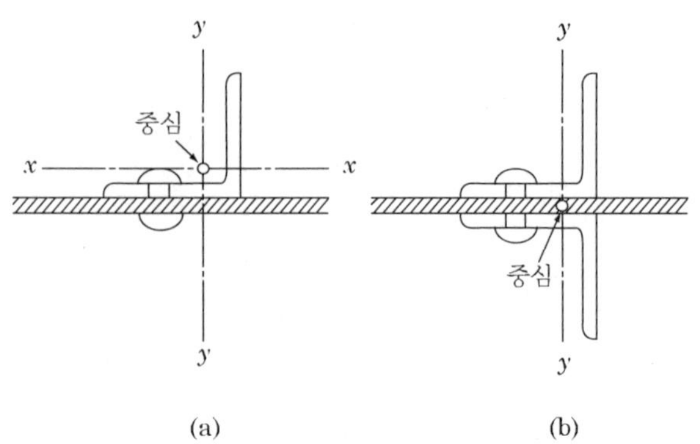

그림 8-19 L형 및 T형 압축부재

8.7 받침의 구조

트러스의 받침은 플레이트거더교의 경우와 같게 1단이 고정받침, 타단은 가동받침이다.

단순트러스의 지간은 보통 40m 이상으로 가동단의 이동 량이 크기 때문에 가동받침은 **그림 8-20**과 같은 롤러 또는 로커 받침을 원칙으로 한다. 외국에서는 최근 마찰계수가 극히 적은 곡면마찰면 슈를 쓰기도 한다. 고정 단은 확고하게 앵커로 해야 하며, 보의 처짐을 위해 힌지, 핀 장치 또는 곡면마찰면 슈를 사용한다.

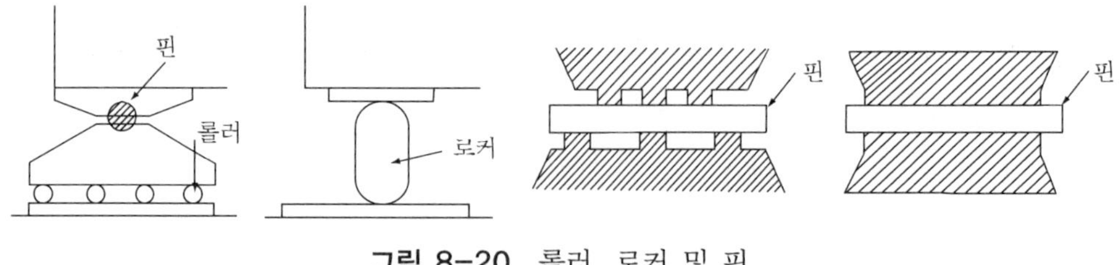

그림 8-20 롤러, 로커 및 핀

8.8 부재의 설계

그림과 같은 하현재하인 와렌트러스에 하중에 의한 현재 및 사재의 부재력이 그림과 같이 계산되었다고 할 경우 단면을 설계한다. 강재는 SM400

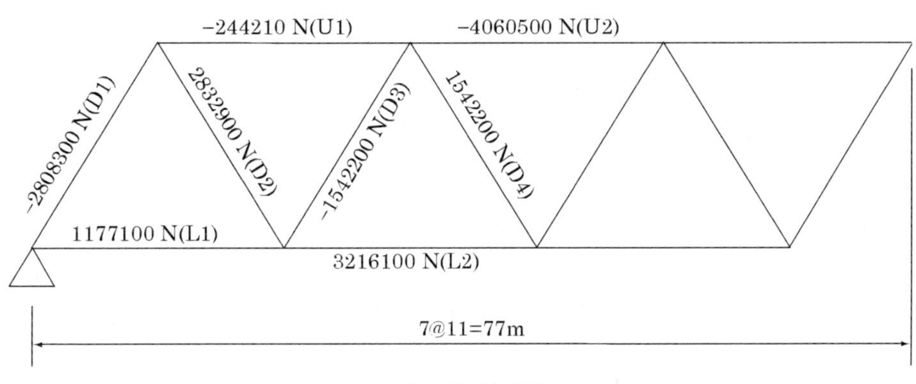

트러스의 부재력

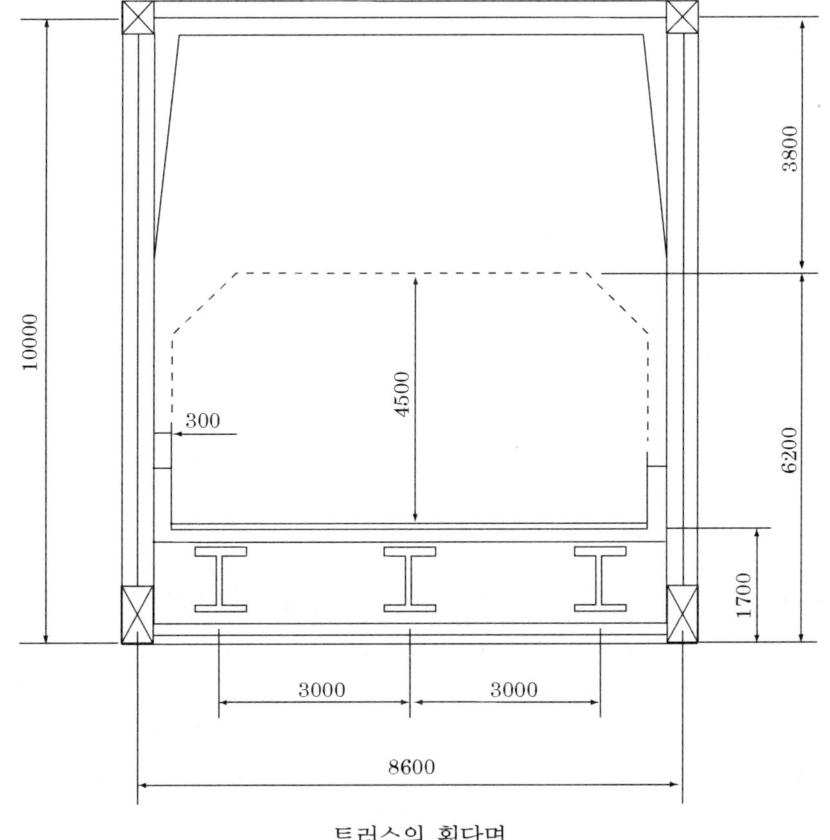

트러스의 횡단면

(1) 상현재(U_1)의 설계

상현재의 단면 형은 압축재이므로 상자 형이 이용된다. 단면의 기본치수를 나타낸 높이

H와 복부 판의 간격 B에 대하여 세페르(Shper)식을 이용한다.

상현재의 높이 H가 결정되면 B 은 H 의 15%를 증가시켜 가정한다.

상현재지간의 길이를 66m라고하면

$$H = l - \frac{l^2}{400} = 66 - \frac{66^2}{400} = 55.1 \simeq 56cm$$

$$B = H - 0.15l = 56 - 0.15 \times 66 = 56 - 9.9 = 46.1 \simeq 49cm$$

단면적 : $A = \frac{U_1}{f_a} = \frac{2442100}{100} = 24421\,mm^2 = 245cm^2 (f_a = 100Mpa$가정)

판 두께 : $t = \frac{A}{2(B+H)} = \frac{245}{2(56+49)} = 1.17cm = 12mm$ 로 한다.

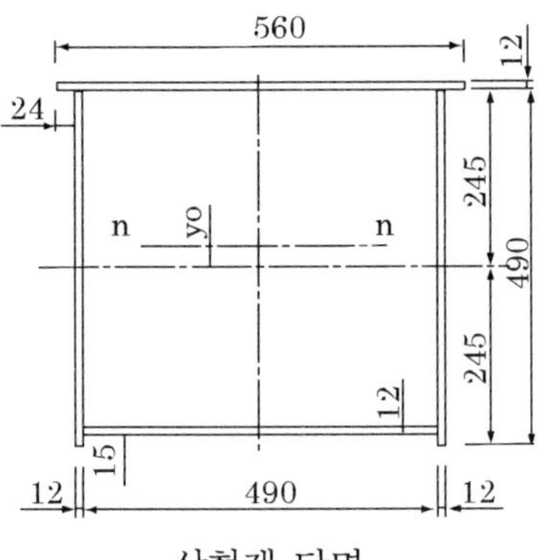

상현재 단면

단면	A(cm^2)	y(cm)	A×y(cm^3)	A×y2(cm^4)	I_o	I_x
1-co pl 560×12	67.2	25.1	1687	42344	8	42352
2-web pl 12×490	117.6	0	0	0	23529	23529
1-bot pl 490×12	58.8	-22.4	-1317	29501	7	29508
계	243.6		370	71845	23544	95389

$$I_y = \frac{1.2 \times 56^3}{12} + \frac{1.2 \times 49^3}{12} + 2\left(\frac{49 \times 1.2^3}{12} + 49 \times 1.2 \times 25.1^2\right) = 103428cm^4$$

$$y_o = \frac{G}{A} = \frac{370}{243.6} = 1.52\ cm$$

$$I_n = I_x - Ay_0^2 = 95389 - 243.6 \times 1.52^2 = 94826 \ \ cm^4$$

$I_y > I_x$ 안전함

$$r_x = \sqrt{\frac{94826}{243.6}} = 19.7 \ \ cm$$

세장비 $= \frac{l}{r_n} = \frac{1100}{19.7} = 56 \quad 6 < \frac{l}{r} < 130$ 이므로

$$f_{ca} = 140 - 0.78\left(\frac{l}{r} - 6\right) = 140 - 0.78(56 - 6) = 101 Mpa$$

U_1 부재력 : $f_c = \frac{2442100}{24360} = 100.25 Mpa < f_{ca} = 101 Mpa$ 안전함

(2) 하현재의 설계(L_1)

단순트러스교에서는 인장재이다. 보통 트러스교에서는 용접구조에서 더블단면인 박스형이 가장 많이 쓰인다. 이 경우에는 판의 두께를 변화시킴에 따라 비교적 쉽게 부재의 중심위치가 변하지 않고 부재단면을 변화시킬 수 있다.

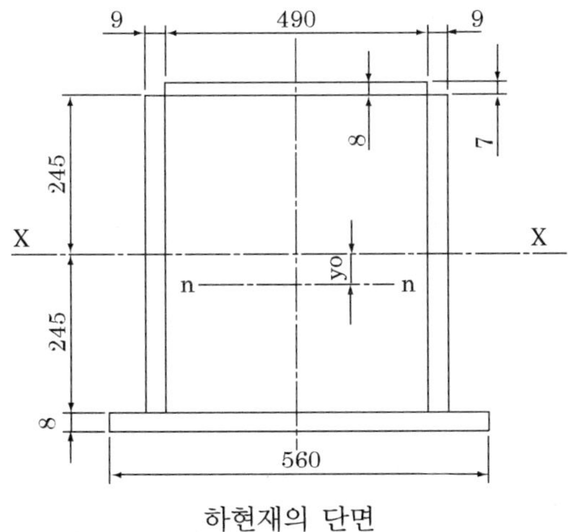

하현재의 단면

단면	A(cm^2)	y(cm)	A×y(cm^3)	A×y2(cm^4)	I_o	I_x
1-co pl 490×8 2-web pl 9×490 1-bot pl 560×8	39.2 88.2 44.8	24.9 0 -24.9	976 0 -1115	24,304 0 27,776	2 17647 2	24,306 17647 27,778
계	172.2		-139	52,080	17651	69,731

$$I_y = \frac{0.8 \times 49^3}{12} + \frac{0.8 \times 56^3}{12} + 2 \times (\frac{49 \times 0.9^3}{12} + 0.9 \times 49 \times 24.95^2) = 74,462cm^4$$

$$y_o = \frac{G}{A} = \frac{139}{172.2} = 0.80\,cm$$

$I_n = I_x - A \cdot y_o^2 = 69,731 - 172.2 \times 0.8^2 = 69,620 < \ I_y = 74,462\,cm^4$ 안전함

$$r_x = \sqrt{\frac{I_x}{A}} = \sqrt{\frac{69,620}{172.2}} = 20.01\,cm$$

$\lambda = \frac{l}{r_x} = \frac{550 \times 2}{20.01} = 50.97 < \ 200$ 안전

주요인장부재의 세장비은 200 이하(철도교 3.6)

$f_t = \frac{L}{A} = \frac{1,177,100}{17,220} = 68.4\,Mpa < \ f_{ta} = 140\,Mpa$ 안전함

(3) 사제의 설계

사재는 단주 압축 인장의 3종류가 있다. 압축과 인장을 받은 경우도 있으므로 피로에 대한 검토도 해야 한다.

1) 단주 D1의 설계

① 수평브레이싱

보통트러스에서는 풍하중이나 횡력등의 수평하중에 저항하기 위하여 상하의 수평브레이싱과 교문브레이싱을 설치한다. 이것들을 통틀어서 대풍 브레이싱이라 한다.

풍하중이 횡방향으로 $w = 3Mpa$ 작용하여 단주 D1이 풍하중에 저항하여야 한다.

단주에 작용하는 횡하중을 계산하기 위하여 영향선도에 의한다.

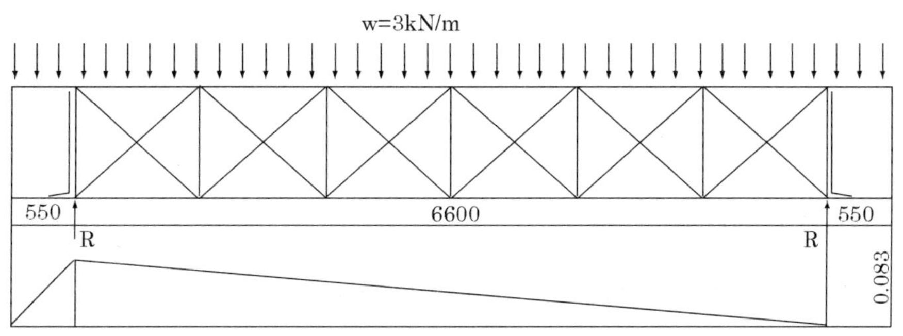

풍하중 영향선도

영향선면적 : $A = \frac{1}{2} \times 1 \times 71.5 - \frac{1}{2} \times 0.083 \times 5.5 = 35.53$

풍하중에 의한 수평반력 : $R = 35.53 \times 3 = 106.59kN$

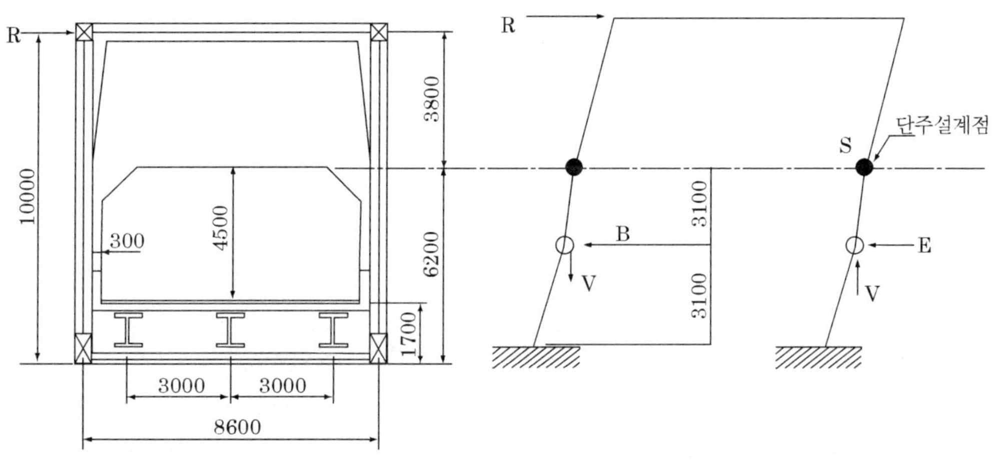

교문브레이싱

풍하중에 의한 수평력은 변곡점에 작용하는 수평력 $H = \frac{R}{2}$ 에 의해 휨모멘트로 하여 계산한다.

변곡점의 위치 ; $f = 3.8 + \frac{1}{2} \times 6.2 = 6.9m$

변곡점에서의 수직력 V 및 수평력 H는 정정구조로 하여 구한다.

$\sum H = 0$ 에서

$$R-2H = 0 \quad H = \frac{R}{2} = \frac{106.59}{2} = 53.295kN$$

$\Sigma M_p = 0$ 에서

$$R \times f - V \times b = 0 \quad V = \frac{Rf}{b} = \frac{106.59 \times 6.9}{8.6} = 85,529N$$

s점에 작용하는 휨모멘트

$$M_s = H \times 3.1 = 53.295 \times 3.1 = 165.214kN.m$$

단주 D1의 단면설계

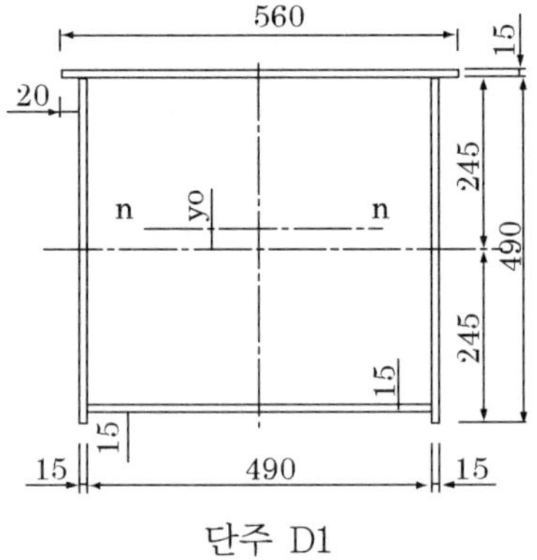

단주 D1

단면	A(cm²)	y(cm)	A×y(cm³)	A×y2(cm⁴)	I_o	I_x
1-co pl 560×15	84	25.25	2121	53555	15	53571
2-web pl 490×15	147	0	0	0	29412	29412
1-bot pl 490×15	73.5	-22.25	-1635	36387	14	36400
계	304.5		-486	89942	29441	119383

$$I_y = \frac{1.5 \times 56^3}{12} + \frac{1.5 \times 49^3}{12} + 2 \times (\frac{49 \times 1.5^3}{12} + 1.5 \times 49 \times 25.25^2) = 130,407cm^4$$

$$y_o = \frac{G}{A} = \frac{486}{304.5} = 1.6\,cm$$

$$I_n = I_x - A.y_o^2 = 119,383 - 304.5 \times 1.6^2 = 118,603\,cn^4$$

$$r_x = \sqrt{\frac{118,603}{304.5}} = 19.7cm$$

부재 길이 : $l = \sqrt{10^2 + 5.5^2} = 11.413m$

$\lambda = \dfrac{11,413}{19.7} = 57.9 < \ 120$ 안전함

$\dfrac{A_w}{A_c} = \dfrac{147}{84} = 1.75 < \ 2$ 이므로

$$f_{ca} = 140 - 2.4(\frac{l}{b} - 4.5) = 140 - 2.4(\frac{11,413}{56} - 4.5) = 101.9Mpa$$

R에 의해 y축 방향으로 휨응력이 생긴다.

D1 + V =2,608,300 +85,519 = 2,693,819N

$$Z_y = \frac{I_y}{(B/2)} = \frac{130,407}{28} = 4,657.4cm^3$$

휨응력 : $f_{c1} = \dfrac{M_s}{Z_y} = \dfrac{165.214 \times 10^6}{4,657.4 \times 10^3} = 35.47Mpa$

축방향응력 : $f_{c2} = \dfrac{D1 + V}{A} = \dfrac{2,693,819}{304.5 \times 10^2} = 88.47\,Mpa$

합성응력 : $f_c = f_{c1} + f_{c2} = 35.47 + 88.47 = 123.94Mpa < \ f_{ca} = 127.37Mpa$

허용응력증가 : $f_{ca} = 101.9 \times 1.25 = 127.37Mpa$

2) 축방향인장에 대한 검토(D2=2,632,900 kN)

인장부재는 H-형으로 한다.

필요단면 : $A = \dfrac{2,632,900}{100} = 263,29mm^2 = 264cm^2$

높이는 폭 15% 감소하여 487 × 414 로 한다.

판 두께 : $t = \dfrac{264}{(41.4 \times 2 + 48.7)} = 2.01cm$

두께는 22 mm 로 한다.

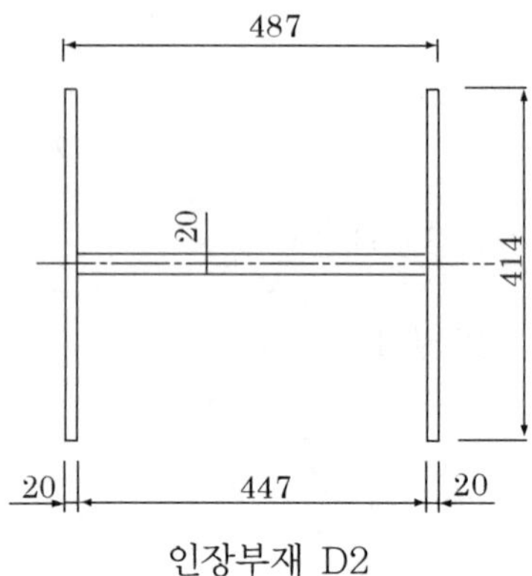

인장부재 D2

단면	A	In
2-pls 414×20	165.6	23,653
1-pls 447×20	89.4	29.8
계	255	23,682

$$r = \sqrt{\frac{23,682}{255}} = 9.64cm$$

$$\lambda = \frac{l}{r} = \frac{1,141.3}{9.64} = 118.4 < \ 200 \quad \text{안전함}$$

$$\text{작용력} : f_t = \frac{2,632,900}{25,500} = 103.2Mpa < \ f_{ta} = 140\,Mpa \quad \text{안전함}$$

부록 [1] 등변 L 형강

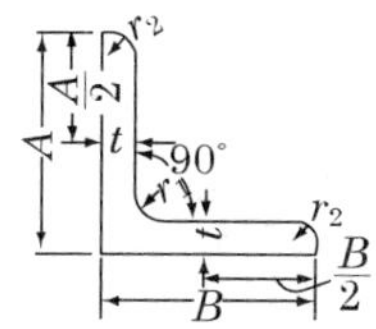

단면 2차 모멘트 $I=ai^2$
단면 2차 반지름 $i=\sqrt{I/a}$
단면계수 $Z=I/e$
(a=단면적)

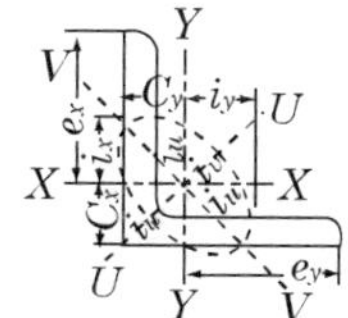

표준단면치수 (mm)				단면적 (cm^2)	단위 중량 (kg/m)	중심의 위치(cm)		단면 2차 모멘트 (cm^4)				단면 2차반지름 (cm)				단면계수 (cm^3)	
$A\times B$	t	r_1	r_2			C_x	C_y	I_x	I_y	최대 I_u	최소 I_v	i_x	i_y	최대 i_u	최소 i_v	z_x	z_y
40×40	3	4.5	2	2.336	1.83	1.09	1.09	3.53	3.53	5.60	1.45	1.23	1.23	1.55	0.79	1.21	1.21
40×40	5	4.5	3	3.755	2.95	1.17	1.17	5.42	5.42	8.59	2.25	1.20	1.20	1.51	0.77	1.91	1.91
45×45	4	6.5	3	3.492	2.74	1.24	1.24	6.50	6.50	10.3	2.69	1.36	1.36	1.72	0.88	2.00	2.00
50×50	4	6.5	3	3.892	3.06	1.37	1.37	9.06	9.06	14.4	3.74	1.53	1.53	1.92	0.98	2.49	2.49
50×50	6	6.5	4.5	5.644	4.43	1.44	1.44	12.6	12.6	20.0	5.24	1.50	1.50	1.88	0.96	3.55	3.55
60×60	4	6.5	3	4.692	3.68	1.61	1.61	16.0	16.0	25.4	6.62	1.85	1.85	2.33	1.19	3.66	3.66
60×60	5	6.5	3	5.802	4.55	1.66	1.66	19.6	19.6	31.2	8.06	1.84	1.84	2.32	1.18	4.52	4.52
60×60	6	8.5	4	7.527	5.91	1.81	1.81	29.4	29.4	46.6	12.1	1.98	1.98	2.49	1.27	6.27	6.27
65×65	8	8.5	6	9.761	7.66	1.88	1.88	36.8	36.8	58.3	15.3	1.94	1.94	2.44	1.25	7.97	7.97
65×65	6	8.5	4	8.127	6.38	1.94	1.94	37.1	37.1	58.9	15.3	2.14	2.14	2.69	1.37	7.33	7.33
70×70	6	8.5	4	8.727	6.85	2.06	2.06	46.1	46.1	73.2	19.0	2.30	2.30	2.90	1.47	8.42	8.42
75×75	9	8.5	6	12.69	9.96	2.17	2.17	64.4	64.4	102	26.7	2.25	2.25	2.84	1.45	12.1	12.1
75×75	12	8.5	6	16.56	13.0	2.29	2.29	81.9	81.9	129	34.5	2.22	2.22	2.79	1.44	15.7	15.7
75×75	6	8.5	4	9.327	7.32	2.19	2.19	56.4	56.4	89.6	23.2	2.46	2.46	3.10	1.58	9.70	9.70
80×80	6	10	5	10.55	8.28	2.42	2.42	80.7	80.7	129	32.3	2.77	2.77	3.50	1.75	12.3	12.3
90×90	7	10	5	12.22	9.59	2.46	2.46	93.0	93.0	148	38.3	2.76	2.76	3.48	1.77	14.2	14.2
90×90	10	10	7	17.00	13.3	2.58	2.58	125	125	199	51.6	2.71	2.71	342	1.74	19.5	19.5
90×90	13	10	7	21.71	17.0	2.68	2.69	156	156	248	65.3	2.68	2.68	3.38	1.73	24.8	24.8
100×100	7	10	5	13.62	10.7	2.71	2.71	129	129	205	53.1	3.08	3.08	3.88	1.97	17.7	17.7
100×100	10	10	7	19.00	14.9	2.83	2.83	175	175	278	71.9	3.03	3.03	3.83	1.95	24.4	24.4
100×100	13	10	7	24.31	19.1	2.94	2.94	220	220	348	91.0	3.00	3.00	3.78	1.93	31.1	31.1
120×120	8	12	5	18.76	14.7	3.24	3.24	258	258	410	106	3.71	3.71	4.68	2.38	29.5	29.5
130×130	9	12	6	22.74	17.9	3.55	3.53	366	366	583	150	4.01	4.01	5.06	2.57	38.7	38.7
130×130	12	12	8.5	29.76	23.4	3.64	3.64	467	467	743	192	3.96	3.96	5.00	2.54	49.9	49.9
130×130	15	12	8.5	36.75	28.8	3.76	3.76	568	568	902	234	3.93	3.93	4.95	2.53	61.5	61.5
150×150	12	14	7	34.77	27.3	4.14	4.14	740	740	1,176	304	4.61	4.61	5.82	2.96	68.2	68.2
150×150	15	14	10	42.74	33.6	4.24	4.24	888	888	1,410	365	4.56	4.56	5.75	2.92	82.6	82.6
150×150	19	14	10	53.38	41.9	4.40	4.40	1,090	1,090	1,730	451	4.52	4.52	5.69	2.91	103	103
175×175	12	15	11	40.52	31.8	4.73	4.73	1,170	1,170	1,860	479	5.37	5.37	6.78	3.44	91.6	91.6
175×175	15	15	11	50.21	39.4	4.85	4.85	1,440	1,440	2,290	588	5.35	5.35	6.75	3.42	114	114
200×200	15	17	12	57.75	45.3	5.47	5.47	2,180	2,180	3,470	891	6.14	6.14	7.75	3.93	150	150
200×200	20	17	12	76.00	59.7	5.67	5.67	2,820	2,820	4,490	1,160	6.09	6.09	7.63	3.90	197	197
200×200	25	17	12	93.75	73.6	5.87	5.87	3,420	3,420	5,420	1,410	6.04	6.04	7.61	3.88	242	242
250×250	25	24	12	119.4	93.7	7.10	7.10	6,950	6,950	11,000	2,860	7.63	7.63	9.62	4.89	388	388
250×250	35	24	18	162.6	128	7.45	7.45	9,110	9,110	14,400	3,790	7.48	7.48	9.42	4.38	519	519

부록 [2] 등변 L 형강

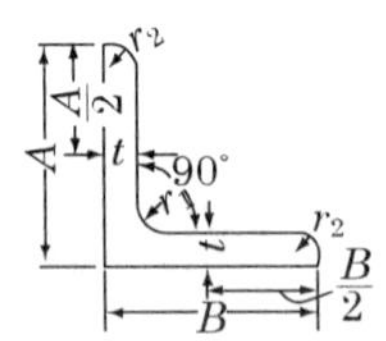

단면 2차 모멘트 $I=ai^2$

단면 2차 반지름 $i=\sqrt{I/a}$

단면계수 $Z=I/e$

(a=단면적)

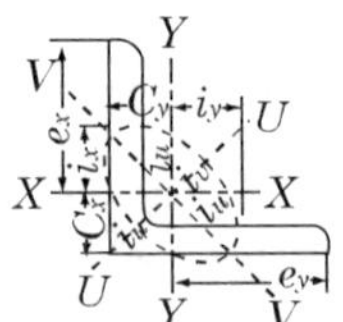

표준단면치수 (mm)				단면적 (cm^2)	단위 중량 (kg/m)	중심의 위치(cm)		단면 2차 모멘트 (cm^4)				단면 2차반지름 (cm)				단면계수 (cm^3)	
$A\times B$	t	r_1	r_2			C_x	C_y	I_x	I_y	최대 I_u	최소 I_v	i_x	i_y	최대 i_u	최소 i_v	z_x	z_y
40×40	3	4.5	2	2.336	1.83	1.09	1.09	3.53	3.53	5.60	1.45	1.23	1.23	1.55	0.79	1.21	1.21
40×40	5	4.5	3	3.755	2.95	1.17	1.17	5.42	5.42	8.59	2.25	1.20	1.20	1.51	0.77	1.91	1.91
45×45	4	6.5	3	3.492	2.74	1.24	1.24	6.50	6.50	10.3	2.69	1.36	1.36	1.72	0.88	2.00	2.00
50×50	4	6.5	3	3.892	3.06	1.37	1.37	9.06	9.06	14.4	3.74	1.53	1.53	1.92	0.98	2.49	2.49
50×50	6	6.5	4.5	5.644	4.43	1.44	1.44	12.6	12.6	20.0	5.24	1.50	1.50	1.88	0.96	3.55	3.55
60×60	4	6.5	3	4.692	3.68	1.61	1.61	16.0	16.0	25.4	6.62	1.85	1.85	2.33	1.19	3.66	3.66
60×60	5	6.5	3	5.802	4.55	1.66	1.66	19.6	19.6	31.2	8.06	1.84	1.84	2.32	1.18	4.52	4.52
60×60	6	8.5	4	7.527	5.91	1.81	1.81	29.4	29.4	46.6	12.1	1.98	1.98	2.49	1.27	6.27	6.27
65×65	8	8.5	6	9.761	7.66	1.88	1.88	36.8	36.8	58.3	15.3	1.94	1.94	2.44	1.25	7.97	7.97
65×65	6	8.5	4	8.127	6.38	1.94	1.94	37.1	37.1	58.9	15.3	2.14	2.14	2.69	1.37	7.33	7.33
70×70	6	8.5	4	8.727	6.85	2.06	2.06	46.1	46.1	73.2	19.0	2.30	2.30	2.90	1.47	8.42	8.42
75×75	9	8.5	6	12.69	9.96	2.17	2.17	64.4	64.4	102	26.7	2.25	2.25	2.84	1.45	12.1	12.1
75×75	12	8.5	6	16.56	13.0	2.29	2.29	81.9	81.9	129	34.5	2.22	2.22	2.79	1.44	15.7	15.7
75×75	6	8.5	4	9.327	7.32	2.19	2.19	56.4	56.4	89.6	23.2	2.46	2.46	3.10	1.58	9.70	9.70
80×80	6	10	5	10.55	8.28	2.42	2.42	80.7	80.7	129	32.3	2.77	2.77	3.50	1.75	12.3	12.3
90×90	7	10	5	12.22	9.59	2.46	2.46	93.0	93.0	148	38.3	2.76	2.76	3.48	1.77	14.2	14.2
90×90	10	10	7	17.00	13.3	2.58	2.58	125	125	199	51.6	2.71	2.71	342	1.74	19.5	19.5
90×90	13	10	7	21.71	17.0	2.68	2.69	156	156	248	65.3	2.68	2.68	3.38	1.73	24.8	24.8
100×100	7	10	5	13.62	10.7	2.71	2.71	129	129	205	53.1	3.08	3.08	3.88	1.97	17.7	17.7
100×100	10	10	7	19.00	14.9	2.83	2.83	175	175	278	71.9	3.03	3.03	3.83	1.95	24.4	24.4
100×100	13	10	7	24.31	19.1	2.94	2.94	220	220	348	91.0	3.00	3.00	3.78	1.93	31.1	31.1
120×120	8	12	5	18.76	14.7	3.24	3.24	258	258	410	106	3.71	3.71	4.68	2.38	29.5	29.5
130×130	9	12	6	22.74	17.9	3.55	3.53	366	366	583	150	4.01	4.01	5.06	2.57	38.7	38.7
130×130	12	12	8.5	29.76	23.4	3.64	3.64	467	467	743	192	3.96	3.96	5.00	2.54	49.9	49.9
130×130	15	12	8.5	36.75	28.8	3.76	3.76	568	568	902	234	3.93	3.93	4.95	2.53	61.5	61.5
150×150	12	14	7	34.77	27.3	4.14	4.14	740	740	1,176	304	4.61	4.61	5.82	2.96	68.2	68.2
150×150	15	14	10	42.74	33.6	4.24	4.24	888	888	1,410	365	4.56	4.56	5.75	2.92	82.6	82.6
150×150	19	14	10	53.38	41.9	4.40	4.40	1,090	1,090	1,730	451	4.52	4.52	5.69	2.91	103	103
175×175	12	15	11	40.52	31.8	4.73	4.73	1,170	1,170	1,860	479	5.37	5.37	6.78	3.44	91.6	91.6
175×175	15	15	11	50.21	39.4	4.85	4.85	1,440	1,440	2,290	588	5.35	5.35	6.75	3.42	114	114
200×200	15	17	12	57.75	45.3	5.47	5.47	2,180	2,180	3,470	891	6.14	6.14	7.75	3.93	150	150
200×200	20	17	12	76.00	59.7	5.67	5.67	2,820	2,820	4,490	1,160	6.09	6.09	7.63	3.90	197	197
200×200	25	17	12	93.75	73.6	5.87	5.87	3,420	3,420	5,420	1,410	6.04	6.04	7.61	3.88	242	242
250×250	25	24	12	119.4	93.7	7.10	7.10	6,950	6,950	11,000	2,860	7.63	7.63	9.62	4.89	388	388
250×250	35	24	18	162.6	128	7.45	7.45	9,110	9,110	14,400	3,790	7.48	7.48	9.42	4.38	519	519

부록 [3] ㄷ형강

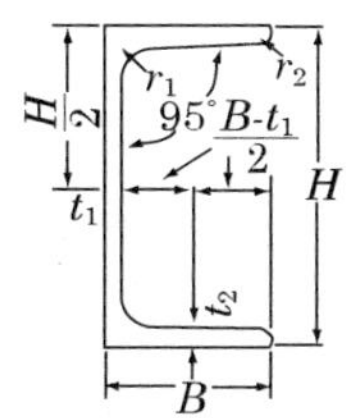

단면 2차 모멘트 $I=ai^2$

단면 2차 반지름 $i=\sqrt{I/a}$

단면계수 $Z=I/e$

(a=단면적)

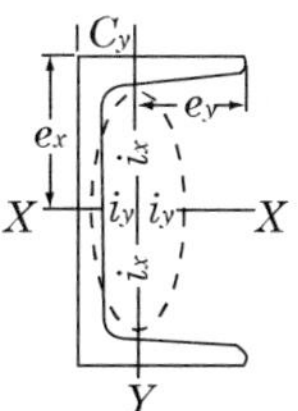

표준단면치수 (mm)					단면적 (cm^2)	단위 중량 (kg/m)	중심의 위치(cm)		단면 2차 모멘트 (cm^4)		단면 2차반지름 (cm)		단면계수 (cm^3)	
$H \times B$	t_1	t_2	r_1	r_2			C_x	C_y	I_x	I_y	i_x	i_y	z_x	z_y
75×40	5	7	8	4	8.818	6.92	0	1.27	75.9	12.4	2.93	1.19	20.2	4.54
100×50	5	7.5	8	4	11.92	9.36	0	1.55	189	26.9	3.98	1.50	37.8	7.82
125×65	6	8	8	4	17.11	13.4	0	1.94	425	65.5	4.99	1.96	68.0	14.4
150×75	6.5	10	10	5	23.71	18.6	0	2.31	864	122	6.04	2.27	115	23.6
150×75	9	12.5	15	7.5	30.59	24.0	0	2.31	1,050	147	5.86	2.19	140	28.3
180×75	7	10.5	11	5.5	27.20	21.4	0	2.15	1,380	137	7.13	2.24	154	25.5
200×70	7	10	11	5.5	26.92	21.1	0	1.85	1,620	113	7.77	2.04	162	21.8
200×80	7.5	11	12	6	31.33	24.6	0	2.24	1,950	177	7.89	2.38	195	30.8
200×90	8	13.5	14	7	38.65	30.3	0	2.77	2,490	286	8.03	2.72	249	45.9
250×90	9	13	14	7	44.07	34.6	0	2.42	4,180	306	9.74	2.64	335	46.5
250×90	11	14.5	17	8.5	51.17	40.2	0	2.39	4,690	342	9.57	2.58	375	51.7
300×90	9	13	14	7	48.57	38.1	0	2.23	6,440	325	11.5	2.59	429	48.0
300×90	10	15.5	19	9.5	55.74	43.8	0	2.33	7,400	373	11.5	2.59	494	56.0
300×90	12	16	19	9.5	61.90	48.6	0	2.25	7,870	391	11.3	2.51	525	57.9
380×100	10.5	16	18	9	69.39	54.5	0	2.41	14,500	557	14.5	2.83	762	73.3
380×100	13	16.5	18	9	78.96	42.0	0	2.29	15,600	584	14.1	2.72	822	75.8
380×100	13	20	24	12	85.71	67.3	0	2.50	17,600	671	14.3	2.80	924	89.5

부록 [4] H형강

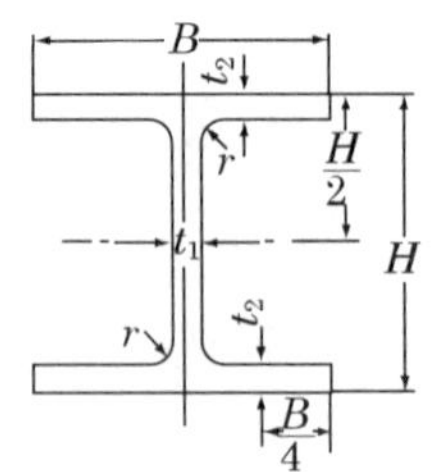

단면 2차 모멘트 $I=ai^2$

단면 2차 반지름 $i=\sqrt{I/a}$

단면계수 $Z=I/e$

(a=단면적)

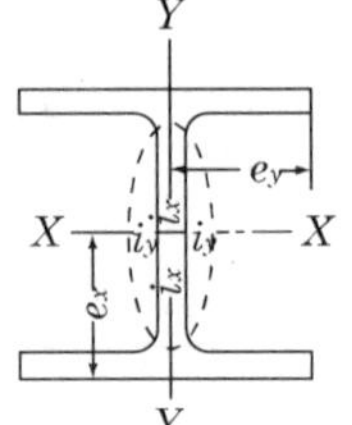

표준단면치수 (mm)				단면적 (cm^2)	단위 중량 (kg/m)	단면 2차 모멘트 (cm^4)		단면 2차반지름 (cm)		단면계수 (cm^3)	
$H \times B$	t_1	t_2	r			I_x	I_y	i_x	i_y	z_x	z_y
500×200	10	16	20	114.2	89.6	47,800	2,140	20.5	4.33	1,910	214
596×199	10	15	22	120.5	94.6	68,700	1,980	23.9	4.05	2,310	199
600×200	11	17	22	134.4	106	77,600	2,280	24.0	4.12	2,590	288
606×201	12	20	22	152.5	120	90,400	2,720	24.3	4.22	2,980	271
582×300	12	17	28	174.5	137	103,000	7,670	24.3	6.63	3,530	511
588×300	12	20	28	192.5	151	118,000	9,020	24.8	6.85	4,020	601
692×300	13	20	28	211.5	166	172,000	9,020	28.6	6.53	4,980	602
700×300	13	24	28	235.5	185	201,000	10,800	29.3	6.78	5,760	722
792×300	14	22	28	243.4	191	254,000	9,930	32.3	6.39	6,410	662
800×300	14	26	28	267.4	210	292,000	11,700	33.0	6.62	7,290	782
890×299	15	23	28	270.9	213	345,000	10,300	35.7	6.16	7,760	688
900×300	16	28	28	309.8	243	411,000	12,600	36.4	6.39	9,140	843
912×302	18	34	28	364.0	286	498,000	15,700	37.0	6.56	10,900	1,040

찾아보기

ㅇ

ㅈ

ㅊ

ㅋ

ㅌ

ㅍ

ㅎ

철도교량공학

2011년 4월 27일 초 판 인 쇄 • 저 자 정 경 희
2011년 5월 3일 초 판 발 행 • 발행인 최 국 주
• 발행처 동 명 사

경기도 파주시 교하읍 문발리 535-10 파주출판단지 30블록 4롯트
전 화 : 031) 955-7200(代), 955-7201~4, 7203 (편집부)
팩시밀리 : 031) 955-7205
출판등록 : 1950년 11월 1일(제1-76호)
E-mail : dms723@chol.com
홈페이지 : www.dmsbook.com

정가 16,000원

◂ 무단 복사 및 복제를 절대 금함 ▸

ISBN 978-89-411-1789-6 93530